TOM MUSTILL

DIE SPRACHE DER WALE

Eine Reise in die Welt der Tierkommunikation

Aus dem Englischen von Christel Dormagen

ROWOHLT

Die englische Originalausgabe erschien 2022
unter dem Titel «How to Speak Whale»
bei William Collins, London.

Deutsche Erstausgabe
Veröffentlicht im Rowohlt Verlag, Hamburg, April 2023

Die Übersetzerin dankt Holger Mihm für die Unterstützung
bei allen Sach- und Fachfragen.
Mitarbeit Friederike Moldenhauer
Register Hubert Mania
Zitatquelle Motto: Lem, Stanisław, *Solaris*, Berlin: Ullstein, 2021
Satz aus der FreightText Pro Book
bei Dörlemann Satz, Lemförde
Druck und Bindung CPI books GmbH, Leck
ISBN 978-3-498-00325-8

Für Dad. Ich wünschte,
du hättest es sehen können.

Und für den Buckelwal
CRC-12564, der mich auf diese
Reise geschickt hat.

Wie können Sie erwarten, mit dem Ozean zu kommunizieren, wenn Sie nicht einmal einander verstehen? Stanisław Lem, Solaris

INHALT

01 **Zeichnung der Künstlerin Sarah A. King, die zeigt, was ich sah, als der Wal auf Charlotte und mich niederging.**

EINLEITUNG

VAN LEEUWENHOEK BESCHLIESST HINZUSCHAUEN

«Was, wenn ich dies noch nie gesehen hätte?»[1]

Rachel Carson, *Magie des Staunens*

Um die Mitte des siebzehnten Jahrhunderts lebte in Delft in den Niederlanden ein ungewöhnlicher Mann namens Antoni van Leeuwenhoek. Das ist er:

02 **Antoni van Leeuwenhoek 1686 mit einer seiner Vergrößerungserfindungen, von Jan Verkolje.**

Van Leeuwenhoek war ein Geschäftsmann, ein Tuchhändler. Er war außerdem ein Erfinder von Hochtechnologie. In Europa waren innerhalb der vorausgehenden fünfzig Jahre in rascher Folge Vergrößerungsinstrumente erfunden worden – Teleskope und Mikroskope. Die meisten funktionierten nach einem ähnlichen Prinzip, mit zwei gläsernen Linsen in einer Röhre. Der Blick durch diese Linsen schenkte dem Benutzer übermenschliche Macht, da ferne Planeten und winzige Objekte besser erkennbar wurden. Diese Instrumente waren außerdem sehr selten: Nur wenige Menschen hatten gelernt, die Gläser zu schleifen, zu polieren und einzupassen, und viele hielten ihr Wissen geheim. Für den Tuchhändlerlehrling van Leeuwenhoek waren «Mikroskope» (vom Griechischen für «klein» und «ansehen») auch Werkzeuge für seinen Beruf; sie halfen ihm, die Qualität der Tuchwaren, mit denen er handelte, zu beurteilen. Die ersten Mikroskope konnten bis aufs Neunfache vergrößern, spätere Instrumente holten die Dinge noch näher heran. Doch die Konstruktion aus mehreren hintereinander gesetzten Linsen wies einen Makel auf – je stärker die Linsen vergrößerten, umso mehr verzerrten sie das Bild, und bei einer über zwanzigfachen Vergrößerung konnte man kaum noch etwas erkennen.[2]

In Delft hatte van Leeuwenhoek heimlich mit einer anderen Technik experimentiert. Anstatt mit einer Reihe von Linsen zu arbeiten, kam er auf die Idee, einzelne winzige bikonvexe Glaskörper herzustellen, manche mit kaum mehr als einem Millimeter Durchmesser, die er zwischen zwei metallene Klammern spannte. Und wenn er nun ein Objekt auf die anmontierte Halterung legte, den Apparat auf eine Lichtquelle richtete, die Glaslinse ganz dicht an sein Auge hielt und hindurchblickte, stellte er fest, dass er seinen Gegenstand ohne große Verzerrungen um das bis zu 275-Fache vergrößern konnte.[3] Es heißt, er habe im Laufe seines Lebens mehr als fünfhundert Mikroskope gebaut.[4] Neuere Untersuchungen haben ergeben, dass die Schärfeneinstellung und die Klarheit, die seine Geräte erreichten, mit denen moderner Lichtmikroskope vergleichbar sind.[5]

Van Leeuwenhoek benutzte seine revolutionäre Vergrößerungstechnologie nicht nur, um die Webstruktur der Tuche, die er verkaufte, zu überprüfen. Er erforschte auch die Welt jenseits seines Gewerbes. Während andere Mikroskopiker das Sichtbare vergrößert und erforscht hatten – etwa Insekten oder Kork –, entdeckte van Leeuwenhoek einen ganzen Kosmos des Unsichtbaren. In einer Fingerhutmenge Wasser aus einem nahen See seiner Heimat, das für das bloße Auge leer wirkte, erspähte er zu seiner Überraschung Scharen von «animalcules»[6], wie er sie nannte – winzige Tierchen, Bakterien und Einzeller. Wo immer er hinschaute, fand er wimmelnde Schwärme bis dahin unbekannter Geschöpfe: in der Welt um uns herum – in Regen- und Quellwasser und in unseren Körpern – und in Proben, die er aus seinem Mund kratzte oder seinen Eingeweiden entnahm. Van Leeuwenhoek war hingerissen und schrieb, dass «kein erfreulicherer Anblick meinem Auge begegnet ist als jener von so vielen Tausenden lebender Geschöpfe in einem kleinen Wassertropfen, und alle drängen sich aneinander und wuseln umher».[7]

Damals waren die Menschen nicht in der Lage, die Eier von Flöhen, Aalen oder Muscheln mit dem bloßen Auge zu erkennen, deshalb gingen sie davon aus, dass sie nicht existierten. Sie glaubten, diese Tiere entstünden nicht aus Eiern, so wie größere Tiere, sondern in einem Prozess, der «Urzeugung» genannt wurde, bei dem zum Beispiel Fliegen aus Staub entspringen, Muscheln aus Sand und Aale aus Tau. Van Leeuwenhoeks Instrumente offenbarten die bis dahin nicht wahrnehmbaren Eier dieser Tiere und erledigten die Theorie. Er selbst war besessen von dieser neuen Welt, die er entdeckt hatte; rote Blutkörperchen, Bakterien, die Struktur von Salz, die Muskelzellen von Walfleisch. Er erforschte die immer noch geheimnisvolle Welt der menschlichen Reproduktion und entdeckte im Sperma winzige bewegliche Körper mit Schwänzen – Spermien. Wenn ich an diesen Moment denke, male ich mir aus, wie erstaunlich es gewesen sein muss und wo er das Sperma wohl herhatte.

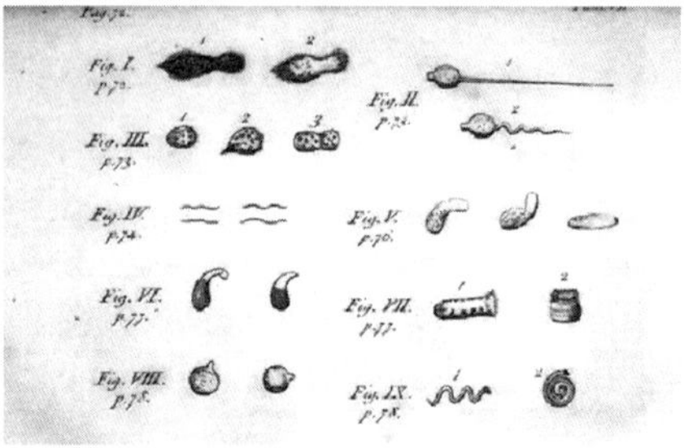

03 **Eine Kopie der Zeichnungen, die van Leeuwenhoek von den vom ihm entdeckten «animalcules» anfertigte. Fig. IV gilt als die erste gedruckte Wiedergabe eines Bakteriums.**

Jenseits des Ärmelkanals, in England, hatte der Naturphilosoph Robert Hooke seinerseits mit Mikroskopen experimentiert, sie um weitere Linsen ergänzt, diese verändert und die Struktur von Schneeflocken und Flohhaaren erkundet. Die Zeichnungen, die er von diesen verborgenen Welten veröffentlichte, waren eine Sensation. Der Tagebuchschreiber Samuel Pepys las Hookes Buch im Bett bis zwei Uhr früh. Vertieft in die ausklappbaren Illustrationen, schrieb er, es sei «das genialste Buch, das ich jemals in meinem Leben gelesen habe».[8] Van Leeuwenhoek wiederum schrieb an Hooke und die anderen gelehrten Experimentatoren der Royal Society (die damals noch Royal Society of London for the Improvement of Natural Knowledge hieß) und berichtete von seinen Entdeckungen. Anfangs zweifelten viele, trotz glaubwürdiger Zeugen, an dem «außerordentlich neugierigen und emsigen»[9] Kaufmann. Wie konnte es komplette Lebensbereiche geben, die für normale Menschen unsichtbar waren? Van Leeuwenhoek beklagte sich, er höre «häufig sagen, dass ich nichts als Märchen über die kleinen Tierchen erzähle».[10] Es half ihm auch nicht gerade, dass er seine Mikroskope und die Methoden ihrer Herstellung eifersüchtig hütete.

In London arbeitete Hooke unterdessen daran, van Leeuwenhoeks Resultate zu reproduzieren. Es bedurfte mehrerer

Versuche, bis ihm die Herstellung der exquisiten winzigen Glaslinsen gelang; doch als er am 15. November 1677 endlich erfolgreich in Regenwasser blicken und, «überrascht von solch einem wunderbaren Spektakel»[11], darin winzige bewegliche Geschöpfe erblickte, war auch er «wahrhaftig überzeugt», dass es Tiere waren. Sehen hieß glauben. Van Leeuwenhoek wurde in aller Form zum Mitglied der Society ernannt und gilt heute weltweit als Vater der Mikrobiologie. Seine Erfindungen haben es uns ermöglicht, das mikroskopische Leben, das uns seit jeher umgibt, zu erkennen, aber was ebenso bedeutsam ist, er selbst besaß einen so neugierigen Verstand, dass er dorthin schaute, wo andere nichts zu finden vermuteten.

Ein paar Jahrhunderte später, und unsere Kultur hat sich verändert. Wenn jemand auf der Straße niest, malen wir uns aus, wie Keime durch die Gegend fliegen. Wenn wir besorgt unser Muttermal betrachten, weil es ein bisschen komisch aussieht, stellen wir uns sofort vor, dass sich da winzige Krebszellen wie verrückt teilen. Das Wissen um die mikroskopische Welt hat unser Leben verändert: Wir waschen unsere Hände und unsere Wunden, wir produzieren Embryos und frieren sie ein. Wir wissen, dass in jedem von uns ebenso viele Bakterien wie menschliche Zellen verborgen sind. Ein unsichtbares Ökosystem. Van Leeuwenhoeks Entschluss hinzuschauen hat unser Verhalten, unsere Kultur und die Art, wie wir uns selbst sehen, verändert.

Das ist das Vermächtnis von van Leeuwenhoeks Erfindung. Wir können nicht mehr ungesehen machen, was er erspäht hat.

Welche weiteren unsichtbaren Welten könnten wir heute noch entdecken? Sie, die das lesen, sind schon Teil einer neuen Grenzlinie. Seit dem siebzehnten Jahrhundert haben sich unsere Sehinstrumente vervielfältigt, und viele sind inzwischen auf uns selbst gerichtet: Sicherheitskameras überwachen unseren Gang durch die Straßen, das Thermometer und das Gyroskop in unserem Smartphone spüren, wenn wir uns im Schlaf drehen, sobald es im Zimmer kühler wird. So vieles wird heutzutage nachverfolgt. Wann wir schlafen und wann wir träumen. Wo wir leben und wohin wir gehen. Unser Fingerabdruck, Stimmporträt, Irismuster, Gang, Gewicht, Eisprung, unsere Körpertemperatur, mögliche Infektionen, unsere Mammografie, unsere Schrittzählung, die Form unseres Gesichts und seine Mimik. Was wir mögen und was nicht. Wen wir mögen und wen nicht. Die Lieder und Farben und Dinge, die uns gefallen. Was uns anmacht. Was wir lustig finden. Unser Name und unsere Avatare und unsere Spitznamen. Die Wörter, die wir benutzen, unser Akzent. Und das ist erst der Anfang. Heute erinnern sich nicht nur Freunde und Familie an uns, sondern auch Computer, denen wir selbst nie begegnet sind – was die von uns wahrnehmen, ist in *Daten* kristallisiert und wird via Internet an riesige Server gesendet, wo es zusammen mit den Daten von Milliarden anderen Menschen gespeichert ist. Die Menge unserer Daten nimmt schneller an Umfang zu als jedes Erinnerungsbuch, das wir schreiben könnten, und wenn wir sterben, überdauern sie uns. Und andere Maschinen lernen, in dieser Datensammlung unsichtbare Muster zu entdecken.

Im Laufe der letzten beiden Jahrzehnte wurden viele unserer klügsten Ingenieure, Mathematiker, Psychologen, Computerwissenschaftler und Anthropologen von den Universitäten abgeworben und arbeiten jetzt für Alphabet, Meta, Baidu, Tencent und andere Informations-Giganten ebenso wie für die Regierungen der Vereinigten Staaten und Chinas. In den 1940er Jahren hätten diese klugen Köpfe vielleicht im Manhattan Project an der Spaltung des Atoms gearbeitet; in den 1960ern wären sie vielleicht im Jet Propulsion Laboratory an der Entwicklung von Raumschiffen beteiligt gewesen. Heute werden clevere junge Leute üppig dafür belohnt, dass sie neue Wege zum Sammeln, Speichern und Analysieren menschlicher Daten finden. Indem sie unsichtbare sprachliche Muster anwenden, können ihre Maschinen Gespräche zwischen Menschen übersetzen, ohne dass sie selbst auch nur eine der Sprachen erlernt hätten; und indem sie verborgene Muster von Gesichtern nutzen, können sie besser als ein Mensch sagen, ob ein Lächeln echt ist oder nicht.[12] Widerwillig akzeptieren wir das Sammeln unserer Daten ebenso wie die Tatsache, dass wir von jenen, die deren Muster zu deuten wissen, manipuliert werden können.

Bei alledem vergessen wir leicht, dass wir Tiere sind, menschliche Tiere. All diese Muster – unsere Körper, unser Verhalten und unsere Kommunikation – sind *Biologie.* Die Werkzeuge, die wir zum Auffinden unsichtbarer Muster in den Menschen entwickelt haben, können auch bei anderen Arten funktionieren. Ähnlich wie van Leeuwenhoeks Mikroskope – nützlich für die Begutachtung von Tuchen, aber auch geeignet, die Entstehung von Flöhen zu erkunden – sind viele unserer Aufspürgeräte, Sensoren und Mustererkennungsmaschinen ursprünglich entwickelt worden, damit sich Waren erfolgreicher verkaufen ließen, werden jedoch heute auf andere Arten und den Rest der Natur angewendet. Und im Verlauf dieses Prozesses revolutionieren sie die Biologie.

Dieses Buch handelt von einigen der Pioniere dieses neuen Zeitalters der Entdeckungen; es handelt von der Entschlüsselung der Welt der Natur. Es ist eine Reise zu den Grenzen, dorthin, wo Big Data auf Big Beasts trifft, auf große Tiere; dorthin, wo siliziumbasierte Intelligenz sich anschickt, Muster in kohlenstoffbasiertem Leben zu entdecken. Es konzentriert sich auf einige der geheimnisvollsten und faszinierendsten Tiere – Wale und Delfine – und darauf, wie die neueste Technologie unser Wissen über ihr verborgenes Leben und ihre Fähigkeiten radikal verändert hat. Es erkundet die Art und Weise, wie Unterwasserroboter, gewaltige Datensätze, künstliche Intelligenz (KI) und die Veränderung unserer Lebensweise sich verbinden und die Methode verändern, mit der Biologen die Kommunikation der Waltiere entschlüsseln.

Dieses Buch handelt davon, wie man lernt, mit Walen zu

sprechen. Und davon, ob so etwas, angesichts all der Veränderungen in Wissenschaft, Technologie und Kultur, überhaupt jemals möglich sein wird. Ich frage mich, ob wir, wenn wir unsere Mustererkennungsmaschinen nicht mehr auf uns selbst, sondern auf die Äußerungen anderer Arten richten, durch das, was wir herausfinden, auch selbst verändert werden, so wie die mikroskopischen Welten, die van Leeuwenhoek durch seine Glaslinsen sah, uns verändert haben. Werden unsere Entdeckungen uns dazu bringen, diese Tiere zu schützen?

Ich weiß, all das klingt ziemlich weit hergeholt. Ich dachte das auch. Aber ich habe mir diese Geschichte nicht aus den Fingern gesogen: Sie hat mich gefunden, und ich bin ihr hinterhergestolpert. Sie begann 2015, als ein dreißig Tonnen schwerer Buckelwal aus dem Meer schnellte und auf mir landete.

1

ERÖFFNUNG. VERFOLGT VON EINEM WAL

Man sagt, das Meer sei kalt,
aber im Meer gibt es das heißeste Blut überhaupt.[1]

Captain James T. Kirk, *Star Trek IV: Zurück in die Gegenwart*

Am 12. September 2015 machte ich mit meiner Freundin Charlotte Kinloch vor Kaliforniens Küste in der Monterey Bay einen Kajak-Ausflug. Wir waren zusammen mit einem Führer und einem halben Dutzend weiterer Kajakfahrer gegen 6 Uhr früh von Moss Landing aufgebrochen, einem Tiefwasserhafen in der lang gestreckten Bucht zwischen den Küstenstädten Monterey und Santa Cruz. Wir waren in Paare aufgeteilt und bekamen jeweils ein Zweierkajak zugewiesen. Es war kalt, neblig und so still, dass ich das Wasser von unseren Paddeln auf die Meeresoberfläche tropfen hören konnte. Im ruhigen, von Mauern eingefassten Hafenbecken trieben Seeotter müßig auf dem Rücken und beäugten uns, zu flauschigen Flößen verbunden, von ferne. Als wir, vorbei an den aufgetürmten Felsklötzen der Wellenbrecher, den offenen Ozean erreichten, rollten sich Seelöwen wie die oberen Hälften rotierender Räder einer riesigen Unterwassermaschine überall auf der Wasseroberfläche, schnurrbärtig und schnaubend. Das Morgenlicht brach sich im Nebel, der uns umgab, und es war, als paddele man in einem Leuchtkasten, häufig sah man gar nichts, aber überall um uns herum herrschte Leben. In der Luft kreuzten Pelikane zum rauen Gekreisch der Möwen.

Ich blickte auf das graue, fast metallische Meer. Unterhalb von uns gab es eine Unterwasserschlucht, tiefer als der Grand Canyon.[2] Obwohl wir uns noch in Hörweite des Festlands befanden, hatte das Wasser schon eine Tiefe von mehreren hundert Faden – eine gewaltige Spalte, die etwa 50 Kilometer weit von der Küste bis ins offene Meer reichte. Eine geologische Verrücktheit – das drittgrößte Unterwassertal der Welt –, die nahrungsreiches Tiefseewasser an die Oberfläche transportiert, wo die maritime Alchemie aus Sonnenlicht und Nährstoffen dann eine erstaunliche Nahrungskette erschafft, die als ein Wunder der Natur gilt. Das National Marine Sanctuary, bestehend aus dem 450 Kilometer langen Küstenstreifen und den fünfzehneinhalbtausend Quadratkilometern Ozean, enthält einen solchen Reichtum und eine solche Vielfalt an Leben, dass es auch die Blaue Serengeti genannt wird.[3] An Land gibt es nur wenige Orte, wie etwa die Namensgeberin, die Serengeti in Tansania, wo man noch Großfauna finden kann. Auf den meisten Kontinenten ist das größte Tier, das man wahrscheinlich zu Gesicht bekommt, eine Kuh. Doch in den Meeren haben viele Riesentiere überlebt. Meist halten sie sich, weit entfernt von Menschenaugen, in Polargewässern auf, oder sie scharen sich um entlegene Inselketten. Aber wegen dieses Canyons haben sich hier die größten Meeresgeschöpfe des Planeten zusammengefunden: große Weiße Haie, Lederschildkröten, riesige Mondfische, See-Elefanten, Buckelwale, Schwertwale und die Größten aller Megafauna-Arten, Blauwale. Unmittelbar vor der Küste, am Rande eines der größten menschlichen Ballungsräume, einfach nur ein Stück die Straße von San Francisco und dem Silicon Valley hinunter.

Sean, unser Führer, war ein junger, bärtiger, braunhaariger Typ, der aussah, als habe er mehr Zeit mit einer Kajak-Spritzdecke um die Taille verbracht als in Landkleidung. Sean hatte uns erklärt, dass wir uns, wenn wir irgendwelche Wale sehen sollten, hundert Meter von ihnen entfernt halten müssten. Es handele sich um wilde Tiere, und es sei an uns, ihnen aus dem Weg zu gehen, und nicht andersherum. Es gebe viele Arten von Walen in diesen Gewässern. Grauwalmütter führten ihre jungen Kälber von ihrem Geburtsgewässer in Mexiko an der Küste entlang; Schwertwale lauerten ihnen auf; Finnwale und Zwergwale streiften auf der Suche nach Planktonschwärmen umher; und Rundkopfdelfine hätten es auf Tintenfische abgesehen.

Sobald wir aus dem Hafen hinausgepaddelt waren, dauerte es nur noch wenige Minuten, bis wir die Wale sahen. Sie waren überall. Der Morgennebel hob sich, und in allen Richtungen schossen ihre Fontänen aus dem Wasser; Walatem in der Luft markierte den Weg an der sandigen Küste entlang nach Monterey und hinaus aufs offene Meer. Als Naturschutzbiologe und Tierfilmer hatte ich schon mehrfach das Vergnügen, jeder Menge Wale verschiedenster Arten begegnet zu sein. Aber so etwas wie dies hier hatte ich noch nie erlebt. Es waren so viele. Anfangs hielten alle, die wir entdecken konnten, etwa achthundert Meter Abstand zu uns. Doch dann tauchte plötzlich, nur einen Steinwurf entfernt, eine Dreiergruppe auf, einer nach dem anderen, in hoher Geschwindigkeit. Rasch erschienen noch mehr und verschwanden hinter uns. Sean befahl uns, dicht zusammenzubleiben, und wir paddelten rückwärts, um weiterhin auf Abstand zu bleiben. Ohne Wind und Wellengang wirkte das plötzliche, knallartige Ausatmen, wenn ein Wal auftauchte, beängstigend laut und nah, wie irgendetwas zwischen einem wiehernden Pferd und einem Gaskanister, der Druck ablässt. Ihr Atem trieb zu uns herüber und roch nach abgestandenem, fischigem Brokkoli.

Eine Walsichtung kann häufig enttäuschend sein: Meistens sieht man sie nur, wenn sie zum Atmen nach oben kommen, weshalb es an Deck eines Schiffs eher so ist, als erspähe man von hoch oben flüchtig einen großen atmenden Holzklotz. Oft ist es deshalb schwierig, einen Eindruck von ihrer Größe zu bekommen. Aber von einem Kajak aus war es auffallend anders.

Als wir sie aus einer Perspektive in Höhe des Meeresspiegels beobachteten, spürten wir ihre Ausmaße und ihre Macht.

Die Wale, die wir an jenem Morgen zu sehen gehofft hatten, waren Buckelwale (*Megaptera novaeangliae*), eine der größten Arten der Zetazeen – das ist der lateinische Fachbegriff für die Gruppe von Säugetieren, die Wale, Delfine und Tümmler umfasst. Ein Buckelwal wiegt schon bei der Geburt so viel wie ein ausgewachsenes Breitmaulnashorn. Die meisten der erwachsenen Tiere, die uns umkreisten, hatten die Größe von einem Flughafen-Shuttlebus. Das indifferente, diffuse Licht ließ alle Feinheiten ihrer Haut sichtbar werden – die filigrane Struktur aus Rissen und Narben, ähnlich der Hautstruktur einer Gurke, die erhabenen Muskelstränge um die beiden zusammengekniffenen Blaslöcher oben auf dem Kopf. Auf der Oberseite waren die Tiere blaugrau, auf der Unterseite etwas blasser, und sie hatten lange, armartige Brustfinnen.

Man hatte uns gesagt, die Wale würden sich von einem etwa anderthalb Kilometer langen Fischschwarm ernähren, und ganz offensichtlich fand da unter uns tatsächlich gerade ein prächtiges Walfestessen statt. Buckelwale sind anfallsartige, exzessive Fresser, sie jagen und verschlingen Hunderte Fische auf einmal. Und sie wandern: Im Sommer ziehen sie in kühlere Gewässer, in die Antarktis, nach Alaska oder in die Monterey Bay; dort verbringen sie dann den größten Teil des Tages mit Fressen. Sie legen endlose Pfunde zu, schlemmen monatelang. Dann, im Winter, fasten sie, fressen über Monate nichts. Sie schwimmen in wärmere tropische Meere, wo sie einander den Hof machen, ihre Parasiten loswerden und ihre Jungen gebären (Kälber genannt). Buckelwale sind ungewöhnlich «oberflächenaktive» Wale; sie heben häufig Teile ihres Körpers aus dem Wasser oder wälzen und rollen sich an der Wasseroberfläche. Wenn sie sich auf ihre Beute stürzen, können sie plötzlich den größten Teil ihres Kopfs mit weit aufgerissenem Maul aus dem Wasser schießen lassen. Und wenn sie tauchen, falten sie sich anmutig zusammen, und ihre Schwanzflossen können ganz schön weit aus dem Wasser ragen. In den Tropen ruhen sie sich hauptsächlich aus und bewegen sich wenig, sparen ihre Kräfte für die lange Rückreise auf. Gelegentlich stören die männlichen Tiere (Bullen genannt) im Streit um die weiblichen Tiere (Kühe) den Frieden, wenn sie in sogenannten «Heat runs» einander in blutigem, gefährlichem Wettkampf bedrängen und angreifen. Ihre jährlichen Wanderungen sind die längsten sämtlicher Säugetiere und umspannen ganze Ozeane. Wenn sie schließlich in ihre Fressgründe zurückgekehrt sind, ist ihr Walfischspeck dermaßen aufgezehrt, dass die Umrisse ihrer Wirbelsäule deutlich zu erkennen sind. In Monterey treiben die Buckelwale also keinen Unsinn. Wenn Fresszeit ist, schlemmen und schlingen sie.

Überall um uns herum bewegten sich Buckelwale, und sie waren schnell. Sie schienen sich jeweils zu kleinen Gruppen von dreien oder vieren zusammenzutun, die häufig wechselten. Inzwischen weiß ich, dass diese Wale in Teams arbeiten können: Sie setzen ihren Körper und die Wand ausgeatmeter Luftblasen ein, um Fischschwärme einzukesseln und nach oben zu drücken, ehe sie sich gemeinsam auf sie stürzen. Bei diesen Manövern scheinen bestimmte Wale bestimmte Aufgaben zu übernehmen. Ungewöhnlich für kooperierende Säugetiere ist, dass die Walteams häufig nicht miteinander verwandt sind, und doch bilden sie über Jahre und Tausende von Kilometern hinweg feste Konvois. So beobachtete ich jetzt, wie eine Gruppe von vier Walen hochkam, alle dicht nebeneinander, mit überlappenden Brustfinnen. Sie atmeten unisono aus und ein und verschwanden sofort wieder. Sie wirkten wie Volleyballspieler, die nach Punktgewinnen mit den Fäusten anstoßen.

Man hat diese Art von Beziehungen Freundschaften genannt (allerdings sprechen Wissenschaftler generell von «stabilen langjährigen Zusammenschlüssen»[4]). Mit tauben Zehen und offenem Mund wippten wir in unseren Kajaks auf und nieder und sahen den Tieren beim Fressen zu. Später erfuhr ich, dass an jenem Tag mindestens 120 Wale in der Bucht gezählt worden waren. Manchmal schlugen sie mit echt *krassem* Lärm («Brustklatschen») ihre Finnen aufs Wasser oder reckten sogar den Kopf so hoch, dass sie sich in der Luft umsehen konnten, ein Verhalten, das sich «spy-hopping» nennt (Sprungspionieren). Am Horizont sahen wir mehrere Beinah-Luftsprünge – Wale, die aus dem Wasser schnellten und sich in einer weißen Explosion mit einem *Wumms*, der wie ferner Donner klang, wieder zurückfallen ließen. Zu diesem Zeitpunkt wusste ich noch nicht, dass das, was wir da gerade erlebten, selbst für die Monterey Bay eine beispiellose Fressorgie war. Wir waren, bei ruhigstem Wetter und so nah an der Küste, zufällig in die größte Ansammlung von Walen seit Menschengedenken geraten.

Ich blickte hinüber zu Sean, unserem Führer, und bemerkte, dass er nicht entspannt wirkte. Seine Augen zuckten hektisch zwischen den vier Booten unserer kleinen Flottille hin und her; regelmäßig rief er uns zu, wir sollten zusammenbleiben, wenn wir zu stark auseinanderdrifteten, und zurückpaddeln, als immer neue Wale auftauchten. Natürlich können sich Wale sehr viel schneller bewegen als Kajaks. Im Laufe des Morgens gesellten sich noch drei oder vier Walbeobachtungsschiffe und mehrere Kajakfahrer zu uns. Wir befanden uns so nah am Strand, dass sogar ein Stehpaddler es bis zu uns schaffte. Ich hatte längst aufgehört, die Kälte und die Nässe zu registrieren, und es kümmerte mich auch nicht, dass ich absolut kein Gefühl mehr in meinem Hintern hatte. Nach etwa zwei Stunden kehrten Charlotte – die bis zu dem Tag noch nie in ihrem Leben einen Wal gesehen hatte – und ich zusammen mit dem Rest unserer Gruppe den Walen den Rücken und machten uns auf den Weg zurück zum Ufer, vollkommen erschöpft und tief beeindruckt.

Wir hatten etwa die Hälfte der Strecke zum Hafen hinter uns, als plötzlich zehn Meter vor uns ein erwachsener Buckelwal aus dem Meer brach und so unglaublich hoch in die Luft schoss, als sei plötzlich ein großes Gebäude aus dem Wasser gewachsen, wie Charlotte es später beschrieb. Ein Wal im Wasser ist wie ein Eisberg: Man sieht nur einen Bruchteil von ihm und hat keine angemessene Vorstellung von seiner Größe. Jeder «foot» (Fuß = 30,48 Zentimeter) Buckelwal wiegt etwa eine Tonne, und erwachsene Tiere sind zwischen 30 und 50 Fuß lang (zwischen neun und elf Metern). Ein Tier, dreimal so schwer wie ein Doppeldeckerbus. Können Sie sich *vorstellen*, wie es aussieht, wenn so etwas über Ihnen dräut? Eben noch fahren wir auf dem spiegelglatten, ruhigen Meer nach Hause, und im nächsten Moment ist diese gewaltige lebende Masse aus Muskeln, Blut und Knochen in der Luft und beugt sich über uns. Ich weiß noch, dass mir die Furchen am Hals auffielen. *Bauchfalten*, dachte ich bei mir. Und das Nächste, woran ich mich erinnere, ist, dass ich unter Wasser bin.

Ein Buckelwal ist dreimal so groß wie der größte T-Rex; seine fünf Meter lange Brustfinne ist der größte und mächtigste Arm in der Geschichte des Lebens auf der Erde. Würde man die Brustfinne eines Buckelwals röntgen, sähe man den eigenen Arm monströs vergrößert: ein Schulterblatt, in das sich der Oberarmknochen schmiegt, der Elle und Speiche verbindet, Handknochen und Finger – ein Erbe des Lebens an Land, bevor ihre Vorfahren ins Meer zurückkehrten. Als der Wal auf uns niederging, wurde das Kajak von der Kraft des Aufpralls unter Wasser gedrückt, und wir wurden zusammen mit dem sinkenden Wal in die Tiefe gezogen, nichts als eine Gischtexplosion hinterlassend, wo eben noch wir gewesen waren. Aus dem Kajak geschleudert, wirbelte ich, ein Spielzeugmensch, im eiskalten Wasser und überschlug mich schneller, als ich für möglich gehalten hätte, der Magen drehte sich mir um, ein Gefühl, wie wenn man von etwas sehr Hohem springt. Meine Augen waren offen, aber ich sah nichts als Weiß. Ich spürte, dass der Wal noch sehr nah war. Und dann merkte ich, dass er sich, ohne mich zu berühren, entfernte. Das Weiß der Explosion verwandelte sich in dunkles Meerwasser. Und erst in dem Mo-

04 **Unter dieser Gischtwolke befinden sich Charlotte, ich, ein Kajak und ein Buckelwal.**

ment verspürte ich Angst. Bis dahin war es eine Angelegenheit von Fakten gewesen: Ein Wal hatte sich über mir aufgetürmt, und ich würde sterben. Irgendein Reptilienteil meines Gehirns schloss jetzt, dass ich nur deshalb noch nicht tot war, weil ich mich im Schockzustand befand und nicht spüren konnte, dass mein Körper in Stücke zerbrochen war. Bald würde sicherlich der Schmerz einsetzen und ich würde das Bewusstsein verlieren. Aber wundersamerweise spürte ich, wie meine Rettungsweste mich nach oben zog, und ich strampelte mich mit ihr hin zum Licht.

Ich war fest davon überzeugt, dass Charlotte tot war. Als ich freie Sicht hatte und mich umschaute, sah ich ihren Kopf. Ihren *lebendigen* Kopf, der fest am Rest ihres Körpers saß; ihre Augen waren weit aufgerissen, und Adrenalin und Angst hatten ihren Mund zu einem Grinsen verzogen. Ich empfand nichts als reines Glück. Wir waren lebendig.

Wieso zum Teufel waren wir lebendig?

Wir schwammen zu unserem Kajak, das vollgelaufen auf dem Wasser torkelte, und klammerten uns daran fest. Der Bug war von dem Aufprall verzogen und eingedellt und hatte Kratzer von den Seepocken, die auf der Walhaut leben. Erst später begriff ich staunend, wie groß die Kraft gewesen sein muss, wenn der Wal die harte gerundete Plastikschale eines auf dem Wasser treibenden Kajaks eindrücken konnte. Wenn ich in der Badewanne, so stark ich kann, auf eine Gummiente einschlage, hinterlässt das keinerlei Spuren. Wissenschaftler haben diese Kraft einzuschätzen versucht.[5] Um zu springen, muss ein Buckelwal eine Geschwindigkeit von bis zu acht Metern pro Sekunde erreichen, ein erstaunliches Tempo für ein lastwagengroßes Ding, das sich durchs Wasser bewegt. Damit ein großer erwachsener Wal sich aus dem Wasser katapultieren kann, würde er, so schätzten sie, eine Energie brauchen, die etwa der von vierzig Handgranaten entspricht. Es war, als hätten wir einen Blitzeinschlag überlebt.

Andere Kajakfahrer kamen zu uns herübergepaddelt und wirkten erschütterter als wir – was begreiflich ist, wenn man bedenkt, dass sie geglaubt hatten, uns sterben zu sehen. Jemand fischte Charlottes Flipflops aus dem Wasser, und ein Walbeobachtungsboot tuckerte neben uns her. Wir blickten hoch zu den Touristen, die sich dicht gedrängt über die Reling beugten. Einige riefen uns laut zu, ob alles in Ordnung sei, während andere uns mit ihren Smartphones aufnahmen. Die meisten hatten in die andere Richtung, aufs offene Meer, geschaut. Sie vermuteten darum, wir seien durch die Wucht des Aufpralls auf dem Wasser aus dem Kajak geschleudert worden, und nicht, dass der Wal uns tatsächlich getroffen hatte. In einem Zustand von Schock und Euphorie hängten wir uns an das Kajak von jemand anderem, während unseres umgekippt und ausgeleert wurde. Wir waren in Sicherheit. Und genau in dem Augenblick bewegte sich ein Wal an der Wasseroberfläche in unsere Richtung. «Er will noch mal!», witzelte ein Kajakfahrer in der Nähe.

Ich lachte, aber eher angespannt. Ich wusste zwar, dass diese Wale keine Menschen fressen und es auch gar nicht können, da sie keine Zähne besitzen und ihr Schlund den Durchmesser einer Grapefruit hat, mir war aber ebenso bewusst, dass sie sich nur selten auf Menschen stürzen. Gerade als der Kopf des herannahenden Wals auf uns zu treffen drohte, senkte das Tier sein Vorderteil und tauchte unter. Wenn Wale sich zum Tauchen anschicken, wölben sie deutlich den Rücken, und die Ausbuchtung vor der Rückenflosse wird sichtbar, von der sie ihren Namen haben. Während sich das lange Rückgrat krümmte und der Kopf des Wals sich zum Meer hin neigte, bewegten sich andere Körperteile von ihm noch immer aufwärts. Wie Waggons eines Zugs hoben sich nacheinander Teile des Wals und verschwanden dann unter uns: die Rückenflosse, dann der dicke, gedrungene Schwanzstiel – wie der Schwanz eines Diplodocus-Sauriers, der sich auf die Breite eines menschlichen Oberkörpers verjüngt –, bis schließlich die riesige, in der Luft glitzernde Schwanzflosse auftauchte und Wasser von den beiden Hälften des massiven Paddels tropfte.

Ich trieb im Wasser, völlig gebannt von diesem Anblick direkt vor uns, den Walbeobachter so lieben. Die riesige schwarze, herzförmige Schwanzflosse, deren Ende allein die Größe eines Pferds hatte, leuchtete im grauen Licht. *Das nennt sich also «mit der Fluke schlagen»*, dachte ich, *er macht das, um mit dem Gewicht des Schwanzes seine Auftriebskraft zu reduzieren, damit er sinken kann.*[6] Dort, wo er abgetaucht war, hinterließ er im Wasser das Muster eines großen Pfannkuchens. Den Fußabdruck eines Wals. Hätte ich meine Füße unter mir ausgestreckt, hätte ich womöglich seinen Körper berührt, als er unter mir hertauchte. Stattdessen wickelte ich meine schwachen, kurzen Landbeine um das Kajak, an dem ich wie ein Faultier klebte. Und da wurde mir bewusst, dass gerade eben ein Wal auf uns gesprungen war und wir überlebt hatten. Ich drehte mich zu Charlotte um und sagte ihr das. In etwas bildlicherer Sprache erwiderte sie, sie habe es auch bemerkt, aber ich solle doch bitte den Mund halten, bis wir wieder an Land seien.

Irgendwann wandten sich die Walbeobachter wieder ihren

Walbeobachtungen zu, und wir kletterten in unser inzwischen geleertes Kajak. Sean, der sichtlich erschüttert war, vertäute sein und unser Kajak mit einem Seil und steuerte Richtung Hafen. Die zwei riesigen Schornsteine des stillgelegten Elektrizitätswerks hinter Moss Landing ragten aus dem Nebel, von dem nur noch ein schmaler Streifen übrig war. Inzwischen zitterten wir. Unterwegs begegneten wir Schulkindern mit ihren Lehrern auf der Fahrt hinaus aufs Meer. Alle waren ziemlich aufgekratzt. «Auf uns ist ein Wal gelandet», rief ich, als wir an einer der Gruppen vorbeikamen, doch sie grinsten nur über diesen komischen, nassen Briten und fuhren weiter. An der Landestelle angekommen, bekamen wir jeder eine *Monterey Bay Kayaks*-Baseballmütze und heiße Schokolade. Niemand redete groß mit uns.

Alle verhielten sich seltsam befangen, als sei etwas Peinliches vorgefallen. Ich bin mir nicht sicher, ob auch nur einer von uns das Außerordentliche dessen, was geschehen war, und das Grauenhafte dessen, was beinahe geschehen wäre, wirklich ermessen konnte. Vielleicht befürchtete der Kajakverleih, wir würden sie verklagen. (Später erfuhr ich, dass sie aufgehört hatten, Walführungen mit Kajaks anzubieten; es hieß, ihre Versicherung werde das nicht mehr abdecken.) Ein Freund brachte uns zu unserem gemieteten Airbnb, und auf der Fahrt dorthin brach Charlotte schließlich in Tränen aus. Als ich mich hinunterbeugte, um meine Schnürsenkel zu binden, strömte mir Meerwasser aus der Nase, das sich bei meinen Unterwassersaltos in den Nebenhöhlen gesammelt hatte. Alles, was ich denken konnte, war, dass ich für einen Moment Teil einer grandiosen Gewalt gewesen war und dass niemand uns glauben würde. Mir fiel ein, dass ich meine beiden GoPro-Kameras morgens im Auto gelassen hatte. Charlotte hatte vorgeschlagen, ich solle sie mitnehmen, aber ich war dagegen gewesen – denn eigentlich sahen sämtliche Walvideos immer gleich aus.

In dem gemieteten Strandhaus trafen wir wieder auf unsere Freunde. Es war das Ende eines langen gemeinsamen Gruppenurlaubs, und alle waren im Begriff, zum Flughafen aufzubrechen. Ich wollte noch länger bleiben, um mit anderen Freunden in der Nähe zu campen.

«Ihr seid spät dran», sagte unsere Freundin Louise. «Wir mussten eure Sachen für euch packen, und ihr habt das Frühstück verpasst.»

«Ein Wal ist auf uns gesprungen», sagte ich.

«Ja, schön», erwiderte Louise, «aber wenn wir jetzt nicht bald aufbrechen, müssen wir 25 Dollar Strafe für den verspäteten Start bezahlen.»

Ich umarmte Charlotte, die fast völlig verstummt war. Sie hatte versucht, ihrem Mann Tom zu erklären, was passiert war, aber der war hauptsächlich verstimmt, weil er beides liebte, Wale und riskante Heldentaten. Wir aßen noch Reste vom Frühstück. Und dann zogen alle los. Charlotte wurde auf dem Heimflug ohnmächtig und musste mit Sauerstoff versorgt werden.

Ich saß draußen vor dem Strandhaus auf der Straße und wartete auf meinen Freund Nico und seine Eltern, die mich abholen wollten. Mir wurde klar, dass die einzige Person, die meine unglaubliche Geschichte bestätigen konnte, abgereist war. Ich quetschte mich zu Nicos Mutter und seiner damaligen Freundin Tanya auf den Rücksitz und erzählte ihnen, was passiert war. Ich hatte zwar den Eindruck, dass sie mir glaubten, aber Nicos Mutter schien mehr daran interessiert, was Tanyas Eltern machten. Aber ich konnte die Geschichte nicht einfach dauernd wiederholen, deshalb wandten wir uns anderen Themen zu. Einige Stunden später erreichten wir oben in den Bergen von Big Sur die Campinganlage inmitten von Kiefern, und als es dunkel wurde, blickte ich von dem staubigen Berghang hinaus auf den Pazifik und trank ein Bier, während ein paar andere Camper in der Nähe Musik machten. Weil wir dort oben keinen Empfang mehr hatten, musste ich das Geschehene für mich allein verarbeiten. Ich fragte mich, ob mir überhaupt *irgendwer* glauben würde. Im Ernst, wer glaubt denn wirklich, ein Dreißig-Tonnen-Wal sei auf uns niedergekracht?

Als ich in jener Nacht schlaflos in meinem Zelt lag, blickte ich hoch in die Dunkelheit und sah einen unvorstellbar großen Körper über mir; Meerwasser floss an ihm herab, knollige Tuberkel – das sind Beulen, in denen Walschnurrhaare sitzen – waren unregelmäßig auf seinem Kopf verteilt, Seepocken klebten an den Rändern seiner Flossen. Er hatte in der Luft so viel größer als im Meer gewirkt, aber gleichzeitig auch wie ein absurder Witz. Während in dem Moment selbst kaum Zeit zum Angsthaben blieb, merkte ich, wie mein Herz jetzt beim Nachdenken über das Erlebnis raste. In den Jahren danach haben Menschen mich häufig gefragt, ob ich eigentlich traumatisiert gewesen sei, aber ich glaube, das war ich nicht. Ehrlich gesagt, war ich sogar total aufgekratzt. Was für ein Anblick, was für ein Gefühl! Ich lag in meinem Zelt, schloss die Augen und brannte mir die Bilder dessen, was geschehen war, ins Gedächtnis, damit ich es nie vergessen würde.

Am nächsten Tag fuhren wir zurück nach San Francisco, und als wir aus dem Nationalpark heraus waren, hatten wir wieder Empfang. Tanya und Nicos Mutter gerieten in einen Streit über Haustiere; Nico schlichtete ihn. Neben sie gequetscht, surfte ich im Internet auf der Suche nach irgendetwas – einem Foto, einem Blog, irgendeinem Beweis für die Echtheit des Erlebten. Und da war er! Aufgrund eines bizarren Zufalls hatte ein Mann namens Larry Plants von einem nahen Walbeobachtungsboot aus genau den Moment mit seinem Smartphone gefilmt, in dem der Wal aus dem Meer sprang. Man kann sehen, wie wir dort entlangpaddeln und wie plötzlich der Wal auftaucht und auf uns kracht und Charlotte und ich für einen Moment in einer weißen Gischtexplosion verschwinden und erst nach sechs langen Sekunden wieder auftauchen. Das Video war komplett hochgeladen, mitsamt der gespenstischen Tonspur, wenn Larry

05 **Ein Screenshot von Larry Plants' Video.**

triumphierend ruft: «Ich hab es, ich hab es auf Video!», und eine Frau ganz in der Nähe «Das Kajak, das Kajak!» schreit. Er hatte das Video an die Walbeobachtungsgesellschaft geschickt, die es dann bei YouTube einstellte. Und zu dem Zeitpunkt war es schon über hunderttausendmal angeklickt worden.[7]

Als mir klar wurde, dass demnächst noch viel mehr Menschen das Video ansehen würden, dachte ich, ich sollte wohl besser meine Mutter Caroline anrufen. Ich erzählte ihr also, dass ich beinahe von einem herabstürzenden Wal getötet worden sei, dass es mir aber gut gehe und ich jetzt nach Hause käme. «Also echt, Tom», sagte sie. Und dann: «Was hätte dein Vater wohl dazu gesagt?» Das war auch mein erster Gedanke gewesen. Mein Vater Michael liebte seltsame Wassertiere und Geschichten übers Meer. Aber wir konnten Dad nicht mehr fragen, weil er wenige Monate zuvor gestorben war. Ich befand mich in der Trauerphase, in der ich ihn immer noch anrufen wollte, wenn etwas Interessantes passiert war, bis mir in einer merkwürdigen Mischung aus Schock und Verlegenheit einfiel, dass es ihn nicht mehr gab.

Noch am Flughafen rief *Good Morning America* mich wegen eines Interviews an. Und als ich am nächsten Tag in London landete, war das Video bereits vier Millionen Mal angesehen worden, Tendenz steigend. Unsere Begegnung hatte sich wie ein Lauffeuer verbreitet und führte inzwischen ein digitales Eigenleben. Ich nahm die U-Bahn von Heathrow und stieg an der Haltestelle Dalston Kingsland aus. Es war ein herrlicher früher Herbstabend mit tief stehendem, goldenem Licht. Auf den Straßen tranken und lärmten die Menschen, als wäre nichts geschehen. Wie konnte es sein, dass sich nichts geändert hatte, obwohl sich doch zwei Tage vorher ein Wal in der Luft über mir aufgebäumt hatte? Ich erinnerte mich an ein ähnliches Gefühl, als ich am Tag nach dem Tod meines Vaters auf demselben Weg wie jetzt von seinem Cottage nach Hause gegangen war. Ich hatte die anderen Menschen in dem Bewusstsein angeschaut, dass die Welt nicht mehr dieselbe war, und trotzdem verhielten sich all diese Leute so, als wäre nichts geschehen. Mehr als sechs Millionen Menschen sahen sich das Video an. Es schien eine gewisse makabre Faszination auszuüben, diese überraschende, spektakuläre Kollision eines riesenhaften, meist unsichtbaren, mysteriösen Tieres mit zwei winzigen menschlichen Wesen.

Unserem Beinahe-Untergang einen Sinn zu verleihen, war vermutlich vergebliche Liebesmüh; als würde ein Eichhörnchen zu verstehen versuchen, warum ein Lastwagen auf einer Landstraße nur wenige Zentimeter an seiner Nase vorbeigedonnert ist. Doch einige Tage später schrieb mir eine Freundin, Professorin Joy Reidenberg an der Icahn School of Medicine im New Yorker Mount Sinai, sie habe über den Sprung nachgedacht. Joy ist eine Walexpertin, mit der ich in vielen Filmen zusammengearbeitet habe; sie hat ihr ganzes Leben dem Studium der Anatomie dieser Tiere gewidmet. Aus ihrem Labor siebzehn Stockwerke über dem Central Park, inmitten von Schwertwalschädeln und Medizinstudenten, die menschliche Leichen sezierten, schrieb sie, der Sprung, den der Wal vollführt hatte, komme ihr komisch vor – dass er erst in die eine Richtung startete und dann plötzlich in der Luft über uns seinen Kurs än-

06 **Charlotte und ich, froh und lebendig.**

derte. Anstatt auf uns zu landen, drehte und entfernte er sich und erwischte uns nur mit seiner Flosse. «Ich glaube, ihr zwei habt überlebt, weil der Wal versucht hat, euch nicht zu treffen», schrieb sie.[8]

Hatte sie recht? Hatte er wirklich versucht, uns nicht zu treffen? Er zerschmetterte uns nicht beim Fallen und verletzte uns auch nicht im Wasser und entfernte sich schließlich sehr langsam. New-Age-Freunde stimmten Dr. Reidenberg zu und sahen darin eine Geste aus dem Universum. Andere Walexperten äußerten allerdings abweichende Meinungen. Einige sagten, es sei wahrscheinlich ein aggressiver Akt, der Wal habe uns treffen wollen. Andere glaubten, sein Sprung sei einfach ein typisches Verhalten nach dem Fressen, er habe anderen Walen etwas signalisiert.

Es wurde deutlich, dass es allein schon deshalb schwierig war, zu verstehen, was der Wal tat, als er auf uns sprang, weil wir nicht wissen, warum Wale überhaupt springen. Das finde ich bemerkenswert. Eines der größten Tiere in der Geschichte des Lebens auf der Erde kann sich aus dem Element, in dem es lebt, hinauskatapultieren und ein spektakuläres Ballett mit Spezialeffekten aufführen, und wir wissen nicht, warum. Manche glauben, Wale sprängen, um sich von den gigantischen Läusen und Seepocken zu befreien, die auf ihrer Haut sitzen. Andere halten die Sprünge für eine Demonstration der Stärke oder für Spiel- oder Trainingsverhalten. Die gängigsten Theorien sehen in den Sprüngen irgendeine Art von Kommunikation: Wale benutzen bekannterweise Vokalisierungen, um zu interagieren, aber das Meer kann laut sein, und die Geräusche bei einem Sprung sind extrem laut und im Wasser – das sehr viel besser leitet als Luft – können sie kilometerweit gehört werden. Waren wir also in eine Walkommunikation geraten und hatten zufällig eine Nachricht aus Spritzern unterbrochen? Sprünge könnten für Wale in der Tat all dies bedeuten oder gar nichts davon. In Joys Worten: «Niemand weiß in Wirklichkeit, worum es bei den Sprüngen geht. Niemand kann tatsächlich sagen, was euch widerfahren ist. Es ist, als ob man jemanden, der die Straße entlangtanzt, fragt: ‹Warum tanzt du die Straße entlang?› Vielleicht ist er glücklich, vielleicht ist er verrückt, oder vielleicht hat er eine Ameise im Schuh. Man kann nicht in seinen Kopf schauen und auch einen Wal nicht fragen: ‹Warum machst du das?›»

Und das stimmte. Einen Wal kann man nicht fragen.

Das Nachrichtenkarussell schnappte sich uns, und es lief wie geschmiert. In der ganzen Welt waren wir die besondere Geschichte am Ende der Nachrichten; wir standen in jeder Zeitung, wurden in der Zeitschrift *Time* vorgestellt,[9] in japanischen Spielshows erwähnt. Korrekte und falsche Berichte kursierten in der Welt: Bei einem Auftritt im Frühstücksfernsehen fragten die Interviewer absurderweise: «Als der Wal auf Sie sprang ... haben Sie da begriffen, dass es ein Wal war?»[10] Ja, erklärte ich ihnen, wir haben in der Tat begriffen, dass es ein Wal war. Wir wurden ein Internet-Meme, ein GIF, ein teilbares Video als Symbol für grandioses Scheitern. Der Comiczeichner der *Sunday Times* verwandelte uns in einen Sketch mit Charlotte als Premier David Cameron und mir als Schatzkanzler George Osborne im Ruderboot, während Jeremy Corbyn der auf uns springende Wal ist. Mit fasziniertem Grusel schaute ich mir das Video vom Unfall immer wieder an. Als ich es in Zeitlupe abspielte, fiel mir auf, dass die Gestalt hinten im Kajak zurückschreckt, als der Wal fällt. Das war ich, der versuchte, das Boot umzukippen. Aber das Strichfrauchen im Bug bleibt stehen, unbeweglich und sehr aufrecht. Charlotte war dem Wal so viel näher gewesen als ich. Sie hatte ihn die ganze Zeit angeblickt, bis nichts mehr von ihm zu sehen war außer Gischt. Unsere Mütter wurden in den Nachrichten zitiert: Charlottes sagte, ihre Tochter dürfe nie wieder aufs Meer hinaus, meine erklärte, sie sei froh, dass es mir gut gehe, aber sie finde, es wäre durchaus ein passender Tod für mich gewesen. Und dann folgten neue Sensationen, und das war's.

Aber das Leben war nicht mehr dasselbe. Ich war der Typ mit dem Wal, der Blitzableiter für Walfanatiker, und jeder, dem ich begegnete, schien eine Wal- oder Delfingeschichte auf Lager zu haben. Ein pensionierter U-Boot-Matrose aus Yorkshire erzählte mir, wie er Walen gelauscht habe, die singend sein Schiff umkreisten, während es die Tiefe durchpflügte, und ihre Rufe seien durch den Rumpf gedrungen. Er habe den Eindruck gehabt, sie hätten mit dem U-Boot gespielt. Eine Wissenschaftlerin berichtete mir, wie sich ihr in einer mexikanischen Lagune ein Grauwal genähert, den Kopf gehoben und mit offenem Maul gegen ihr kleines Boot gestupst habe. Sie habe in sein Maul gegriffen und seine enorme, zitternde Zunge gerieben, während sie beide einander die ganze Zeit in die Augen sahen. Eine Verlegerin erzählte mir, sie sei in Australien mit wilden Delfinen geschwommen. Einer habe sich ihr genähert und sie umschwirrt, als horche er ihren Körper mit den sonarähnlichen Echoortungsorganen in seinem Kopf ab. Er war außerordentlich interessiert an ihr, und zwar nur an ihr. Die Führer berichteten ihr später, es sei ein schwangeres Weibchen gewesen. Wenige Tage darauf stellte die Verlegerin fest, dass auch sie schwanger war.

Ich erhielt jede Menge Botschaften von Kindern und versuchte auch in Schulen zu erklären, was geschehen war. Ein Kind schrieb mir: «Lieber Tom ... Und Wie isT Wal auf Dich Gesprungen?», und weiter: «und Hast du welche Ferunde?» Der Wal hatte mir in der Tat viele Freunde beschert. Menschen, die seltsame Erlebnisse mit Waltieren gehabt hatten – und Menschen, die besessen von ihnen waren. Ich selbst habe Wale schon als kleines Kind geliebt. Eine meiner frühesten Erinnerungen betrifft die Enttäuschung darüber, dass die englische Grafschaft Wales kein riesiges Delfinarium ist. Unsere Fotoalben mit den Familienurlauben sind voller Postkarten mit Schwertwalen, und meinen ersten Sommerjob als Teenager hatte ich auf einem Walbeobachtungsboot. Bis ich irgendwann selbst im Wal-YouTube landete, hatte ich daran nie als an eine Informationsquelle gedacht – aber nach dem Vorfall verfolgte ich jede noch so abwegige Walspur. Schon bald verbrachte ich so viel Zeit mit dem Angucken von Videos mit Walen und Delfinen, dass die Algorithmen meines Internetbrowsers das mitkriegten und mich mit Werbung für Walkreuzfahrten in die Antarktis und Aquaparks bombardierten.

Es gab ein Video von einem Sporttaucher, der nachts Teufelsrochen in schlammigem Wasser gefilmt hatte, das von Unterwasserfackeln beleuchtet wurde.[11] Ein Großer Tümmler nähert sich ihm; in seiner Brustflosse steckt ein großer Angelhaken, dessen Nylonschnur sich ganz und gar um den Vorderkörper des Delfins gewickelt hat. Der Taucher beugt sich zu dem ihn umkreisenden Tier, das daraufhin direkt zu seiner Hand schwimmt und dann im Wasser stillhält, während der Taucher sich an der Schnur entlang zu dem Haken vortastet und ihn vorsichtig lockert. In den folgenden Minuten befreit er die Flosse mit Händen, Messer und Schere von dem Angelgerät, fährt dabei mit den Fingern bis hinauf zum Maul des wilden Tiers und wieder zurück und löst dabei das verhedderte Schnurgewirr vom Fleisch. Kann es wirklich sein, dass der Delfin um Hilfe gebeten hat? Hat er seine Flosse wirklich dem menschlichen Wesen hingehalten? Während meiner Ausbildung als Biologe habe ich einen Anthropomorphismusalarm gegen solche Überlegungen entwickelt. Aber wie hätte das Geschehen sonst erklärt werden können?

Ein anderes Video stammt von einer Wissenschaftlerin, die gerade zwei Buckelwale unter Wasser filmt, als sich der eine auf den Rücken rollt und sie mit seiner Flosse vor sich herschiebt.[12] Als sie schließlich auf ihr Boot flüchten kann, rufen ihre Kollegen ihr zu, im Wasser sei ein Tigerhai gewesen und der Wal habe sie beschützt. «Ich liebe dich, vielen Dank!», ruft sie dem Wal zu, der sich noch eine Weile in der Nähe des Schiffs aufhält. In Kanada wiederum singt ein Kajakfahrer einer Gruppe leuchtend weißer Belugawale etwas vor – und zu seiner Überraschung imitiert einer der Belugas ihn und singt zurück. Er steigt aus seinem Kajak, schwimmt in dem grünen Wasser und singt gurgelnde menschliche Unterwasserlieder, und der Beluga fiepst und zirpt dazu, während er neben ihm herschwimmt und ihn beäugt.[13] Was bedeutet dieses artüberschreitende Unterwasserduett, falls es überhaupt etwas bedeutet? Mir wurde plötzlich klar, dass solche auf Video festgehaltene Erlebnisse in der Zeit vor iPhones und Profikameras Anekdoten gewesen wären, die man immer wieder erzählte, und man konnte froh sein, wenn sie halbwegs geglaubt wurden. Aber als Videos konnten sie nicht so leicht bezweifelt werden. Natürlich hörte ich sofort den Wissenschaftler in mir sagen, es gibt aber das Phänomen der vorurteilsbehafteten Auswahl: Es gibt Videos von Delfinen, die Taucher ignorieren, von Belugas, die sich stumm von Kajakfahrern abwenden, und von Buckelwalen, die sich entfernen und Schwimmer der Verletzungsgefahr durch Haie überlassen, aber die verbreiten sich eben nicht mit rasender Geschwindigkeit. Und trotzdem verschlang ich jede weitere Interaktion zwischen Menschen und Walen und fragte mich, was ich denn von dem allen halten sollte. Ermöglichten diese digitalisierten Begegnungen vielleicht Einblicke in speziesübergreifende Interaktionen? Selbst in London, wo ich wohne, schienen Wale ständig in den Nachrichten vorzukommen. Ein Belugawal begann in der Themse zu leben,[14] ein strahlend weißes arktisches Meerestier, länger als ein Pferd und nur eine U-Bahn-Stunde entfernt von einer Stadt mit sieben Millionen Menschen, von denen die meisten noch nie von solch einer Kreatur gehört hatten. Der Wal schwamm die Flussmündung hinauf und surrte und schnalzte wochenlang, bis er wieder verschwand.

Das waren Vorkommnisse, die nach Erklärungen und Antworten verlangten, doch in vielen Fällen schien das, was man hörte, ohnehin schon intuitiv klar zu sein. Die Wale und Delfine gingen mit Menschen um, sie kommunizierten vielleicht sogar mit ihnen. Was – falls überhaupt etwas – wollte der Buckelwal uns sagen, als er auf uns sprang? Dann meldete sich wieder mein Anthropomorphismusalarm, und ich kam mir blöd vor. Dennoch, die Frage blieb. Ich konnte sie nicht gänzlich abschütteln.

Zu dem Zeitpunkt hatte ich schon zehn Jahre lang Tierfilme gedreht und mich auf Naturschutz und auf Geschichten spezialisiert, in denen Menschen und Natur einander begegnen. Da erhielt ich den Auftrag, für die Natural-History-Redaktion der BBC und den amerikanischen Sender PBS einen Film zu drehen über die Anwohner der Monterey Bay und darüber, wie ihr Leben mit den Walen dort verbunden war.[15] Ich wollte so viel wie möglich über das herausfinden, was mir passiert war, und die Untersuchung dann ausweiten auf die größere Geschichte über die Buckelwale und was mit ihnen vor der Küste Kaliforniens im Pazifik geschah, um schließlich auf den Mensch-Wal-Umgang in der ganzen Welt zu kommen. Ich verbrachte Monate auf Schiffen mit Wissenschaftlern, besessenen Walbeobachtern, Rettungsmannschaften und Fischern. Bücher und Forschungsberichte über Wale drängelten sich in meinem Kopf neben all jenen verrückten YouTube-Videos. Unsere kleine dreiköpfige

Mannschaft machte sich jeden Tag im Morgengrauen auf den Weg, um die Wale zu filmen, und war draußen auf dem Wasser, bevor die Nachmittagswinde das Meer aufwühlten und ruhiges Drehen unmöglich machten. Wenn das Meer sehr unruhig war oder wir nicht an die Wale herankamen, schliefen wir auf Stapeln aus Schwimmwesten. Wir blickten durch den Sucher, um einzuschätzen, wo ein Wal auftauchen könnte, bewegten den Fokus der Kamera an ihren Körpern entlang, um herauszufinden, wie sich ihre kolossalen Umrisse ins Bild bekommen ließen, wiederholten ihre Atemfontänen und die Schläge mit ihren Flossen in Superzeitlupe, verstärkten ihre Geräusche und wiederholten sie in Schleifen, erwischten manchmal ihre Augen, die uns direkt anstarrten – und je mehr Zeit ich in ihrer Nähe verbrachte, umso rätselhafter wurden mir diese Geschöpfe. Wie ist es wohl, ein Wal zu sein? Bewegten auch sie Gedanken und Gefühle, die irgendwie den unsrigen ähnelten? Am Ende eines jeden Tages schloss ich, vom Wind verbrannt und erschöpft, die Augen und sah immer noch das Meer, und mein inneres Gyroskop torkelte vom stundenlangen Starren durch eine Kameraröhre auf den schwankenden Horizont.

Im Laufe der Dreharbeiten geschahen drei Dinge. Als Erstes: Es schien so, als würden jede Woche neue Entdeckungen aus der Welt der Zetazeen verkündet. Neue Walpopulationen wurden gefunden, neues Verhalten beobachtet, sogar neue Arten wurden entdeckt. Stellen Sie sich vor, es würden mit solcher Regelmäßigkeit neue Elefantenarten gemeldet. Dabei können diese Tiere bis zu zwanzigmal größer sein als ein Elefant, und doch haben Wissenschaftler in den letzten Jahren in der Antarktis eine «mit hoher Wahrscheinlichkeit» neue Art von Säugetiere jagenden Orcas,[16] einen geheimnisvollen neuen Tiefseewal aus Neuseeland mit Namen Ramari-Schnabelwal[17] sowie eine sehr große neue Bartenwalart mit Namen Rice-Brydewal im Golf von Mexiko entdeckt.[18] Im Indischen Ozean führten die Aufzeichnungen von Unterwassermikrofonen, die eigent-

07 **Der Autor filmt einen mit dem Schwanz schlagenden Buckelwal in der Monterey Bay.**

lich Atombomben aufspüren sollten, zur Entdeckung zweier neuer Populationen von Zwergblauwalen; unterscheiden ließen sie sich an ihrem ausgeprägten Gesang.[19] Und in jeder neuen Gruppe ließen sich neue Verhaltensmuster, neue Kommunikationsweisen und, wie viele Wissenschaftler glauben, neue Formen des Miteinanderumgehens feststellen. Selbstverständlich sind sie nur für uns neu; die Wale selbst gab es dort schon lange vor unserer Zeit.

Als Zweites fiel mir bei unserer Filmerei auf, dass ich von lauter Maschinen umgeben war, nicht nur meinen eigenen Kameras. Über uns flogen Drohnen, die die Wale filmten und maßen; Forschungsschiffe hängten Richthydrophone ins Wasser; und sogar der Meeresboden war mit Kameras, Mikrofonen und anderen Sensoren bestückt. Mit Maschinen wurden Walausscheidungen, Schleim und DNA analysiert. Manche Wissenschaftler lenkten per Fernsteuerung Fahrzeuge mit Roboterarmen und Sonden; zwei Meter lange raketenförmige Fahrzeuge fuhren monatelang unter den Wellen weit hinaus aufs Meer. Andere Wissenschaftler befestigten Aufnahmegeräte an den Walen, verfolgten ihre Bewegungen und dokumentierten ihre Welt aus der Walperspektive, während Satelliten ihnen vom Weltraum her folgten. Und zu allem Überfluss begaben sich jeden Tag Tausende Touristen hinaus aufs Wasser, filmten und fotografierten jeden Wal, den sie erspähten, auf jedem Walbeobachtungsboot gab es private Drohnenlenker, andere hielten Kameras an Stöcken über die Reling, und alle besaßen ihre eigenen digitalen Fotodatenbanken. Wale werden vollständiger, aus größerer Nähe und regelmäßiger registriert als jemals zuvor. Diese außerordentlich innovativen Geräte haben die Möglichkeiten in unserem Verhältnis zur Welt der Natur verändert – und keines von ihnen hatte es schon gegeben, als ich um die Jahrhundertwende meinen Abschluss in Biologie machte. So wie das Zeitalter der mikroskopischen Entdeckungen durch Antoni van Leeuwenhoeks Vergrößerungsgeräte eingeleitet wurde, ist auch dieses goldene Zeitalter der Walbiologie getrieben von Technologie ... und Neugier.

Als Drittes wurde mir während des Filmens klar, dass all diese gesammelten Informationen erst nach der Auswertung durch weitere neue, leistungsfähige Maschinen sinnvolle Erkenntnisse ergaben. Und diese Tatsache hatte Auswirkungen für mich persönlich. Einheimischen Bürger-Wissenschaftlern war es gelungen, mithilfe neuer Datensätze von Buckelwalfotos, die wenige Wochen vor unserem Beinahe-Tod entstanden waren, den Wal zu identifizieren, der auf Charlotte und mich gesprungen war. Sie nannten ihn den «Hauptverdächtigen». Die Entdeckung hatte sich aus einem Computeralgorithmus ergeben, der speziell dazu entwickelt worden war, Muster in Buckelwalfotos zu finden. Ein weiterer Algorithmus wurde auf jahrelange Tonaufnahmen vom Meeresgrund angesetzt, und mit seiner Hilfe konnte festgestellt werden, dass die Wale in der Monterey Bay sangen – eine Überraschung für viele, die glaubten, Wale sängen nur in ihren tropischen Winterrevieren. Wie sich herausstellte, sangen sie Tag und Nacht, den ganzen Winter lang. Das ist ein anschauliches Beispiel für einen außerordentlich tiefgehenden Wandel, der sich in der gesamten Biologie vollzieht. Alle möglichen neuen Technologien schenken uns inzwischen mehr Informationen, als wir uns je erträumt hätten, sie machen immer schnellere Analysen möglich und bringen uns diesen fantastischen Geschöpfen, die sich die Welt mit uns teilen, immer näher.

Was bedeutete all dies, und worauf würde es hinauslaufen – dieses Zeitalter der Entdeckungen, diese Maschinen des Aufspürens und der Mustererkennung? Wenn dies erst der Anfang war, was würden Computeralgorithmen in all diesem neuen Waldatenmaterial sonst noch herausfinden?

Am Ende der Dreharbeiten wurde ich von zwei jungen Männern aus dem Silicon Valley besucht. Sie hatten mit der Gründung von Internetfirmen ein Vermögen gemacht, und jetzt wollten sie sich im Naturschutz engagieren. Sie erzählten mir etwas absolut Unglaubliches – sie hätten vor, mit den neuesten Werkzeugen der Künstlichen Intelligenz Tierkommunikation zu entschlüsseln, so etwas wie ein «Google Translate» für Tiere zu entwickeln. Ich musste sofort wieder daran denken, was Joy gesagt hatte, als wir über die Beweggründe des «Hauptverdächtigen» spekuliert hatten. «Du kannst nicht einfach einen Wal fragen: ‹Warum hast du das gemacht?›»

Ich dachte an all das, was ich gesehen hatte, und an die radikale Veränderung in dem, was Biologen neuerdings registrieren und in ihren Aufnahmen entdecken können. *Warum eigentlich* konnten wir einen Wal nicht einfach fragen? Was stand uns im Weg? Was daran war, wissenschaftlich gesprochen, letztendlich unmöglich? Ich beschloss, dass ich das unbedingt herausfinden wollte.

2

EIN GESANG IM OZEAN

Nur wer etwas liebt, macht sich die Mühe, daran zu arbeiten.[1]

Barbara Kingsolver

Seit ich begonnen hatte, mich in die Welt der Waltiere zu vertiefen, nannten die Menschen, mit denen ich zu tun hatte, immer wieder einen Mann. Für viele waren es seine Forschungen gewesen, die sie zuerst berührt und dann dazu bewegt hatten, ihr Leben der Arbeit mit diesen Tieren zu widmen. Er war es dann auch, von dem ich lernte, wie großartig und wichtig es ist, die Kommunikation der Waltiere zu entschlüsseln. Dr. Roger Payne ist der Mann, der dem Wal seinen Gesang schenkte.

Es stellte sich heraus, dass dieser legendäre Walforscher fern vom Meer, tief in den Wäldern Vermonts lebte. An einem Freitag im Juni bog ich vom Highway ab in eine lange, kurvenreiche Straße, die durch einen Wald führte. Es war ein herrlicher Tag, und das durch die Bäume dringende Sonnenlicht sprenkelte die Straße. Bob Dylan krächzte aus meinem Autoradio, und ich ließ meine Gedanken wandern. Da tauchte vor mir rechts ein sehr großer, dunkler Hund am Waldrand auf. Ich drosselte mein Tempo für den Fall, dass er auf die andere Straßenseite wechseln würde, und das tat er auch. Erst da begriff ich, dass es sich um einen Schwarzbären handelte. Er trabte auf meiner Straßenseite weiter, blickte kurz zurück zum Auto, warf den Kopf herum und verschwand im Gebüsch und weiter den Hang hinunter zu einem unsichtbaren Fluss. Die raschelnden Pflanzen verrieten, wo er entlanglief. Wenige Minuten später erreichte ich ein hohes, weiß gestrichenes, holzverkleidetes Farmhaus. An der einen Seite entdeckte ich Bienenstöcke und an die Fenster montierte Futterspender für Kolibris. Das Haus blickte auf eine grasbewachsene Lichtung und auf die hügelige Baumlandschaft dahinter; soweit ich sehen konnte, gab es keine Anzeichen anderer menschlicher Behausungen. Ich fühlte mich so weit entfernt vom Meer und von Walen, wie man nur sein konnte.

Ich klopfte an der Tür, und es erschien ein hochgewachsener, strahlender Mann in grauem Hemd und Khakihose und mit einer Brille mit Drahtfassung. Er wirkte nicht wie dreiundachtzig, was ich auch sofort hinausposaunte. «O nein, würden Sie in meinem Kopf stecken, käme ich Ihnen sehr wie dreiundachtzig vor», sagte er, doch seine Bewegungen waren flink, und seine Augen funkelten jugendlich.

Roger wollte vor unserem Interview unbedingt einen Rundgang mit mir machen. Er führte mich hinter das Haus und am offenen Tor seiner Werkstatt vorbei, wo er gern die Zeit mit der Konstruktion und der Reparatur von Gegenständen aus Holz verbrachte. Er erklärte mir, das Haus gehöre nicht ihm, sondern sei ihm und Lisa, seiner zweiten Frau, einer angesehenen Schauspielerin, von einem Walliebhaber überlassen worden, den Rogers lebenslanges Studium der Wale und sein Einsatz zu ihrem Schutz beeindruckt hatten. Roger war hier nicht allein: Verborgen im Wald, gab es einen kleinen See mit einem schwimmenden Teehaus, das regelmäßig von Mönchen eines kleinen Klosters aufgesucht wurde, das in einem benachbarten Farmhaus untergebracht war. Eine große vergoldete Buddhastatue schimmerte durch das Gehölz auf der anderen Straßenseite. Wir liefen hinunter zum See, an dessen Ufer Bachstelzen und andere kleine Vögel herumhüpften. Auf dem Holzsteg des Teehauses meditierte ein Mann. In der Nähe des Sees befand sich ein langer, drei Meter hoher Wall. Durch diesen Wall führte ein Tunnel, der aus riesigen, grob behauenen Steinblöcken be-

08 **Roger Payne hört Walen vor der Küste Südamerikas zu.**

stand, die wunderschön zusammenfügt waren. Seine Öffnung war groß genug für zwei Menschen und wirkte wie der Eingang zu einer Grabkammer. All dies war das Werk seines von Walen besessenen Wohltäters. Der Tunnel war dunkel und kühl und führte auf der anderen Seite zu einem Kreis aus etwa einem Dutzend kolossaler, aufrecht stehender Steine – roh behauene Obeliske, jeder vielleicht drei Meter hoch. Roger erzählte, Lisa und er hätten hier in einer Zeremonie geheiratet, deren Text sein Freund, der Schriftsteller Cormac McCarthy, mit ihm zusammen entworfen hatte und der von einem weiteren Freund, Sir Patrick Stewart aus *Star Trek*, vorgelesen worden war. Ich fühlte mich wie in der Gegenwart eines gütigen Zauberers.

Nach unserer Rückkehr ins Haus servierte Lisa, eine Neuseeländerin mit Heimweh nach Großbritannien, ihr frisch gebackenes Brot und klagte darüber, dass es in diesem Teil Vermonts unmöglich sei, gute Backwaren oder ihren Lieblingskäse zu bekommen. Roger ließ sich, eine Tigerkatze auf dem Schoß, in einem Sessel mit Blumenpolster und hoher Lehne nieder und begann zu erzählen.

In den späten 1950ern und frühen 1960ern hatte er Eulen studiert, und zwar speziell, wie ihr Gehör es ihnen ermöglicht, in vollkommener Dunkelheit Mäuse zu fangen. Er war ein talentierter Wissenschaftler und fest entschlossen, diesen Weg weiter zu verfolgen. Doch dann geschah etwas, das sein Leben veränderte. Während er, nicht weit von der Küste Massachusetts' entfernt, an der Tufts-Universität arbeitete, hörte er eines Nachts eine Nachricht im Radio. Ein Wal sei an einem nahe gelegenen Strand angespült worden. Roger beschloss, sofort hinzufahren. Als er ankam, war es dunkel, es schüttete, und niemand war mehr an Ort und Stelle. Roger lief am Strand entlang, fand den toten Körper und stellte fest, dass es sich nicht um einen Wal, sondern einen Delfin handelte. Jemand hatte seine Schwanzflossen abgeschnitten, ein anderer hatte ihm eine Zigarre in sein Blasloch gesteckt, und noch ein anderer hatte ihm seine Initialen in die Haut geritzt. Mächtige Wellen brachen sich am Ufer. Roger stand da in Dunkelheit und Regen und schaute den Delfin an, bestaunte seine «herrliche Wölbung»[2], auf die weich das Licht von Häusern in der Nähe fiel. Er war sehr aufgewühlt und schrieb später: «Ich entfernte die Zigarre, blieb sehr lange dort stehen und hatte Gefühle, die ich nicht beschreiben kann. Jeder hat schon einmal solch eine Erfahrung gemacht, die ihn fürs Leben prägte, vielleicht sogar mehrere. Diese Nacht war eine der meinen.»[3]

Roger begriff in dem Moment, dass jemand nur dann seinen Namen in einen Delfin ritzen kann, wenn er ihn als etwas betrachtet, das sich sehr von einem Menschen unterscheidet, als etwas Unbekanntes, als bloß ein *Ding*. Das war «verrückt», dachte er, «es muss doch auch anders gehen». Aber er kam sich viel zu machtlos vor, um etwas so Gewaltiges zu verändern, und er nahm seine Studien wieder auf. Einige Zeit später hörte er den Vortrag eines Mannes, der das Büro der internationalen Walstatistik leitete. Dieser Mann verkündete «die kalte, harte Wahrheit» über das, was weltweit mit Walen passierte: ein ungehindertes industrielles Abschlachten, wenn sich die Fangflotten fabrikmäßig durch die größten, profitabelsten und am leichtesten aufzufindenden Walbestände arbeiteten – die Glatt-, Blau- und Finnwale –, und wenn sie die alle erledigt hatten, durch die anderen – die Sei-, die Buckel- und die Zwergwale. Roger war schockiert.

Wenige Tage nach diesem Vortrag hörte er zufällig eine Aufnahme der Rufe von Glattwalen. Er hatte noch nie zuvor ein solches Geräusch gehört, etwas derart Geheimnisvolles und Wunderbares. Es verfolgte ihn. Er programmierte seinen Wecker so, dass ein Tonband ihn jeden Morgen damit wecken würde. «Ich stellte mir vor, dass der neue Tag, wenn ich mit diesen Geräuschen aufwachen kann, vielleicht besser sein wird. Und ich tat es, und es war so.»[4]

Aber die Rufe der Wale waren nicht einfach nur wunderschön; sie erinnerten ihn auch an die bedrohliche Lage dieser Tiere. Roger sah das Problem zum Teil darin, dass die Walfangindustrie die einzige Verbindung zwischen Mensch und Wal darstellte. Wenn man, sobald man einen Wal sieht, sofort ans Töten denkt, ist das «nicht gerade die ideale Art und Weise, Menschen für ihre Komplexität, ihre Bedeutung, ihre Unterschiedlichkeit, ihre Intelligenz und dergleichen mehr zu begeistern». Und er fasste den Entschluss, das zu ändern. Also verkündete er eines Tages, während einer Tagung der New York Zoological Society (jetzt Wildlife Conservation Society), kurzerhand, er werde von nun an Wale studieren. Was er mit dieser Bekanntgabe eigentlich genau meinte, war ihm, wie er gestand, schleierhaft; tatsächlich hatte er bisher nicht einmal einen lebenden Wal gesehen. Doch ermutigt durch die positive Aufnahme seiner Ankündigung, beschloss er, sein Vorhaben, das zu einer lebenslangen hingebungsvollen Beschäftigung mit diesen riesigen verfolgten, geheimnisvollen Tieren werden sollte, voranzutreiben. Wie für viele andere Walforscher war dieses Studium auch für ihn eine verlockende Lebensweise. «Ich habe mir seit jeher gewünscht, mich auf immer schmaler werdenden Straßen voranzubewegen, bis ich auf einen Pfad gelange, der zum Meer führt», sagte er. «Und wenn man dann ins Boot steigt und in See sticht, ist das eine Existenzweise, eine sinnliche Erfahrung, die ich unwiderstehlich finde.» Und als er das sagte, merkte ich, dass er in Worte fasste, was ich stets empfunden, aber nie hatte ausdrücken können.

Roger begann, seine Netze auszuwerfen. Er sprach jeden an, der etwas über Wale wusste. Schließlich bekam er den Tipp, dass ein Ingenieur der US-Marine namens Frank Watlington auf den Bermudas seltsame Tonaufnahmen gemacht hatte. Der Kalte Krieg befand sich auf dem Höhepunkt, und die USA hatten Unterwasser-Abhorchstationen installiert, die vorbeiziehende sowjetische U-Boote belauschen sollten. Frank hatte Zugang zu einem bestimmten Hydrophon aus einer streng geheimen Anordnung von Abhörgeräten auf dem Meeresboden, etwa fünfundfünfzig Kilometer vor der Küste. Dieses Hydrophon hatte eine große Reichweite und erfasste alle Frequenzen, die Menschen hören können. Und wenn er etwas Interessantes hörte, nahm er es auf. Nun waren ihm immer wieder gewisse ungewöhnliche Geräusche aufgefallen – langgezogen, verschiedenartig und abwechslungsreich –, und er stellte fest, dass sie mit den Zeiten, in denen er an den Bermudas vorbeiziehende Buckelwale sichtete, zu korrelieren schienen. Er begann sich also zu fragen, ob sie womöglich von den Walen stammten. Und so machte Roger sich gemeinsam mit seiner damaligen Frau Katy auf zu den Bermudas und traf sich mit Frank. Der Marine-Ingenieur nahm beide mit hinunter in den Bauch eines Schiffs, wo ein Generator einen derartigen Lärm machte, dass Roger sein eigenes Wort nicht verstand. Er setzte Franks Kopfhörer auf und konzentrierte sich auf die Aufnahme. «Ich glaube, das ist ein Buckelwal!», brüllte Frank Roger zu, der, als er die Laute hörte, vollkommen hingerissen war. *Wenn das ein Buckelwal ist*, dachte er, *wird dies hier zu der Welt sprechen, wie noch keine andere Stimme jemals zur Welt gesprochen hat.* Jahrzehnte später erinnert Katy sich noch lebhaft daran: «Uns liefen die Tränen über die Wangen. Sie können sich vorstellen, wir waren einfach vollkommen überwältigt und hingerissen.»[5] Bis zum heutigen Tag gehören Frank Watlingtons Aufnahmen immer noch zu den schönsten und verzauberndsten Buckelwalvokalisierungen, die jemals festgehalten wurden.

Es war das Jahr 1967, und der kommerzielle Walfang erlebte mit jährlich über 70000 getöteten Walen gerade seinen Höhepunkt.[6] Watlington fürchtete, Walfänger könnten die Aufnahmen benutzen, um Wale aufzuspüren und weiter zu töten. Also machte er Roger eine Kopie zum Mitnehmen und sagte zu den Paynes, sie sollten «losziehen und die Wale retten».[7] Roger hörte Franks Tonband drei Monate lang ab, zu jeder Uhrzeit und bei jeder Gelegenheit. Die Rufe der Wale waren hochkomplex, dauerten etwa zwanzig Minuten und reichten von rülpsendem Grunzen über hohes Quietschen bis zu tiefem, klagendem Stöhnen. Er hörte die Aufnahme Hunderte Male, bis es ihm plötzlich aufging: «Mein Gott, diese Tiere wiederholen sich.»

Zusammen mit seinem Kollegen Scott McVay produzierte er visuelle Darstellungen der Rufe, sogenannte Spektrogramme, die diese Wiederholungsmuster sehr deutlich aufzeigten. Die Muster bestanden aus Einheiten («Noten») von unterschiedlicher Tonhöhe und Lautstärke – von leisestem tiefen Grollen, das unsereins noch hören kann, bis hin zu den höchsten Tönen, die wir eben noch wahrnehmen; und diese Noten setzten sich zu Gruppen («Phrasen») zusammen, die sich einige Minuten lang wiederholten und so ein Thema bildeten. Die erste Aufnahme auf Franks Tonbändern bestehe aus sechs Themen, erklärte mir Roger, die man, zum Beispiel, jeweils mit einem Buchstaben (A, B, C, D, E und F) bezeichnen könnte. Roger und Scott fanden heraus, dass der Wal ein Thema unterschiedlich oft wiederholte, ehe er zum nächsten wechselte. Schließlich kehrte der Wal zum ersten Thema (A) zurück, die gesamte Sequenz nannten sie dann «Gesang». Und der erste Gesang sah so aus: *AAAAABBBBBBBBBBBBBBCCDEFFFFFFFF*. Indem der Wal zurück zum A-Thema wechselte, signalisierte er, dass er mit einer neuen Wiedergabe beginnen werde. Buckelwale zögern nicht lange mit einer Wiederholung, deshalb sind «ihre Gesangseinheiten Flüsse aus Lauten, die minutenlang fortfließen, manchmal sogar stundenlang».

Die meisten Tiervokalisierungen sind linear, das heißt, es gibt keine eingebauten Hierarchien in ihrer Struktur. Roger, der auch Cello spielt, fand, dass diese Walrufe am ehesten Ähnlichkeit mit Musik hätten – und deshalb nannte er sie Gesänge.

Paynes und McVays gemeinsamer Forschungsbericht von 1971 war eine Sensation; ihre Spektrogramme prangten auf der Titelseite der Zeitschrift *Science*. Im Innern schrieben sie: «Buckelwale (*Megaptera novaeangliae*) produzieren eine Serie aus wunderschönen, abwechslungsreichen Lauten, die von sieben bis dreißig Minuten dauern können, dann wiederholen sie diese Serie mit bemerkenswerter Präzision. Wir nennen eine solche Darbietung ‹Singen› und jede wiederholte Serie aus Lauten einen ‹Gesang›.»[8] Roger und seine Forscherkollegen stellten außerdem fest, dass nur die Bullen der Buckelwale vokalisieren. Sie hängen dann regungslos senkrecht etwa zwanzig Meter unter der Wasseroberfläche und tragen komplette Gesänge vor, einen nach dem anderen. Am Ende einer Reihe von Gesängen tauchen sie an die Oberfläche, um einzuatmen, sinken dann wieder hinunter und setzen ihre Rufe fort. Gewöhnlich unterbrechen sie einen Gesang, um zu atmen, erst, wenn sie bei einem bestimmten Thema angelangt sind, aber ganz gleich, an welcher Stelle sie atmen, sie «schnappen zwischen den Noten rasch nach Luft, wie um die Aufführung ihres Gesangs nicht zu unterbrechen, genau wie wir Menschen, wenn wir singen».[9] Und wenn sie nicht gestört werden, können solche Gesangsstrecken Stunden dauern – ja, selbst Tage. Wenn sie ihre Gesänge erfinden, wenden sie sogar einige ähnliche Gesetze an wie wir Menschen bei unserer Musik. Zum Beispiel bauen Buckelwale perkussive und tonale Laute in etwa demselben Verhältnis in ihre Musik ein wie wir Menschen perkussive Laute in einigen unserer musikalischen Traditionen.

Linda Guinee, eine Kollegin in Rogers Labor, entdeckte gemeinsam mit Katy Payne (ebenfalls eine hoch talentierte Musikerin und Wissenschaftlerin, deren Arbeiten über Tierkommunikation von Walen bis zu Elefanten reichen), dass Wale sogar reimen.[10] Ich fragte Roger, wie das möglich sein könne. Er erwiderte, Linda, Katy und er selbst würden vermuten, dass Wale Reime aus demselben Grund einsetzten wie die antiken griechischen Sänger in ihren epischen Gedichten – mithilfe der Reime erinnerten sie sich in einem langen Epos an das, was als Nächstes kam.

Es war Katy Payne, die als Erste erkannte, dass die Gesänge der Wale sich ständig änderten; etwas, das ungewöhnlich ist für singende Tiere. Die Buckelwale bilden weltweit, soweit wir wissen, etwa ein Dutzend verschiedener Populationen, und jede vermehrt und ernährt sich in einem anderen Teil der zahlreichen Meere des Globus – sie scheinen ihren angestammten Futterregionen treu zu bleiben; allerdings weiß man von den männlichen Tieren, dass sie verschiedene Brutgebiete aufsuchen können. Zu Beginn jeder Fortpflanzungssaison können die Wale einer bestimmten Population einander allesamt nur leicht variierte Gesänge vortragen. Im Laufe der Saison scheinen sie aber, wie ein sich einstimmendes Orchester, zu einem verbindlichen, einheitlichen Gesang zusammenzufinden, der sehr akkurat wiederholt wird. Diese Gesänge entwickeln sich fortwährend: Jeder ist anders als der vom vorhergehenden Jahr, sodass alle nach einigen Jahren komplett erneuert sein werden.[11] Einige Walpopulationen singen unterschiedliche Gesänge in den verschiedenen Ozeanen, doch es scheint «Hit-Fabriken» zu geben wie die bei den australischen Walen, deren Ohrwurmsongs sich über ihre eigene Population hinaus verbreiten, indem die Bullen sie in andere Meere tragen, wo wiederum dortige Bullen sich bestimmte Elemente der gehörten Phrasen und Verse herauspicken und in ihre eigenen Gesänge einarbeiten.

Die Gesänge scheinen niemals ein altes Themenmuster wiederaufzunehmen. Katy Payne zitiert Edward Sapir[12], der die menschliche Linguistik erforscht hat und eine Parallele zu den Walgesängen zog, als er beschrieb, wie sich die menschliche Sprache im Laufe der Zeit verändert: «Die Sprache bewegt sich in einem sich selbst produzierenden Fluss mit eigener Strömung durch die Zeit ... Jedes Wort, jedes grammatische Element, jeder Ausdruck, jeder Laut und jeder Akzent ist eine bestimmte Art der Gestaltung, die sich langsam und stetig verändert.»[13]

Und nicht nur Buckelwale sangen. Wie sich herausstellte, taten es auch andere große Wale, zum Beispiel die Blauwale im Indischen Ozean; nur scheinen ihre Gesänge sehr viel schlichter zu sein. Die Gesänge von Grönlandwalen, die über 200 Jahre alt werden können, sind dagegen schon mit Jazz verglichen worden.[14] In der Nachfolge von Rogers Arbeiten fanden Forscher heraus, dass die Meere geradezu widerhallten von Wal- und Delfin-Vokalisierungen – und das in einer in ihrer Vielfalt und Allgegenwärtigkeit schwindelerregenden Fülle. Manche Stimmen waren nur etwa hundert Meter weit zu hören, während andere über ganze Ozeane hinweg ausstrahlten.

Die Katze auf Rogers Schoß rührte sich, und er ließ sich tiefer in seinen Lehnstuhl sinken. Während seiner Schilderungen war ein Lichtstrahl durch das Fenster langsam über das Bücherregal hinter ihm gewandert. Jetzt hatten wir den Teil der Geschichte erreicht, dessentwegen ich hier war: Was hatte er entdeckt? Was bedeuteten die Gesänge, falls überhaupt irgendetwas? Warum singen Wale sie? Warum sind die Gesänge so differenziert? Roger antwortete, das wisse niemand. All dies sei Gegenstand heftiger Debatten geworden und sei es immer noch. Er gestand zu, es könne möglich sein, dass ihre Rufe überhaupt keine Bedeutung hatten – doch er selbst will das nicht glauben. Und er begründete seine Hypothese, sie müssten einfach eine «unvorstellbar wichtige Bedeutung» haben, mit der enormen Mühe, die die Wale sich bei ihrer Vorführung geben, und der Tatsache, dass sie unterschiedliche Versionen lernen. Die Hoffnung, dass ihre Bedeutung noch zu seinen Lebzeiten entdeckt wird, hat er noch nicht aufgegeben. Er selbst setzt auf die Möglichkeit, dass es sich bei den Gesängen größtenteils um Balzverhalten handelt – um einen Auftritt, mit dem die männlichen Tiere das Interesse der weiblichen zu gewinnen suchen, so wie es die Vogelmännchen tun; allerdings hat Roger einige Probleme mit seiner Theorie, nicht zuletzt deswegen, weil die weiblichen Buckelwale sich, anders als Vogelweibchen, nicht groß um die singenden Bullen zu scheren scheinen. «Ach ja», kicherte er, «je länger man Wale erforscht, desto weniger versteht man sie in ihrer Gesamtheit, es ist wie in der Physik.» Er hielt kurz inne. «Ich würde zu gern wissen, was sie bedeuten.»

Ich gestehe, dass das für mich als Wissenschaftler ein wenig enttäuschend war – ich war so begierig auf Antworten gewesen, und immerhin wissen wir seit einem halben Jahrhundert, dass Buckelwale singen können! Roger erzählte, die Frage habe ihn jahrzehntelang nachts wachgehalten. Seine geheimnisvolle Entdeckung sei nur der Anfang seiner Geschichte. Die Gesänge, die er entdeckt hatte, waren wunderschön, doch gleichzeitig liefen ihre Sänger Gefahr, endgültig zum Verstummen gebracht zu werden. Noch in den 1970ern waren 363661 Wale abgeschlachtet worden.[15] Roger hatte sich nicht nur deshalb daran gemacht, die Gesänge zu untersuchen und ihre Bedeutung zu verstehen, sondern auch, weil er um deren Macht wusste: Sie würden «die Fantasie der Menschen erobern» können.[16]

Roger war von Anfang an zuversichtlich gewesen, die Menschen würden, sobald sie die Gesänge hörten, anders über Wale denken. Es würde ihnen nahegehen. Noch bevor seine wissen-

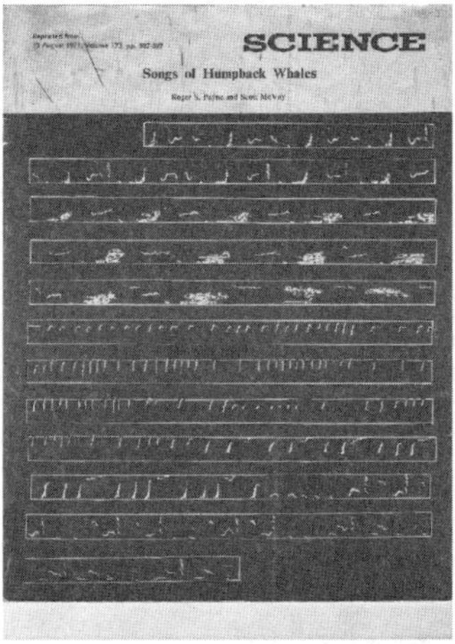

09 **Auszug aus Paynes und McVays bahnbrechendem Artikel mit der Darstellung der «Musik» der Walgesänge in *Science*, 1971.**

schaftlichen Funde überhaupt in *Science* erschienen, veröffentlichte er 1970 *Songs of the Humpback Whale*, ein Album mit den besten Aufnahmen. Es verkaufte sich hundertfünfundzwanzigtausendmal und wurde mehrfach mit Platin ausgezeichnet. Er selbst wurde zum PR-Guru. Er spielte das Album allen vor: Sängern, Musikern, Kirchgängern, Schauspielern, Lyrikern, Politikern und Journalisten – jedem, von dem er glaubte, es könne ihn interessieren und für die Schönheit der Gesänge begeistern. Er trat auf beiden Seiten des Atlantiks in Fernseh- und Radiotalkshows auf. Die «Töne verbreiteten sich wie ein Lauffeuer; die Leute wurden aufmerksam, und wenn sie sie hörten, waren sie fassungslos».[17] Gerüchte kamen ihm zu Ohren, Bob Dylan würde seine Auftritte manchmal unterbrechen und Teile der Aufnahmen vorspielen. Die Walgesänge gingen viral. Sie wurden in Johnny Carsons *Tonight Show* und in der *David Frost Show* gespielt und als Hintergrundmusik für Judy Collins' Hit «Farewell to Tarwathie» benutzt. Der Walgesang fand auch bei der wachsenden Umweltbewegung Anklang. Die Platte kam wenige Monate nach dem ersten Earth Day heraus und ein Jahr vor der Gründung von Greenpeace. Zuschauer, die sich schon bei den Abenteuern von Flipper für Delfine erwärmt hatten, nahmen jetzt Wale in ihr Pantheon geliebter Tiere auf.

Der größte Coup gelang Roger jedoch, als er den *National Geographic* dazu überreden konnte, eine Schallplatte zu pressen und sie der Januarausgabe von 1979 beizulegen. Zu der Zeit hatte die Zeitschrift eine Auflage von 10,5 Millionen, das heißt, es wurden 10,5 Millionen Flexi-Scheiben – mit einer Auswahl von Buckelwal-Gesängen – hergestellt. Das ist bis zum heutigen Tag die höchste Auflage *einer einzelnen Aufnahme, die jemals gemacht wurde.*

In all den endlosen Interviews, die ich selbst ein halbes Jahrhundert später gab – Wissenschaftlern, Kapitänen von Walbeobachtungsschiffen, Freitauchern, Unterwasserkameramännern und überhaupt Menschen, die Wale und Delfine liebten –, stellte ich fest, dass es genau diese Aufnahme war, die sie als Kinder und Jugendliche fasziniert und ein Leben lang für Wale begeistert hatte.

Als die Anzahl überlebender Wale schließlich unter dem Druck jahrhundertelanger gnadenloser Hetzjagd stark zurückging, wuchsen die Proteste. Aufnahmen vom Walfang tauchten in Tierdokumentationen im Fernsehen auf. Menschen, deren Großeltern noch Korsetts aus Walknochen getragen hatten, zeigten sich jetzt mit T-Shirts, auf denen «RETTET DIE WALE» stand. Greenpeace-Boote drängten sich zwischen Harpunierer und ihre Opfer und spielten dabei Rogers Album. Der öffentliche Druck wuchs und wurde zum internationalen politischen Druck. 1972 erließen die USA den Marine Mammal Protection Act, ein Gesetz, das das Jagen und Töten von Walen in US-Gewässern ebenso wie den Import und Export von Walprodukten verbot. Die Internationale Walfangkommission (IWC) ging von der Festlegung von Walfangquoten über zur Einstellung der Jagd. 1982 wurde schließlich ein Moratorium für den kommerziellen Walfang beschlossen. Inzwischen werden Wale kaum noch gejagt (allerdings berufen sich japanische Walfänger jetzt, da ich dies schreibe, für ihre Waljagd nicht mehr auf den Vorwand wissenschaftlicher Forschung, sondern sind aus dem IWC ausgetreten und gehen erneut der kommerziellen Jagd in ihren nationalen Gewässern nach, auch wenn nur noch wenige Japaner am Verzehr von Walfleisch interessiert zu sein scheinen). Um die Wale zu retten, hatte Roger die Gesänge mit sehr großem Einsatz in der Welt verbreitet – und dabei nicht an unseren Verstand, sondern an unsere Gefühle, unsere Empathiefähigkeit appelliert. Er verlieh den Walen eine Stimme in unserer Kultur, und dieser Entschluss eines einzelnen Menschen ist einer der Gründe, dass es überhaupt noch Wale gibt.

Als unser Gespräch sich dem Ende zuneigte und Roger aufstand und die Katze an einem neuen warmen Platz absetzte, um sich aufs Abendessen vorzubereiten, wurde mir auf einmal etwas an seiner Geschichte klar. Er hatte nach etwas gesucht, dass Menschen und Wale verbinden würde. Er hörte ihre Gesänge Jahre, bevor er seine bahnbrechende Arbeit veröffentlichte. Um eine solche Verbindung herzustellen, um diese vielen Millionen Menschen zu erreichen, musste er *beweisen*, dass es sich um Gesänge handelte. Er musste ihre Muster aufdecken, ihre Strukturen freilegen. Für Roger war es am Ende gar nicht mehr so wichtig, welche biologische Bedeutung der Walgesang hatte; die Tatsache, dass die Wale überhaupt sangen, genügte, um ihr Schicksal zu ändern. Er musste wasserdichte Wissenschaft liefern, um Herzen zu gewinnen. Fünfzig Jahre später verfolgt er immer noch seine Mission.

Als junger Mensch lernte ich die Welt der Natur durch David Attenboroughs Dokumentarfilme kennen und war hingerissen von der Geschichte der Erde und dem Leben auf ihr. Ich wollte nur noch all dies beobachten, aufspüren und erkunden. Doch die Zeiten waren hart für einen unbekümmerten Naturforscher.

Ich habe erst die Hälfte einer durchschnittlichen Lebensspanne hinter mir, aber seit meiner Geburt ist schätzungsweise die Hälfte aller Wirbeltiere verschwunden.[18] In nur wenigen Tausend Jahren haben wir den Verlust von 83 Prozent der wild lebenden Säugetiere und 50 Prozent der Pflanzen verursacht.[19] Wir haben die Vielfalt des Lebens durch die wenigen Arten ersetzt, die in einer von Menschen geprägten Welt zurechtkommen. Wenn ich die Rapsfelder, die Park- und Golfplätze in meiner Heimat betrachte, dort, wo sich einst gemäßigte Regenwälder erstreckten und große Tiere umherstreiften, muss ich an den kaledonischen Häuptling Calgacus denken, der Folgendes über die Zerstörung durch seine römischen Feinde sagte: «Sie richten eine Verwüstung an und nennen es Frieden.»[20]

Heute gibt es rund 25 Milliarden Nutzhühner.[21] Zusammengenommen wiegt ihre Biomasse mehr als doppelt so viel wie alle noch vorhandenen wild lebenden Vögel des Planeten miteinander; tatsächlich werden jährlich so viele von ihnen getötet, dass ihre in den Müllkippen angehäuften Knochen allmählich zu einer paläontologischen Schicht werden, einem zukünftigen Kennzeichen des Anthropozäns. Von allen Säugern auf dem Planeten sind, in Gewicht gerechnet, 96 Prozent Menschen und Haustiere, wie Kühe, Schafe, Ziegen, Hunde und Katzen. Und was die Meere betrifft, so wird es laut Prognosen um 2050 herum mehr Plastik in ihnen geben als Fische.[22] Dieses Megasterben ist untypisch für die Geschichte des Lebens. Als Tierfilmer wurde ich, wie so viele meiner Kollegen, zu einer Art Kriegsreporter der Natur. Aber für Wale habe ich mich im Grunde erst nach meinem Zusammenstoß mit dem Buckelwal in der Monterey Bay interessiert. Vor diesem Erlebnis hatte ich naiverweise gedacht, Wale seien hauptsächlich im neunzehnten Jahrhundert gejagt und getötet worden, zu Herman Melvilles Zeiten, als die Industriegesellschaft auf Walprodukte angewiesen war, Städte mit brennendem Walöl beleuchtet wurden und Korsettstangen aus den Barten in ihren Mäulern bestanden. Doch sobald ich anfing, über Wale zu lesen, darunter auch neue wissenschaftliche Untersuchungen, die auf der Kombination von Wal-DNA und den Aufzeichnungen von Walfängern beruhten, stellte ich fest, dass die meisten Wale, die jemals getötet worden sind, in Wirklichkeit im zwanzigsten Jahrhundert abgeschlachtet wurden, viele von ihnen sogar zu meinen Lebzeiten.

Mit fossilem Brennstoff betriebene Stahlschiffe, «Fabrikschiffe» genannt, waren in der Lage, die schnelleren, größeren Wale, wie Blau- und Finnwale, zu fangen, die den Walfängern in ihren Segelschiffen einst entkommen waren. Die Besatzungen dieser Schiffe waren in der Lage, die Wale mit explodierenden Harpunen aus der Ferne zu töten, sie an Bord zu hieven und weiter zu jagen, während Mannschaften an Deck im Verbund mit Maschinen die geschlachteten Titanen erbarmungslos zerlegten. Später würden sie dann zu Verbrauchsgütern wie Hundefutter, Dünger, Schmiermittel, Margarine, Kaugummi und Farbbändern für Schreibmaschinen verarbeitet. Jüngste Erkenntnisse zeigen, dass diese Praxis sogar noch während meiner Kindheit in den 1980ern gang und gäbe war und sowjetische Flotten zum Beispiel sibirische Pelztierfarmen mit dem Fleisch der Giganten aus der Antarktis versorgten. Exakte Zahlen lassen sich nicht erheben, aber Schätzungen haben ergeben, dass wir im zwanzigsten Jahrhundert etwa drei Millionen Wale getötet haben,[23] mehr als 90 Prozent vieler Populationen. Das gilt, gemessen in Biomasse, als die größte Ausmerzung eines Tieres in der Geschichte.

Drei Millionen Wale.

Der Blauwal, nach Umfang und Gewicht das größte Tier in der Geschichte des Lebens auf Erden, war so lange bejagt worden, bis nur noch gerade 0,1 Prozent seiner Population übrig blieben. Im achtzehnten Jahrhundert muss die größte Blauwalpopulation in der Antarktis nach Schätzungen um die 300 000 Tiere umfasst haben. Als der Walfang vor wenigen Jahrzehnten aufhörte (hauptsächlich deshalb, weil es nur noch so wenige

Wale gab, dass es nicht mehr lohnte, die überlebenden zu finden), ging man davon aus, dass es noch etwa 350 gab. Es fällt schwer, sich dieses globale Ausmaß des Abschlachtens vorzustellen; es wäre so, als würde jeder Mensch auf der Welt getötet außer den Bewohnern von Bulgarien. Und es kann einem schwindelig werden, wenn man sich vorzustellen versucht, wie es einst gewesen sein muss, bevor wir die Wale industriell vernichteten – nicht nur die Tiere selbst, sondern auch ihr Verhalten, ihre Kultur und ihre Kommunikationsformen. «Wir kennen nicht die wahre Natur des Wesens, das wir vernichten», schrieb Arthur C. Clark 1962.[24] Damals dachten Menschen, die sich intensiv mit Walen beschäftigten, sie würden aussterben und für uns verloren sein, so wie Mammuts und Dinosaurier. Sie würden zu alten Geschichten für Kinder und Träume werden, Relikte einer untergegangenen Welt.

Aber sie starben nicht aus. Dank der Anstrengungen von Roger und seinen Kollegen und den Millionen Menschen, die protestierten und die Staaten zwangen, den Schutz der Wale gesetzlich zu verankern, erholen und vermehren sich viele Walpopulationen auf der ganzen Welt. Das ist ein Argument gegen die gefährliche Theorie von der zerstörerischen menschlichen Natur, die nur zu Apathie verleitet. Es beweist, dass wir zu Veränderung fähig sind und dass das Leben sich erholen kann.

In der Monterey Bay, wo ich meinen Zusammenstoß mit dem Buckelwal hatte, erzählten mir Fischer und Kapitäne von Walbeobachtungsbooten, dass es in den 1970ern praktisch unmöglich war, einen Buckelwal überhaupt zu Gesicht zu bekommen. Doch in den überlieferten Geschichten der ersten Europäer, die an dieser Küste landeten, ist von Walen im Überfluss die Rede. Inzwischen kommen wieder viele Wale hier vorbei, und die Möglichkeit, dass einer von ihnen auf einen Kajakfahrer springt, erscheint weniger abwegig. Die Tatsache ihrer Anzahl und Sichtbarkeit in der Bucht ernährt mittlerweile eine millionenschwere Walbeobachtungsindustrie. Man geht sogar davon

10 **Auf diesem Bild, in Gold eingraviert und ins Weltall geschickt, zeigen drei Menschen, wie man Eis lutscht, isst und (auf spektakuläre Weise) trinkt. Wurde den Darstellern eigentlich mitgeteilt, dass sie Botschafter eines interstellaren Banketts sein würden?**

aus, dass die Buckelwalpopulation im mittleren Pazifik sich wieder auf das Niveau der Zeit vor dem Walfang zubewegt.[25] Es gibt durchaus ermutigende Beispiele. Berichte aus den Jahren 2019[26] und 2020 vom südatlantischen Meer vor der Küste von South Georgia, wo vor einem Jahrhundert Walfangstationen die Blauwale vollkommen ausgelöscht hatten, sprechen von einem plötzlichen Neuaufkommen, das von Wissenschaftlern als «Wiederentdecken» der Inseln und ihrer Gewässer durch die Wale beschrieben wird.[27]

Roger und Lisa luden mich ein, noch zum Abendessen zu bleiben, und wir unterhielten uns bis tief in die Nacht. Roger erzählte mir noch eine andere Geschichte, deren Tragweite mir erst später aufging. 1971 wurde die erste von zwei Voyager-Raumsonden gestartet. Bei diesen Raumschiffen handelt es sich um wissenschaftliche Werkzeuge, die mit Kameras und Sensoren ausgestattet sind. Aber sie waren auch Botschaften, Lebensäußerungen von der Erde, die in den leeren Raum geschickt wurden. Roger erklärte mir, jede Sonde habe eine vergoldete Kupferschallplatte von gut 30 Zentimetern Durchmesser mitgeführt, die verschlüsselte Fotografien, Diagramme und Tonaufnahmen von Dingen enthielt, die die Menschen jener Zeit für wichtig hielten. Die Auswahl ist sehr gemischt – Geräusche von brechenden Wellen, Fotos von Menschen, die essen, Gravuren unserer Anatomie, eine bildliche Darstellung der Art und Weise, wie wir uns fortpflanzen.

Es fanden sich auch Grüße in fünfundfünfzig Sprachen darauf, von Akkadisch bis Walisisch. Carl Sagan, der Astronom und bekannte Intellektuelle, und seine Frau Ann Druyan waren gebeten worden, die Aufnahmen zusammenzustellen, und sie wählten auch die Walgesänge aus.[28] In der Abspielliste kommen die Wale nach der Rede des Generalsekretärs der Vereinten Nationen und nach einer Auswahl von Tönen und Botschaften in verschiedenen menschlichen Sprachen. «Ich würde die Grüße der Regierung und des kanadischen Volks gern auch an die außerirdischen Bewohner des Weltalls richten», intoniert der kanadische UN-Delegierte, und seine Worte sind mit einer dreiminütigen Passage der unvergesslichen, geheimnisvollen Rufe der Buckelwale unterlegt.

Roger rechnete nach. Beide Sonden waren jetzt mehr als 30 Milliarden Kilometer von der Erde entfernt und bewegten sich mit einer Geschwindigkeit von 55000 km/h. Sie gehören zu den wenigen von uns Menschen in den Weltraum geschickten Objekten, die den Gravitationsbereich unserer Sonne verlassen haben und damit auch unser Sonnensystem. Falls es unserer Spezies in fünf Milliarden Jahren nicht gelingt, unserem Sonnensystem zu entkommen, bevor es mit der Sonne zu Ende geht und sie in ihrem Todeskampf die Erde und andere nahe Planeten mit in den Abgrund reißt,[29] werden diese Sonden vielleicht die einzigen Dokumente unserer menschlichen Existenz sein, und jene Tonaufnahmen sind dann alles, was von den Walen übrig sein wird. Aber Roger glaubt nicht, dass irgendein Alien sich beeindrucken ließe. Wenn auf der Platte «zweiundsechzig Grüße von Tieren und einer von einem Menschen» zu hören wären, dann könnten die Aliens mit Recht annehmen, dass wir fortschrittlich sind. Aber dass wir uns so auf uns selbst

11 **Buckelwal, Revillagigedo Archipelago National Park, Mexiko.**

konzentrieren und die Gefährten auf unserem Planeten auf die Ersatzbank schieben, wird ihnen beweisen, dass wir «unseren Zeh gerade mal auf die unterste Sprosse der Leiter gesetzt haben ... von wo wir dem intergalaktischen Gerichtshof stolz verkünden können: Ja, es gibt intelligentes Leben auf der Erde.» Und bei diesen Worten lachte er schallend.

Dann fuhr er mit großem Ernst fort: «Aber wenn man sich fragt, für wen ist diese Botschaft auf den beiden goldenen Platten eigentlich wirklich gedacht? Dann denke ich, für uns. Das ist mein Gefühl.» Wenn die Wale uns lehren könnten, die Welt zu verstehen, wenn sie uns die Empathie anderen Arten gegenüber begreiflich machen könnten, dann wäre das die eine, wichtigste Lektion, die wir lernen müssten.» Als ich schon im Aufbruch begriffen war, sagte er noch, unser größtes Problem sei es, dass wir nicht sähen, was uns verloren geht, weil wir mit dem übrigen Leben auf der Erde nicht in Beziehung treten. «Wenn es überhaupt eine Zukunft für uns geben soll», sagte er, «müssen wir unbedingt darauf achten, dass das, was wir tun, das übrige Leben auf der Erde schützt und bewahrt, sonst werden wir untergehen.» Es war Roger deshalb ein solches Anliegen, bei den Menschen auf der ganzen Welt Mitgefühl für die Wale zu wecken, weil er darin den Weg zu einem kulturellen Wandel sah, der für unser eigenes Überleben unerlässlich ist – eine Möglichkeit, unser Aufeinander-Angewiesensein zu begreifen und unseren egozentrischen Kurs zu korrigieren.

Ursprünglich war ich zu meiner Reise aufgebrochen, weil ich verstehen wollte, *wie* wir vielleicht mit Walen sprechen könnten und wie sich Tierkommunikation entschlüsseln ließe – doch nach dem Tag mit Roger Payne dämmerte es mir, dass die Frage, *warum* wir das vielleicht tun sollten, unendlich viel wichtiger ist.

3

DAS GESETZ DER ZUNGE

Stellen Sie sich die Möglichkeiten vor ... die Dinge, die wir durch andere Augen sehen könnten, die Weisheit, die uns umgibt.[1]

Robin Wall Kimmerer, *Geflochtenes Süßgras: Die Weisheit der Pflanzen*

Während meiner monatelangen Beobachtungen von Buckelwalen in der Monterey Bay fiel mir etwas Eigenartiges auf. Wenn die Wale unser Boot sichteten, schienen sie uns manchmal meiden zu wollen und verschwanden einfach. Bei anderen Gelegenheiten wirkte es, als nähmen sie keinerlei Notiz von uns und würden uns ignorieren. Doch es gab auch Situationen, da näherten die Wale sich uns.

Den geltenden Regeln entsprechend, hielten wir dann in angemessener Entfernung an und drehten unser Boot in die den Walen entgegengesetzte Richtung, dennoch änderten sie daraufhin ihren Kurs und schwammen direkt auf uns zu. Sie streckten ihre Köpfe aus dem Wasser, starrten uns erst mit dem einen Auge an und rollten sich dann herum, um uns mit dem anderen anzuschauen. Schließlich umkreisten sie unser Boot, als wollten sie es untersuchen, spreizten dabei ihre gigantischen Brustfinnen und verdrehten den Körper. Vorsichtig stiegen sie schließlich, nah genug, dass wir sie berühren konnten, unmittelbar neben uns an die Oberfläche, atmeten aus und bewegten sich an Ort und Stelle auf und nieder – ein Verhalten, das im Englischen «logging» heißt (von log = Holzklotz). Manchmal schienen sie einen regelrechten Auftritt daraus zu machen, platschten sanft mit den Brustfinnen, hielten ihre Schwanzflosse in die Luft und wackelten, während ihr Kopf nach unten zeigte, damit hin und her – etwas, das ich gern mit den Füßen mache, um den Kindern meiner Freunde zuzuwinken, wenn ich am Boden eines Schwimmbeckens auf den Händen laufe. Bisher ist unklar, welchen Nutzen die Buckelwale von diesen Begegnungen haben. Sie bekamen dafür weder Futter noch Hilfe von den Booten, noch schützten sie sich so vor Feinden. Und es ist unwahrscheinlich, dass ihre Auftritte Drohungen gegenüber den Schiffen waren. Es hätte außerdem nicht zu dem üblichen Aggressionsverhalten der Buckelwale gepasst – sie atmen dann laut bellend aus, schlagen mit ihren Brustfinnen und den Schwanzflossen in Richtung der Bedrohung. Das hatte ich sie gegenüber Killerschwertwalen machen sehen, aber die Begegnungen arteten nie in Gewalt aus. Walbeobachter nennen diese offenbar an Annäherung interessierten Individuen «freundliche Wale»; sie unterscheiden sich so stark von ihren Artgenossen, dass die Kapitäne, wenn sie einen der «Freundlichen» erspähen, sich in der Nähe aufzuhalten versuchen und auf eine dieser rätselhaften artübergreifenden Interaktionen warten.

Die Vielfalt des Lebens auf der Erde ist wundersam; und es gibt zahlreiche Beziehungen, bei denen verschiedene Arten miteinander interagieren. Sie werden im angelsächsischen Bereich allesamt *Symbiosen*[2] genannt, was übersetzt Zusammenleben heißt. Diese verschiedenen Interaktionsformen werden von Biologen in Kategorien unterteilt, je nachdem, wer am meisten davon profitiert. 1975 konnte ein Biologe beim Tauchen in Indonesien eine Leopard-Seegurke einfangen. Seegurken sind ledrige Meeresbewohner und sehen aus, als wären sie aus dem Arm eines stattlichen Seesterns gemacht. Der Taucher setzte das Tier in einen Eimer mit Salzwasser. Und zu seiner Überraschung kamen wenig später mehr als ein Dutzend Fische aus

12 **Ein Eingeweidefisch bewundert die Aussicht aus dem Hinterteil einer Seegurke heraus.**

dessen Anus geschwommen.[3] Stern-Perlfische sind schlanke, glitschige, vorwiegend wehrlose Fische, die sich gern in anderen Tieren verstecken. Seegurken atmen durch ihren Anus. Das hat viele Vorteile, aber auch einen entscheidenden Nachteil. Wenn man durch den Anus atmen muss, kann man seinen Schließmuskel nicht dauerhaft zusammenkneifen, selbst wenn ein Eingeweidefisch in der Nähe ist. Der Taucher zählte allein fünfzehn Eingeweidefische, die aus dem Hinterteil dieser einen Leopard-Seegurke auftauchten, und jeder hatte mindestens ein Viertel der Körperlänge des armen wirbellosen Tiers.

Wissenschaftler glauben nicht, dass die unglückselige Seegurke von den Eingeweidefischen in ihrem Anus profitiert, manche Unterarten dieser Fische sind sogar ausgesprochen schreckliche Gäste und fressen die Fortpflanzungsorgane ihrer Gastgeber auf. Um sich davor zu schützen, haben manche Seegurken «Analzähne»[4] entwickelt. Damit gehört diese Seegurken-Eingeweidefisch-Beziehung zu der Kategorie der *parasitären Symbiosen*, bei denen der eine Teil auf Kosten des anderen lebt.

Dann gibt es die *kommensalen Symbiosen*, bei denen ein Teil profitiert, ohne dass er den anderen deutlich übervorteilt oder ihm eindeutig schadet. So wie die Kuhreiher genannten Vögel, die sich gern in der Nähe von grasenden Kühen aufhalten, um an die Insekten zu gelangen, die von den Kühen aufgescheucht werden. Eine Art Win-«Mir-wurscht»-Dynamik, das heißt, der Vorteil des einen ist dem anderen egal, weil er ihn nicht beeinträchtigt. Einige Arten von Seepocken (mit Krebsen verwandte klebrige Krustentiere) haben sich dahingehend entwickelt, dass sie sich auf der Haut von Walen niederlassen, wo sie sich dauerhaft verankern, einen harten Schutzpanzer bilden und ihren Gratistransport genießen; unterdessen filtern sie ihr Fressen aus dem vorbeifließenden Wasser. Man hat Wale gefunden, die beinahe eine halbe Tonne Seepocken mit sich herumschleppten.[5]

Schließlich sind da noch die *mutualistischen Symbiosen* – und das sind meine Lieblingsinteraktionen. Mutualistische Symbiosen sind disneyhafte Win-win-Partnerschaften, in denen verschiedene Arten sich zum beiderseitigen Vorteil zusammentun. In Südafrika gibt es zum Beispiel einen Vogel namens Honiganzeiger. Er ist ein Experte im Auffinden von Bienenstöcken und frisst für sein Leben gern das Wachs und die Larven, doch wegen seiner Größe schafft er es nicht, in den Stock einzudringen, und kann sich auch nicht gegen den Bienenschwarm wehren. Deshalb engagiert er den Honigdachs, einen krassen Kerl, vierbeinig und schwarz-weiß, marderartig, mit dickem Pelz und kräftigen Klauen, der Honig liebt. Der Vogel führt den Dachs nun zu dem Bienenstock, der bricht ihn gewaltsam auf, verscheucht die Bienen und frisst den Honig; die Bienen ergreifen die Flucht, und der Honiganzeiger fliegt zur Erde und pickt die auf dem Boden verstreuten köstlichen Honigwaben auf. Wenn ein Honigdachs einen Bienenstock ausschlachtet, stülpt er seine anale Tasche von innen nach außen – einen kräftigen, unangenehm riechenden Sack –, was, wie man vermutet, den Schwarm ausräuchert. 1908 beschrieb ein Biologe namens Pocock den Geruch als «erstickend», was er für die Bienen, «die entweder fliehen oder verenden», wenn der Honigdachs loslegt, offensichtlich auch ist.[6] Als ehemaliger Imker beneide ich den Honigdachs um seine stinkende Tasche.

Mutualistische Symbiosen können zwischen entfernt verwandten Tieren entstehen. So schließen sich etwa wirbellose Pistolenkrebse auf dem Meeresboden mit Sandgrundeln zusammen.[7] Der Meeresboden ist ein gefährlicher Ort, der Wachsamkeit erfordert, und eine hübsche tiefe Höhle kann lebensrettenden Schutz vor Räubern bieten. Die Sandgrundel, ein Wirbeltier, kann nicht gut graben, aber sehr viel besser sehen als ihr Krebskumpel und meldet ihm frühzeitig nahende Beutegreifer und andere Gefahren, die ihm sonst entgehen könnten. Der Krebs gräbt sich tief in den Sand und errichtet ein ausgedehntes Höhlensystem, viel größer, als ein einzelner Krebs nutzen kann. Es gibt da Seitentunnel, in die er sich zurückzieht, wenn er wächst und sein Außenskelett abwirft, aber auch solche, die so groß sind, dass seine Wohngenossin darin einen Gefährten verführen und sich begatten lassen kann. (Das ist natürlich eine naheliegende Assoziation.) Fische und Krebse bilden ihre Lebensgemeinschaft, wenn sie jung sind, und wachsen dann zusammen auf. Wenn die Sandgrundel gerade in der Höhle ist und die plötzlich über ihr einstürzt, gerät sie nicht in Panik, sondern wartet ruhig darauf, dass ihr Freund, der Krebs, sie ausgräbt und ihr gemeinsames Versteck repariert.

Weitere Beispiele für derartige Partnerschaften lassen sich überall finden und sind nicht nur auf das Tierreich beschränkt. Vielleicht haben Sie schon einmal Flechten auf alten Mauern oder Grabsteinen[8] wachsen sehen. Sie wirken wie ein einziger lebender Organismus, aber in Wirklichkeit bestehen sie aus zwei oder noch mehr sehr unterschiedlichen Geschöpfen verschiedener «Domänen» des Lebens. Flechten setzen sich zusammen aus Pilzen (Reich Pilze) und entweder einer Alge (Reich Protista/Plantae) und/oder Cyanobakterien (Reich Monera). Der Pilz bildet Struktur und Heimat für die Algen oder Cyanobakterien, und diese verwandeln dafür Sonnenlicht in

Nahrung, die der Pilz braucht. Gemeinsam bilden sie einen wechselseitig vollkommen voneinander abhängigen Organismus aus zwei oder mehreren Spezies, die so weit auseinander liegen, dass sie zuletzt vor Milliarden von Jahren einen gemeinsamen Vorfahren hatten (wir hatten zum Beispiel vor 145 Millionen Jahren einen gemeinsamen Vorfahren mit einem Wal).

Ein weiteres Beispiel für die Kooperation zwischen verschiedenen Bereichen des Lebens findet sich auf Akazien. Diese Bäume entwickeln auf ihrer Rinde manchmal Gallen: hölzerne Zimmer als ideale Wohnräume für bestimmte Ameisen.[9] Die Ameisen besiedeln also die Gallen, und sobald sich eine Giraffe auf Futtersuche dem Baum nähert, um seine zarten Blätter abzuernten, sind seine wirbellosen Bewohner zur Stelle, um ihren Hausherrn zu verteidigen. Sie bespritzen die Giraffe so lange mit Säure, bis sie entnervt abzieht.

Artübergreifende Kommunikation ist ein integraler Bestandteil des Lebens auf der Erde und existiert schon seit Milliarden Jahren. Und all diese partnerschaftlichen Symbiosen haben eines gemeinsam: Sie finden über Signale zueinander. Der entstehende Pilz sendet also spezielle Fühler aus, sogenannte Hyphen, und produziert Schleim, mit dem er die signalisierenden Moleküle auf potenziellen Algenkollegen erspüren und gleichzeitig abschätzen kann, ob sie beide vielleicht gemeinsam Flechten herstellen könnten. Der Honiganzeiger singt ein spezielles Lied für den Honigdachs, um auf sich aufmerksam zu machen, und fliegt dann als Führer voraus zum Bienenstock. Ein Pistolenkrebs auf Nahrungssuche lässt eine seiner langen Antennen auf dem Schwanz seiner Sandgrundelpartnerin liegen. Und wenn der adleräugige Fisch eine Gefahr entdeckt, signalisiert er es seinem kurzsichtigen Krebsfreund, indem er mit dem Schwanz wackelt, und beide bringen sich eilig in Sicherheit.[10] Eine Akazie entsendet chemische Signale (Hormone), die ihren Ameisen-Untermietern einen nahenden Pflanzenfresser ankündigen und ihnen mitteilen, wohin sie zur Hilfe kommen sollen. Geschöpfe sichern also ihr Überleben, indem sie anderen Lebensformen Signale schicken, und zwar nicht nur innerhalb von Artgrenzen. Das gilt auch für Wale und Menschen.

So gut wie überall, wo wir Menschen uns seit jeher bewegt haben, sind wir Verbindungen mit den anderen Tieren in unserer Umgebung eingegangen. Wir haben gelernt, ihre Signale zu deuten, und umgekehrt sie unsere; wir suchen gemeinsam Unterschlupf und Nahrung, und wir beschützen einander. Wir steuern ihre Bewegungen, und sie weisen uns auf wichtige Dinge hin, die wir beachten sollten. Diese Signale richtig zu deuten, ist häufig eine Frage von Leben und Tod, sowohl für den Menschen wie für das Tier. Manchmal geben wir explizite Signale, zum Beispiel, wenn ein Schäfer seinen Hund weit über die Felder schickt und seine Schritte lenkt oder wenn er ihm mit bestimmten Pfeiftönen mitteilt, dass er loslaufen oder anhalten oder seine Schafe zusammentreiben und zu dem kleinen Pferch zurückführen soll. Andere Signale finden unbewusst statt. So haben neuere Forschungen gezeigt, dass Pferde den Pulsschlag ihrer Reiter durch deren Haut erspüren können[11] und auf deren Stress reagieren: Der Pulsschlag eines Pferds und sein Stressniveau steigen oder fallen parallel zu denen des Menschen auf seinem Rücken. Seit vielen Tausend Jahren stellen solche Partnerschaften eine echte mutualistische Symbiose dar: Es ist für beide Teile von Vorteil, die Signale des jeweils anderen zu verstehen.

In vielen Kulturen gibt es Menschen, zu deren Beruf es gehört, auf Zeichen und Omen in der Natur zu achten. Milchmädchen, Schäfer, Wolfsjäger, Besitzer von Renntauben, Rattenfänger, Otterjäger: Sie alle beobachten ihre tierischen Verbündeten sehr genau. Es gibt viele Anekdoten über Menschen und Tiere in symbiotischen Partnerschaften, und im Zentrum stehen jedes Mal Signale. Einige dieser Symbiosen lassen sich als Folge von Training erklären: Ein Tier wird für ein bestimmtes Verhalten belohnt oder bestraft; das nennt sich «operante Konditionierung». Dabei braucht das Tier nicht zu begreifen, warum es die Belohnung erhält, es muss nur genauso reagieren wie beim letzten Mal, als es belohnt wurde. Im brasilianischen Bundesstaat Piauí wurde ein Papagei in Gewahrsam genommen, der von seinem Besitzer, einem Crackdealer, gelernt hatte, «Mum, die Polizei!»[12] zu rufen, wenn Cops auftauchten. Der *Guardian* schrieb: «‹Er muss dafür trainiert worden sein›, sagte ein an der Operation beteiligter Polizist über den geflügelten Übeltäter. ‹Sobald die Polizei sich näherte, begann er zu kreischen.›» Seit seiner Inhaftierung schweigt der Vogel.

Andere Geschichten sind nicht ganz so einfach als operante Konditionierung abzutun. Eine sehr berühmte historische Mensch-Tier-Partnerschaft bildeten James Edwin «Jumper» Wide und sein Freund Jack, der Bärenpavian.[13] Seinen Spitznamen Jumper hatte Edwin Wide, ein Eisenbahnschaffner, der in den 1880ern im südafrikanischen Uitenhage lebte, wegen seiner Gewohnheit, von einem Waggon zum nächsten zu springen (to jump). Bei einem Sturz unter einen Zug verlor er beide Beine unterhalb des Knies. Nicht lange nach diesem Unfall wurde er vor den Toren Kapstadts bei der Port-Elizabeth-Fernbahn als Stellwärter eingestellt. Auf einem Markt fiel ihm, so die Geschichte, eines Tages ein junger Bärenpavian auf, der gelernt hatte, einen Ochsenkarren zu ziehen. Jumper erkannte sein Potenzial, kaufte den Affen seinem Besitzer ab und nannte ihn Jack. Schon bald hatte er Jack zum Stellwärter-Assistenten ausgebildet;[14] Jack konnte Jumper außerdem auf einem Schlitten mit Rädern ziehen. Im Bahnhofsbereich wurden die Weichen mithilfe von Hebeln gestellt, und Züge änderten auf diese Weise ihre Richtung. Jumper und Jack wohnten gemeinsam in der Unterkunft des Stellwärters. Das gefiel beiden sehr gut.

Um Jack beizubringen, dass er den richtigen Hebel betätigte, erfand Jumper ein Signalsystem: Er zeigte auf die Nummer des Hebels und hielt gleichzeitig die entsprechende Anzahl Finger in die Höhe. Das System funktionierte perfekt, und je-

13 **Jack und Jumper vor ihrem Stellwärterverschlag; Jack zieht gerade an einem der Hebel. Rechts der Rollwagen, auf dem Jack Jumper umherzufahren pflegte, ca.1885.**

den Abend bekam Jack ein paar Schlucke Brandy, damit er bei Laune blieb. Wenn Züge sich dem Bahnhof näherten, pflegten sie mit Pfiffen bekannt zu geben, in welcher Reihenfolge welche Hebel betätigt werden mussten. Bis zu diesem Punkt lässt sich alles noch mit operanter Konditionierung erklären. Aber viel interessanter war, dass Jack bald in der Lage war, das Tuten der Züge selbst zu deuten; er setzte sich dann in Bewegung und zog die richtigen Hebel in der richtigen Reihenfolge, sodass die nahenden Lokomotiven auf die korrekten Gleise rollten.

Der Pavian lernte, auch auf andere Signale zu reagieren. Wenn ein ankommender Zug viermal pfiff, hieß das, der Lokführer brauchte einen Schlüsselbund aus einer bestimmten Kiste. Jack beobachtete, wie Jumper nach diesem Signal auf seinen Beinprothesen zu der Kiste humpelte, und lernte, vor seinem Freund loszuspringen und ihm die Schlüssel zu bringen.

Doch eines Tages gab es Ärger. Ein Passagier hatte erschüttert beobachtet, dass ein Affe die Zugsignale bediente.[15] Das führte zu einer Untersuchung der Eisenbahngesellschaft, und das Team aus Mann und Pavian wurde gefeuert. Zum Glück beschloss die Gesellschaft, nachdem andere Angestellte protestierten, Jack zu prüfen. Sie setzten ihm in einer nachgebauten Schein-Signalstation in rascher Folge eine Reihe von verwirrenden Pfiffen vor. Doch Jack machte seine Arbeit so gut, dass er nicht nur weiterarbeiten durfte, sondern von der Regierung auch eine monatliche Zuteilung sowie eine Registrierungsnummer als Angestellter erhielt. «Jack, der Stellwärter» bediente neun Jahre lang die Hebel, ohne jemals einen Fehler zu machen, und wurde zu einer Art Touristenattraktion, bis er schließlich an Tuberkulose starb. Konnte all dies nur die automatische Reaktion von Jacks Gehirn sein, das auf Geräusche reagierte, Hebel bediente, weil es durch Belohnung gelernt hatte, welche Handlungsabfolge zu vollziehen war? Oder hat Jack vielleicht doch irgendwie den Zusammenhang zwischen Ursache und Wirkung erfasst, wollte Jumper gefallen und begriff tatsächlich, was ihm beigebracht worden war?

Dies ist nicht die einzige Geschichte über eine Pavian-Mensch-Partnerschaft. Das Volk der Nama in Namibia hat lange Zeit Paviane zu Ziegenhirten abgerichtet. Tagsüber folgten die Affen ihren Ziegen und abends trieben sie sie zusammen, stießen Alarmrufe aus, sobald sie einen Räuber sichteten, und brachten die Tiere bei Einbruch der Dunkelheit in ihr Gehege; manchmal ritt der Ziegenhirt dann auf der größten Ziege. Das ging noch bis in die 1980er Jahre so.[16] Eine gewisse Ahla, die ebenfalls Ziegen hütete, wusste sogar, welches Jungtier zu welchem Muttertier gehörte, und brachte sie wieder zusammen, wenn sie einander verloren hatten.

Die Paviane mochten entweder unbewusst konditioniert oder absichtlich dressiert worden sein. Jack musste nicht unbedingt irgendetwas verstehen außer, dass in Reaktion auf bestimmte Pfiffe von Zügen bestimmte Hebel zu betätigen waren und dass es als Belohnung Fressen und Unterkunft gab. Ahla mochte vielleicht ihrem auf Hierarchie trainierten Instinkt folgen, wenn sie ein Junges zu seiner Mutter brachte. Es handelte sich bei ihnen immerhin um halb domestizierte Tiere, die von Geburt an in der Nähe von Menschen und ihren seltsamen Gebräuchen aufwuchsen.

Nachdem ich selbst mehrmals auf «freundliche» Wale getroffen war, machte ich mich schließlich auf die Jagd nach Beispielen für mutualistische Symbiosen zwischen Mensch und Wal, nach Situationen, in denen Menschen und frei lebende Wale sich zusammengeschlossen hatten. Und tatsächlich stieß ich auf eine bestimmte mutualistische Symbiose, die allen einfachen Erklärungen trotzte. Und das ist die Geschichte der «Mörder von Eden». (Schwertwale heißen im Englischen *orcas* oder *killer whales*, daher Mörderwale.)

Wale, Delfine und Tümmler gehören alle einer Gruppe (Teilordnung) eng verwandter Tiere an, den sogenannten Zetazeen (Waltieren); der Begriff kommt vom altgriechischen «ketos» für riesige Fische oder Seeungeheuer. Es handelt sich jedoch nicht um Fische, sondern um Säugetiere. Wie wir haben sie warmes Blut, atmen Luft über die Lunge und gebären lebende Junge, die sie mit Milch säugen. Vor ungefähr 50 Millionen Jahren begannen einige Säugetiere, vielleicht in der Nähe des heutigen Pakistans, wieder ins Wasser zurückzukehren. Das waren die Vorfahren aller Waltiere. Sie verloren fast sämtliche Behaarung, auch die Schnurrhaare, wurden stromlinienförmig, und es wuchs ihnen eine isolierende Speckschicht, Blubber genannt. Ihre Hände und Füße wurden zu Paddeln. Nach und nach hatten sie sich so perfekt an das Leben im Wasser adaptiert, dass sie außerhalb davon nicht mehr existieren konnten. Sie verbreiteten sich über alle Gewässer der Erde, von den Tropen bis zu den Polen, von den tiefsten Ozeanen bis in Flüsse weit im Inland. Heute gibt es mindestens 90 Arten von Waltieren. Alle sind Fleischfresser; sie verzehren andere Tiere, weil sie deren Nährstoffe und Wasser brauchen, um zu überleben. In diesem

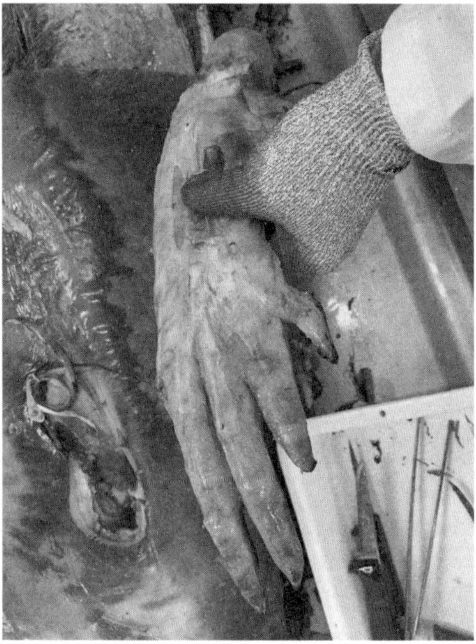

14 **In jeder Wal- und Delfinflosse verbirgt sich eine Hand, die sich fürs Gehen auf dem Land entwickelt hatte. Auf dem Bild hält eine menschliche Hand die von ihr abgetrennte Hand eines Sowerby-Zweizahnwals, *Mesoplodon bidens*.**

Buch benutze ich häufig «Wal» als Kürzel für alle – Wale, Delfine und Tümmler.

Waltiere werden in zwei Unterordnungen eingeteilt, und zwar nach dem, womit ihr Maul ausgestattet ist. Es gibt die Zahnwale (oder *Odontoceti*, wörtlich «Seeungeheuer mit Zähnen»); und es gibt die Bartenwale (oder *Mysticeti*, «Seeungeheuer mit Schnurrbart»). Letztere trennten sich vor etwa 34 Millionen Jahren von den Zahnwalen und ersetzten ihre Zähne durch riesige bewegliche, borstige Kämme aus einer Substanz namens Keratin – dem Material, aus dem auch unsere Haare und Fingernägel bestehen. Die Bartenwale lassen ihr Maul mit einer ordentlichen Menge Meerwasser volllaufen und

15 **Ein Buckelwal, der seine Barten benutzt, um mit weit geöffnetem Maul Fische herauszusieben.**

sieben dann ihre Beute an Fischen und Krill heraus. Bartenwale haben gewöhnlich eine beachtliche Größe. Der Buckelwal, der uns beinahe tötete, war ein Bartenwal, von denen es fünfzehn weitere Arten gibt, darunter Blauwale, Glattwale, Finnwale und Zwergwale.

Zahnwale haben, wie ihr Name schon sagt, Zähne. Sie können nicht jagen, indem sie Meereswasser filtern, also müssen sie Tiere jagen, die sie zerkleinern können. Alle Delfine und Tümmler haben Zähne. Sie reichen vom hoch gefährdeten (es gibt vielleicht nur noch zehn) Golftümmler[17], der so groß wie ein Hund ist und sehr kleine Fische im Golf von Kalifornien jagt, bis zum Pottwal, der Wohnungsgröße hat und sich von ähnlich gewaltiger Beute ernährt – neun Meter langen Riesenkraken. Man kann sich die unterschiedlichen Jagdstrategien der Zahn- und der Bartenwale leicht merken: Wer filtert, frisst kleine Tiere durch große Schlucke, und wer mit Zähnen jagt, frisst größere Tiere in kleinen Bissen. Der vielleicht berühmteste Zahnwal ist der Schwertwal oder Killerwal, *Orcinus orca.*

Einige Untergruppen oder «Ökotypen» der Killerwale jagen Fische wie Lachse und Heringe. Andere Ökotypen jagen jedoch Meeressäuger, und unter ihnen sind auch welche, die sich auf Wale spezialisiert haben und sogar sehr große, etwa Blauwale angreifen. Eine Theorie lautet, ihr Name *killer whale* bzw. Killerwal leite sich aus dem spanischen Begriff *ballena asesina*, «mörderischer Wal», her. In einigen Teilen der Welt wird deshalb stattdessen auch lieber das Wort Orca benutzt, weil Mörder negativ klingt.

Bartenwale versuchen, den Ökotypen unter den Killerwalen, von denen sie gejagt werden, aus dem Weg zu gehen. Ihre jährliche Wanderschaft führt die Bartenwale und ihre jungen Kälber allerdings durch Unterwasser-Feindesland, wo Mörder ihnen auflauern können.

Einer dieser Orte ist die Ostküste Australiens, an der entlang Südkaper und Buckelwale zu ihren Futterquellen und wieder zurück schwimmen. Nun gibt es Hinweise, dass ein Großteil Australiens seit mindestens vierzigtausend Jahren von Menschen besiedelt ist, und einige moderne Aborigines-Gesellschaften gelten als die am längsten existierenden Kulturen auf der Erde.[18] Diese Menschen lebten dauerhaft am selben Ort, und sie besaßen zwar keine Schriftsprache, doch ihre mündliche Überlieferung hat sich als außerordentlich widerstandsfähig erwiesen. In einigen Gemeinschaften kreisen noch heute Namen und Geschichten von Meeresufern und Landschaften, die nach der letzten Eiszeit im Wasser verschwunden sind. Die Beschreibungen der Orte, von denen die überlieferten Geschichten heute berichten, passen aber exakt zu wissenschaftlichen Rekonstruktionen einiger Landschaften, wie sie vor zehntausend Jahren gewesen sein müssen,[19] was wiederum beweist, dass diese Geschichten über rund vierhundert Generationen hinweg sehr genau weitererzählt wurden.

Unter den an dieser Küste lebenden Aborigines, der Yuin-Nation, gab es viele Glaubensvorstellungen, Bräuche und Zeremonien, in denen Menschen und Wale in Verbindung gebracht wurden.[20] So ähnelte die schwarz-weiß gemusterte zeremonielle Kleidung ihrer Krieger der Farbgebung der Killerwale.[21] Und eine traditionelle Heilmethode bestand darin, dass man in das Innere eines toten Wals kroch – nur der Kopf blieb draußen – und in dem sich zersetzenden Leichnam lag.[22] An den Berghängen, wohin die Menschen zogen, um zu lernen, gibt es noch heute lehrreiche Felszeichnungen von Walen zu sehen, eine sogar mit einer männlichen Gestalt im Innern eines Tiers.

In der von den Europäern sogenannten «Twofold Bay» haben die Katungal (Salzwasservolk) in der Nähe der sehr viel später von europäischen Siedlern gegründeten Stadt Eden womöglich über Tausende von Jahren hinweg erstaunliche wechselseitige Beziehungen mit den Killerwalen unterhalten.[23] Zwischen April und November lagen die Killerwale gewöhnlich auf der Lauer und warteten auf die vorbeiziehenden Bartenwale (oder «Jaanda»),[24] die sie in der Bucht abfingen, um sie im flacheren Wasser zu verschlingen. Hier konnten die Katungal die Bartenwale dann leichter mit Speeren erlegen und das Fleisch verwenden. Manche Wissenschaftler vermuten nun, dieses Volk habe geglaubt, die Wale brächten ihnen Geschenke. Offenbar wurden die Killerwale auch «beowa» (Brüder) genannt.[25] Es heißt, das Volk habe die Killer «als die reinkarnierten Geister eines gestorbenen Familienmitglieds» betrachtet.[26] Der mündlichen Überlieferung zufolge, und von den ersten Europäern auch bezeugt, belohnten die Katungal die Killer mit Teilen der Beutewale, unter anderem mit den gewaltigen Zungen, die bis zu vier Tonnen wiegen konnten.[27]

Vor hundertfünfzig Jahren wurde dann in der Bucht eine Walfängersiedlung errichtet. Die europäischen Siedler arbeiteten von kleinen, an Land liegenden Walfangbooten aus; es ging darum, den Hunger ihrer Gemeinschaft nach Walöl zu stillen. Viele dieser Walfänger hielten die dort vorkommenden Killerwale jedoch für ärgerliche Konkurrenten; nur die Davidsons, eine Familie schottischer Walfänger, nicht.[28] Sie stellten Yuin als Arbeiter auf ihrem Boot ein und bezahlten ihnen einen anständigen Lohn. Jene zeigten den Davidsons dafür, wie man *mit* den Killern jagt. Die Walfänger lernten fünfzehn bis zwanzig Wale an ihrer Rückenmusterung zu unterscheiden (genau wie heutige Walwissenschaftler) und gaben ihnen Namen wie Stranger, Skinner oder Jimmy.[29] Viele dieser Tiere waren wahrscheinlich weibliche Wale. Denn Killerwalgemeinschaften werden nicht von männlichen Tieren angeführt, obwohl diese größer sind. Sie leben vielmehr matriarchal, das heißt, ein oder mehrere dominante Weibchen führen die Herde aus matrilinearen Nachkommen – Töchtern, Söhnen und Enkeln. Weibliche Killerwale haben, genau wie Menschen und Elefanten, eine Menopause – man vermutet, dass ihnen das erlaubt, sich auf ihre Führungsaufgaben zu konzentrieren, ihre lebenslange Erfahrung zu nutzen und ihre Herden gut zu leiten. Die heutigen Southern Resident Orcas, eine Killerwalpopulation vor der nordamerikanischen Pazifikküste, werden zum Beispiel von einem Weibchen, L25, angeführt, das vermutlich mindestens dreiundneunzig Jahre alt ist.[30] Und die Herde, die einst vor dem Walfängerort Eden jagte, wird nicht anders organisiert gewesen sein. Die dort lebenden Aborigines-Walfängerfamilien und die Davidsons konnten viele der Killerwale am Aussehen unterscheiden und kannten ihre jeweiligen Eigenschaften. Ein Wal in der Herde, mit dem die Walfänger Anfang des zwanzigsten Jahrhunderts sehr viel kommunizierten, war ein riesiger Bulle, den sie Old Tom nannten und der wegen seiner massigen Rückenflosse und wegen seiner «Verspieltheit» leicht von den anderen zu unterscheiden war. Vielleicht hatte ihn seine Großmutter gelehrt, mit den Walfängern zu interagieren.

Die Geschichte der Killer von Eden geht so: Wenn die Herde, zu der Old Tom gehörte, vorbeiziehende Buckel- und Glattwale sichtete, trieb sie diese in die Twofold Bay, wo die Davidsons lebten.[31] Old Tom und andere Wale entfernten sich dann von der Herde und informierten sie, indem sie bis direkt vor die Flussmündung in der Nähe ihrer Häuser schwammen, dort an die Oberfläche tauchten und mit dem Schwanz aufs Wasser schlugen – und das zu jeder Tageszeit, sogar nachts.[32] Die Davidsons stürzten dann mit ihren Mannschaften sofort in die Boote und paddelten hinaus zu den Killern, die die Männer zu dem Beutewal führten und ihn einzukesseln halfen, sodass die Walfänger ihn harpunieren und töten konnten. Manchmal halfen die Killer sogar, indem sie an den Seilen der Harpunen zogen und die gefangenen Wale zu den Booten der Walfänger schleppten. Laut Percy Mumbulla, dem Neffen eines der Walfänger, «haben die Killer ihnen immer gemeldet, wenn Wale in der Nähe waren»[33], und es habe sich um eine Zwei-Wege-Kommunikation gehandelt: «Alter Onkel hat mit den Killern in deren Sprache geredet.»

Eine ganze Reihe von Gemälden, Tagebüchern, Fotografien und Stichen erzählt von diesen artübergreifenden Seeschlachten zwischen den vier Meter fünfzig langen Booten der Walfänger – zwergenhaft im Vergleich zu ihrer kolossalen Beute – und den riesigen Killerwalen, die um sie herum schwammen und sprangen. Wenn jemand während der Jagd ins Wasser fiel oder wenn ein Schiff beim Kampf versenkt wurde, umkreisten die Wale die Verunglückten, um sie vor Haien zu schützen.

Wenn die Jagd beendet war, band die Davidson-Mannschaft den toten Wal an eine Boje, und die Killer holten sich ihren verdienten Anteil, fraßen seine riesigen fleischigen Lippen und die Zunge. Man vermutet, dass die Davidsons das von den eingeborenen Walfängern gelernt hatten. Anschließend nahmen die Walfänger den Rest mit, vor allem den wertvollen Wabbelspeck, der für die Herstellung von Seifen, Brennstoff und Leder benötigt wurde. Auch für die Killerwale war es ein gutes Geschäft, da sie sonst viele gefährliche Stunden lang einen Bartenwal hätten jagen müssen, indem sie ihn mit ihren Schwänzen schlugen, unter Wasser zu drücken und in verletzliche Körperteile zu beißen

16 **Auf diesem Foto, das um die Jahrhundertwende aufgenommen wurde, blicken die Walfänger am Harpunier vorbei nach rechts zu einer Buckelwalmutter, die sie gerade jagen und deren Kalb neben ihr auf das Boot zu schwimmt. Im Vordergrund die gewaltige Rückenfinne eines Killerwals.**

versuchten. Dieser Austausch, der vielleicht die Formalisierung einer jahrtausendealten, auf Wechselseitigkeit beruhenden Symbiose darstellt, wurde in der Gegend als das «Gesetz der Zunge» berühmt.[34]

Wenn man zeitgenössische Bilder und Tagebücher der Jagd auswertet, muss man wohl davon ausgehen, dass die Killerwale von Eden über siebzig Jahre lang, von 1840 bis mindestens 1910, zusammen mit drei Generationen von Davidsons am Walfanggeschäft beteiligt waren. Als Jack Davidson, einer von ihnen, mit zweien seiner Kinder ertrank, sollen seine Männer eine Woche lang vergeblich nach den Leichen gesucht haben. Old Tom hatte sich jedoch die ganze Zeit in einer kleinen Ecke der Bay aufgehalten, wo Jacks Freunde schließlich auch seine Leiche fanden.[35]

Kooperatives Jagen sowie viele andere Formen des gemeinschaftlichen Handelns zwischen Mensch und Wal wurden – bis ins frühe zwanzigste Jahrhundert hinein, als die Wale verschwanden – immer wieder aufgezeichnet und sogar gefilmt. «Ich glaube nicht, dass es eine solche Kombination aus Vertrauen und Freundschaft zwischen irgendeinem Meereswesen und Menschen noch einmal gegeben hat», sagte die Augenzeugin Alice Otten (Alter 103) 2004 in einem Interview.[36] Es wird vermutet, dass Old Toms Herde in einer nahe gelegenen Bucht von neu auftauchenden norwegischen Walfängern, die nicht ahnten, dass sie auf Verbündete feuerten, abgeschlachtet wurde. Um die Zeit herum wurden auch viele australische Ureinwohner umgesiedelt; sie mussten ihre traditionellen Gebiete verlassen, die Kinder wurden in Schulen geschickt, und ihre vertraute Lebensweise wurde ihnen verboten.

Old Tom war schließlich der einzige Wal, der noch in der Bucht übrig blieb. 1923 wurde er erneut gesichtet,[37] und ein verrückter Zufall wollte es, dass es George Davidson war, der ihm begegnete. George war mit seinem Freund Logan zum Fischen aufgebrochen, und als sie plötzlich Old Tom sahen, waren beide völlig überrascht – umso mehr, als Tom einen kleinen Wal hin zu Georges bescheidenem Boot schob. George hatte seine Harpune dabei und erlegte den Wal. Zu jener Zeit wurden Wale nur noch selten gesichtet, und da ein Unwetter drohte und die Männer fürchteten, es würde die einzige Beute für die Saison sein, versuchte Georges Freund Logan den toten Wal rasch fortzuziehen, noch bevor Old Tom seinen «Anteil» bekommen hatte, was George aber unbedingt verhindern wollte. Es begann ein heftiges Tauziehen zwischen dem Wal und dem Mann, bei dem Old Tom oben zwei Zähne verlor. Ohne die Unterstützung überlebender Mitglieder seiner Herde hatte Old Tom kaum eine Chance. Logans kleine Tochter, die ihren Vater an jenem Tag begleitete, erinnert sich später, dass ihr Vater völlig entsetzt ausrief: «O Gott, was habe ich getan!»[38] Ein uralter Vertrag war gebrochen worden.

Wie mag diese sogenannte mutualistische Symbiose begonnen haben? Wie wurde sie entwickelt und mit welchen Signalen? Wale und Delfine besitzen Finger, aber die sind tief in ihren steifen Brustflossen verborgen. Ihre Gesichter sind regungslos, es fehlen ihnen die Muskeln, die Menschen und Paviane benutzen, um mit mimischen Signalen verschiedene Gefühle und

17 **Auf diesem Foto aus den 1930ern sieht man George Davidson auf Old Tom in der Twofold Bay. Der Letzte einer Walfängerdynastie auf dem letzten der Wale, mit denen sie jagten.**

Absichten mitzuteilen. Uns trennt also nicht nur unsere Biologie, sondern auch unser Medium – Waltiere leben im Wasser und wir Menschen auf dem Land. Doch trotz all dieser Hürden haben Wale und Menschen gelernt, miteinander zu kommunizieren, sich zu verbünden und mit großer Hartnäckigkeit eine Brücke zwischen ihren Welten zu schlagen.

Mit der Zeit ging das Wissen um diese alten Geschichten über die Killer von Eden verloren, oder nur noch wenige Menschen außerhalb Australiens glaubten daran. Die Vorstellung, Killer- oder Schwertwale könnten Signale aussenden und mit Menschen zusammenarbeiten, erschien absurd. Killerwale galten vielmehr bis in die 1970er Jahre weithin als gefährliche Bestien. So warnten Handbücher der US-Marine zum Beispiel ihre Taucher, Killerwale, heute Orcas, würden Menschen bei Sichtkontakt fressen,[39] bis in die 1960er Jahre soll die US-Helikopter-Küstenwache mit ihren Maschinengewehren an Herden frei lebender Orcas trainiert haben. Während der Siebziger und Achtziger wurden die Orca-Populationen an Orten wie dem Nordwestpazifik stark reduziert; ihre Kälber wurden ihnen genommen und als Volksbelustigung in Freizeitparks vorgeführt – zum großen Entsetzen vieler Ureinwohnergemeinschaften Kanadas, deren Leben und Glaubensvorstellungen ebenfalls eng mit den Walen verbunden waren. Sehr, sehr viele Wale wurden im Laufe dieser Entwicklung getötet. Und sie werden es in manchen Ländern noch heute.

Im Laufe meiner Recherchen stieß ich noch auf weitere Geschichten über Symbiosen zwischen Menschen und Waltieren, von denen einige ziemlich frisch waren. So treiben in Brasilien Große Tümmler, eine Delfinart, vor Laguna Meeräschen zur Küste, wo Fischer im flachen Wasser auf sie warten. Die Fischer können unter Wasser nicht sehen und warten auf ein Signal der Delfine. Wenn die Delfine mit dem Schwanz schlagen, werfen die Fischer ihre Kescher aus. Für die Delfine scheint der Vorteil darin zu bestehen, dass sie leicht an orientierungslose Fische kommen, und die Fischer fangen auf diese Weise mehr und größere Fische als sonst. Bei einer sehr interessanten Untersuchung fand man heraus, dass die Pfiffe der Delfine, die im Verbund mit Menschen jagten, anders klangen als die ihrer Artgenossen, die es nicht taten.[40] Die Vokalisierungen der kooperierenden Delfine blieben immer gleich, auch wenn sie nicht mit Menschen, sondern mit anderen Delfinen zusammen waren; weswegen man inzwischen nicht davon ausgeht, dass ihre Pfiffe direkt an Menschen gerichtet sind. Einer der Autoren der Studie schlug als Deutung vor, auf diese Weise würden «die Delfine sich als Mitglieder einer speziellen sozialen Gruppe zu erkennen geben». Als ich das las, musste ich daran denken, dass nicht alle Menschen sich für Waltiere begeistern, aber häufig sind diejenigen, die es tun, leicht zu identifizieren: Sie tragen Delfin-Tattoos und Buckelwalohrringe, schmücken sich mit Orca-T-Shirts und Beluga-Baseballkappen und signalisieren anderen Menschen auf diese Weise ihre Mitgliedschaft im Liebhaberclub der Waltiere.

Eines Tages präsentierten die Internet-Algorithmen, die errechnet hatten, dass ich Geschichten über Waltiere mag, mir die Nachricht über eine Herde frei lebender Buckeldelfine in Queensland, Australien. Die Delfine werden dort gewöhnlich von Menschen, die vor einem Café Schlange stehen, gefüttert und haben meist viel Spaß am Kontakt mit ihnen. Während des örtlichen Lockdowns wegen der Covid-19-Pandemie hatten die Delfine jedoch wochenlang unter dem Mangel an Futter und menschlichem Umgang gelitten. Und so waren sie irgendwann nah ans Ufer geschwommen und hatten «Geschenke»[41] präsentiert: Meerschwämme, mit Seepocken besetzte Flaschen und Korallenstücke. Welche Ideen über die Welt und die Menschen, über Ursache und Wirkung, über andere Gehirne und darüber, wieso diese Menschen ihnen Fische schenkten, mochten jenen Delfinen durch den Kopf geschwirrt sein? Was genau bewegte sie zu ihrem Verhalten? Und wer hatte diese Idee gehabt? Wo hatten sie es gelernt? Waren sie einfach nur hungrig? Oder auch einsam?

Je mehr ich mich mit solcherlei Nachrichten und mit wissenschaftlicher Literatur beschäftigte, desto stärker verblüffte es mich, wie sehr Waltiere offenbar den artübergreifenden Austausch suchen. Grindwale lassen sich zum Beispiel von den Rufen einer fischfressenden Sorte der Killerwale oder Orcas (die für Grindwale nicht gefährlich sind) anlocken und schwimmen zu ihnen, um sich gemeinsam mit ihnen die Zeit zu vertreiben.[42] In Neuseeland scheinen Unechte Schwertwale «Freundschaft» mit Großen Tümmlern zu schließen. Und es handelt sich dabei weder um zufällige oder flüchtige Vorfälle noch um zweckgebundene Verbindungen. Vielmehr haben Wissenschaftler herausgefunden, dass bestimmte Delfine, die eine Partnerschaft mit bestimmten Unechten Killern schlossen, mehr als fünf Jahre mit ihnen zusammenblieben und Hunderte von Kilometern gemeinsam reisten. Diese Tiere, die sich in Größe, Form und Nahrung wirklich stark unterscheiden, legten lange Ozeanstrecken als eine Art Lebensgemeinschaft Seite an Seite zurück. In Irland wiederum gibt es einen Delfin, der sich regelmäßig Schiffen nähert und mit dem Hund eines Kapitäns sogar Freundschaft geschlossen hat. Und eine verirrte Zwergpottwalmutter mit Kalb schien dem Tode geweiht, als sie 2008 hinter einer Sandbank vor dem Mahia-Strand in Neuseeland festsaß;[43] Mutter und Kind strandeten immer wieder, obwohl Menschen sie mehrmals flottmachten. Dann muss ein dort lebender Großer Tümmler namens Moko offenbar eingegriffen haben; er schwamm zwischen Menschen und Wale. Die Wale folgten Moko sofort durch eine Lücke in der Sandbank hinaus ins sichere Meer.

Auch Buckelwale wurden jüngst dabei beobachtet, wie sie anderen Arten, die gejagt wurden, zur Hilfe kamen;[44] meist waren es Schwertwale bzw. Orcas. Es gibt mehr als hundert dokumentierte Vorfälle, bei denen Buckelwale nicht nur Artgenossen vor Angriffen schützten, sondern auch andere Arten – sie verteidigten Wale, Delfine, Robben und sogar riesige Mondfische vor ihren Angreifern, indem sie sich zwischen Räuber und Beute platzierten; Robben und Seelöwen hoben sie aus dem Wasser und setzten sie sich, für ihre Jäger unerreichbar, auf den Rücken. In der Monterey Bay habe ich selbst beobachtet, wie ein Buckelwalpaar zwei Schwertwalgruppen verjagte, die ein Grauwalkalb fressen wollten, das sie getötet hatten. Die Buckelwale verteidigten die Leiche tagelang.[45] Mir ist nicht klar, was für die Buckelwale bei dieser endlosen Anstrengung heraussprang, die für sie selbst einigermaßen gefährlich war. Gibt es etwa kriegführende Parteien im Meer?

In mancherlei Hinsicht ist die Vorstellung von artübergreifender Zusammenarbeit also kein Blödsinn. Sie findet tagtäglich statt, und die Welt wird durch mutualistische Symbiosen zusammengehalten. Man hat behauptet, Konkurrenz sei bei der Evolution ein ebenso wichtiger Faktor gewesen wie Kooperation. Aber sich für ein gemeinsames Ziel zusammenzutun, aufs Wasser zu schlagen und sich Fressen zu teilen ist eine Sache. Doch wie wäre es mit etwas, das wir Menschen höher schätzen – wie wäre es mit einer tieferen Bindung, genauer, mit der Fähigkeit, ein anderes Gehirn zu verstehen? Während ich die Geschichte über «Die Killer von Eden» recherchierte, stieß ich auf die Aufnahme eines Interviews mit «Guboo» Ted Thomas, das er am Ende seines langen Lebens gab.[46] Guboo war das Kind eines der Aborigines-Walfänger jener Geschichte, der um die Wende zum zwanzigsten Jahrhundert geboren wurde. Er erzählt, wie sein Vater und Großvater von den Killerwalen zur Jagd auf dem Meer «gerufen» wurden, manchmal mitten in der Nacht. Was mich jedoch am meisten faszinierte, war eine andere Geschichte mit einem anderen Waltier; sie handelte davon, wie sein Volk «Delfine herbeisingt» und sie um Hilfe bittet. Als er als Kind einmal mit seinem Großvater zum Meer ging, erspähte der einen riesigen Fischschwarm. Sofort rannte Guboos Großvater zum Wasser, schlug zwei Stöcke aneinander und tanzte und sang dazu. Nach einer ganzen Weile erschienen Delfine, die den Fischschwarm gegen das Ufer und aus dem Wasser trieben, wo die Männer sie fangen konnten – eine Umkehrung der Killerwalgeschichte, da hier Menschen das Signal gaben. Ein bestimmtes Detail der Aufnahme blieb mir besonders im Gedächtnis haften. Guboo beschreibt, wie sein Großvater nach der Jagd ins Meer hinausging, bis das Wasser ihm bis zum Bauch reichte. Ein großer Delfin schwamm zu ihm und legte seinen Kopf auf den Arm von Guboos Großvater. Der Mann tätschelte den Delfin und sprach mit ihm, und «dann machte der Delfin tschi-tschi-tschi-tschi-tschii-tschi-tschi-tschi-tschiiit-schiii. Er redete mit Großvater, und Großvater redete mit ihm.» Der Delfin schwamm wieder fort, schlug zwei Purzelbäume und war verschwunden.

Nur zu gern hätte ich zugeschaut und das Ganze aufgenommen. Doch es ist nur eine Geschichte – und wie viele andere anekdotische Erzählungen in diesem Kapitel reicht sie nicht als wissenschaftlicher Beweis. Kann der Großvater tatsächlich mit dem Delfin kommuniziert haben? Kann überhaupt irgendjemand mit einem Waltier «sprechen»? Was ich jetzt tun musste, war, meine eigene und diese anderen Geschichten hinter mir zu lassen und in die konkretere Welt der Daten und Fakten einzusteigen, in die Welt der Dinge, die man sehen und berühren und messen kann. Was können wir aus dem Körper, dem Gehirn und dem Verhalten der Waltiere über ihre Kommunikation folgern? Oder, um es mit den Worten von Matt Damon in *The Martian* zu sagen: Da muss jetzt verdammt noch mal die Wissenschaft ran!

4

DIE JOY DER WALE

Leviathan ...
Wird er dir gute Worte *geben?*
Hiob 41,1 3 KJV

Als der «Hauptverdächtige» in der Monterey Bay aus dem Meer schoss, war das Erste, was mir auffiel, wie fleischig er war. Ich konnte die Furchen und Schrunden in seiner Haut erkennen und die daran klebenden Seepocken. Aus der Entfernung sehen Wale glatt und geschmeidig aus, fast schon abstrakt, aber von Nahem werden sie zu gewaltigen atmenden, stinkenden Tieren. Als er über mir hing, war mir klar, dass dieses absurd massige, außerirdische Objekt ein lebendes, denkendes, fühlendes Wesen war. Ein riesiges Tier mit Blut und Knochen, von Nerven durchzogen, in der Luft über uns.

Ich wusste das so genau, weil nicht nur ein stürzender lebendiger Wal auf mir gelandet war, sondern ich auch das Glück gehabt hatte, einem toten zu begegnen. Ich hatte in ihn hineingesehen, war mit meinen Händen über die Gelenke seiner Knochen gefahren und hatte sein warmes Herz gefühlt. Diese zweite Ehre verdanke ich Professorin Joy Reidenberg, jener Wissenschaftlerin, die, nachdem sie das Video gesehen hatte, meinte, der «Hauptverdächtige» habe versucht, seine Sprungrichtung zu ändern und nicht auf uns zu landen. Ihr Kommentar «Man kann nicht einfach einen Wal fragen» war es gewesen, der mich auf diese Reise geschickt hatte. Joy ist eine der außergewöhnlichsten Personen, denen ich je begeg-

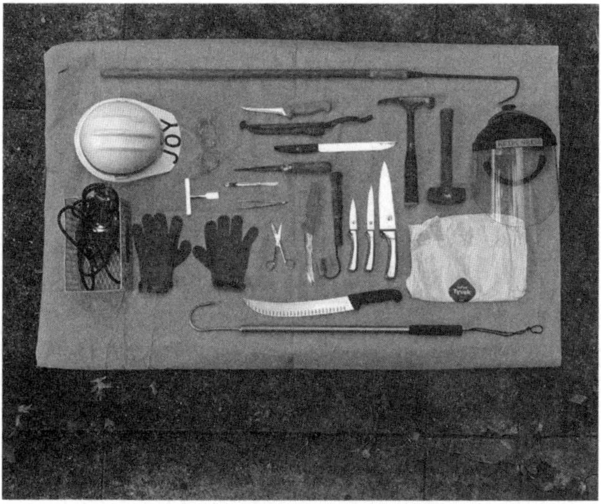

18 **Dies sind einige von Joys Sezierinstrumenten.**

net bin, und außerdem hat sie einen der ekelerregendsten Berufe der Welt.

1984 wurde Joy, weil sie zu schnell fuhr, auf dem Highway von einem Polizisten angehalten; sie war zu der Zeit Doktorandin und eine muntere Erscheinung.[1] Joy merkte nicht, dass er nervös war, als er ihre Papiere verlangte, aber ihr war klar, dass die Sache eskalieren würde, sobald er in ihren Kofferraum blickte. Als der unvermeidliche Moment kam, wartete Joy voller stummem Entsetzen. Der Beamte trat einen Schritt vom Wagen zurück, und mit einer Hand an seiner Dienstwaffe forderte er sie auf, das, was er hinten gefunden hatte, zu erklären. «Das ist nur mein Werkzeug. Knochensägen, Schädelmeißel, Hämmer, Dolche, Sichel, Gartenschere, Flensingmesser, Gaffhaken, Mülltüten, Sicherheits- und Gummihandschuhe sowie ein Overall», sagte Joy mit einem kleinen Kichern. Für den Beamten muss das furchterregend geklungen haben: Denn erst vor Kurzem war eine zerstückelte menschliche Leiche in einem Müllsack gefunden worden. Ein Mörder mit dem Werkzeug und dem Wissen, wie man eine Person zerlegt, lief noch frei herum, und er dachte, er habe diese Person gerade erwischt.

Sie erklärte dem Beamten, sie sei gerade auf dem Weg zu ihrem ersten Einsatz. Ein Zwergpottwal sei drei Autostunden entfernt angespült worden, und sie habe den Auftrag, die Größe des Kadavers zu messen sowie diverse Proben, auch Gewebeproben, zu sichern und eine Nekropsie vorzunehmen – eine Tierautopsie –, mit der sich die Todesursache bestimmen lasse. Sie habe einfach zu retten, was noch zu retten sei und sich untersuchen lasse. Zu ihrem Glück ließ sich Joys Geschichte nachprüfen. Beeindruckt und mit Sicherheit auch erleichtert, fuhr der Polizist daraufhin mit heulender Sirene vor ihr her, schuf ihr freie Bahn durch den Verkehr und eskortierte die Meeresdetektivin zu ihrem Tatort.

Joy hatte allen Grund, sich zu beeilen. Ein totes Waltier verwest sehr schnell. Anders als Robben haben Wale ihre Behaarung, die ihre Vorfahren auf dem Land noch benötigten, fast komplett verloren. Nur manche Arten wie die Buckelwale haben Schnurrhaare an Kinnbacken und Schnauze behalten und können sie zum Ertasten der Welt um sich herum nutzen. Der Vergleich mag seltsam wirken, aber auch wir haben unsere Körperbehaarung zum großen Teil verloren; und bei beiden, Menschen und Walen, gibt es während der Fötusentwicklung häufig eine haarige Phase – ein Zeichen unserer gemeinsamen borstigen Vergangenheit. Anstatt durch einen gemütlichen Pelz halten Wale sich mit einer dicken, gut isolierenden Fettschicht warm, die Blubber genannt wird, direkt unter der Haut sitzt und ihren gesamten Körper wie ein Schlafsack aus Butter umhüllt. Wenn ein Tier stirbt, entsteht beim Absterben der Zellen Hitze. Und im Fall der Waltiere kann diese Hitze unter dem Speck nicht entweichen, und die Tiere kochen sich sozusagen selbst. Deshalb können sich ihre Organe, ihr Gehirn und alle anderen Weichteile, abhängig von der Lufttemperatur und der Exponiertheit des Kadavers, schon binnen weniger Stunden in eine breiige Masse verwandeln, und sämtliche Informationen, die eine rasende Anatomin noch zu gewinnen versucht, sind verloren.

Weil es sie seit jeher so fasziniert, wie das Innere von Meeressäugern funktioniert und was das über ihre Fähigkeiten und Verhaltensweisen verrät, hat Joy sich ein beispielloses Wissen über die Beschaffenheit der Waltiere angeeignet – auch über die anatomische Grundlage ihrer Kommunikation. Vielleicht sollte man also, wenn man die Kommunikationsweise von Walen entschlüsseln will, zuerst mit der «Hardware» beginnen: Welche Hinweise gibt der Walkörper darüber, wie sie möglicherweise denken, zuhören und sprechen? Insofern war niemand besser als Joy dafür ausgerüstet, mir bei der Suche nach Antworten zu helfen. Heute kann sie übrigens nicht mehr sagen, wie viele Wale und Delfine sie schon seziert hat (an die Hunderte, glaubt sie); sie war es auch, die mich als Erste im Innern eines Wals herumgeführt hat. Das war im März 2011, an einem kalten Strand an der Südostküste Englands, vier Jahre bevor der «Hauptverdächtige» auf uns sprang.

Zu der Zeit arbeitete ich gerade an einem dokumentarischen Filmprojekt mit dem Titel *Inside Nature's Giants*, einer Serie, die erklärt, wie Tiere funktionieren, und ihre evolutionäre Vergangenheit anhand gefilmter Sezierungen zeigt. Für unsere Recherche hatten wir ein Netzwerk aus Wissenschaftlern, Tierpflegern in Zoos, Nationalparkwächtern und Tierrettern zusammengestellt, die bereit waren, uns sofort anzurufen, wenn traurigerweise ein großes Tier gestorben war. Es war eine seltsame Arbeit. Wir lebten quasi in Rufbereitschaft, waren darauf eingestellt, sofort mit unserem Team loszurasen, um Wissenschaftler, mit denen wir in Kontakt standen, beim Obduzieren von Giraffen, Elefanten, Riesenkalmaren und Polarbären zu filmen. An dem Morgen, als der Wal strandete, wurde ich vom UK Cetacean Strandings Investigation Programme (in Großbritannien als «CSI der Meere» bekannt) in meiner Londoner Wohnung angerufen: Ich solle möglichst schnell nach Kent kommen.

Auch wenn ich die zweistündige Autofahrt von meiner Londoner Wohnung in hohem Tempo zurücklegte, starb der Wal, noch während ich unterwegs war. Es war ein junger, aber ausgewachsener Bulle. Die Gewässer der Nordsee und des Ärmelkanals sind keine guten Orte für einen Pottwal – zu viel Schiffsverkehr und Industrie und nicht tief genug, um all den Tintenfischen, die sie als Nahrung brauchen, Lebensraum zu bieten. Die Pegwell Bay ist ein großer Sandstrand auf der englischen Seite des Ärmelkanals. Vor fast genau zweitausend Jahren hatte Julius Cäsar diesen Küstenstreifen für die Landung seiner Trieren und als Ausgangspunkt für die Eroberung Großbritanniens auserkoren;[2] es ist leicht, dort ein Boot auf Grund zu setzen – aber auch schwer, zu entkommen. Der Pottwal war entdeckt worden, als er im flachen Wasser mit dem Schwanz schlug. Wale sind nicht für die Schwerkraft geschaffen: Sie können ihr eigenes Gewicht an Land nicht tragen, und trotz größten Einsatzes der Rettungsmannschaften überleben gestrandete Wale nur selten. Sie krachen auf dem Boden auf, verletzen ihre inneren Organe und werden dehydriert. Weil sie sich nicht bewegen können, sammeln sich toxische Stoffwechselnebenprodukte in ihrem Gewebe an. Als sich in der Pegwell Bay die Flut zurückzog, hinterließ sie irgendwann den toten Körper des Wals. Strandspaziergänger, die zufällig in der Nähe waren, strömten herbei, so wie Menschen es bei gestrandeten Walen immer tun. Einige waren sprachlos vor Entsetzen, andere weinten. Wieder andere kletterten auf den Kadaver, während einige sogar seine gewaltigen gekrümmten Zähne berührten, und Hunde knabberten an seinem Speck. Das zurückströmende Wasser hatte ihn unterdessen auf die Seite gedreht. Blut lief aus Schrammen, wo seine dicke, aber empfindliche schwarze Haut und das zarte Gaumenfleisch während seines Todeskampfs vom Sand aufgerissen worden waren. Ich berührte seinen Kopf, der in der kalten Luft noch warm wirkte.

Im Laufe des Tages waren insgesamt an die vierzig Personen eingetroffen: Wissenschaftlerteams und ihre freiwilligen Helfer in Ölzeug, eine Filmtruppe aus zehn Leuten, alle in leuchtend orangefarbenen, wasserdichten Overalls, Arbeiter in Warnjacken, Polizei in Dunkelblau. Ein vier Tonnen schweres Tier musste bewegt und obduziert werden, und unsere einzige Hoffnung war das mittelalterliche Arsenal, das ausgebreitet vor dem Geschöpf lag: ein Sortiment an Haken und Flensingmessern, speziellen Klingen und Gurten. Außerdem hatten wir schweres Gerät gemietet, das ans Ufer transportiert worden war. Um halb sechs wurde es dunkel, also mussten Generatoren für die Bogenlampen an den Teleskopkranen angeworfen werden, deren weißes Licht den Wal beschien. An einem Ende seines Körpers stand ein 360-Grad-Bagger und am anderen ein Radlader. Aus Sorge, dass all das nicht reichen würde, hatten wir Baumchirurgen aus der Nähe dazugebeten, und sie erschienen mit Diamantkettensägen und in einer Mischung aus Zuversicht und Unbehagen.

In das Innere eines Wals einzudringen, ist harte Arbeit, aber der Pottwal (Physeter macrocephalus) – der größte der Zahnwale – ist ein Tiefseetaucher, dafür ausgelegt, Druck auszuhalten, der unsereinem die Organe zerquetschen, den Schädel zertrümmern und die Rippen zu einem Pizzablech falten würde. Die Polizei hatte uns für das Obduzieren und Filmen des Wals zwei Tidenzyklen zugestanden, also etwa vierundzwanzig Stunden. Im Gegenzug wollten wir dafür sorgen, dass er in kleinere Stücke zerlegt und vom Strand geschafft würde, sodass die Kommune ihn begraben konnte. Die Beseitigung eines toten Wals ist eine höchst heikle Angelegenheit. Wenn man ein Loch am Ufer gräbt und ihn mit nassem Sand bedeckt, kann der Wal sich wieder an die Oberfläche arbeiten, während er, wenn er hinaus aufs Meer geschleppt wird, den Schiffsverkehr gefährden

19 **Walexplosion, Florence, Oregon, 1970.**

und schließlich wieder an die Küste treiben kann. Er kann sogar beim Transport explodieren:[3] Das geschah zum Beispiel mit einem toten Wal, als er auf einem Tieflader durch eine taiwanesische Stadt gefahren wurde; er bespritzte dabei sämtliche Schaufenster eines Einkaufszentrums mit seinen Eingeweiden. Einige Behörden versuchen, so etwas zu vermeiden, und sprengen die Wale mit Dynamit, aber auch das kann nach hinten losgehen – manchmal absolut spektakulär, so wie 1970 in Florence, Oregon, wo von einem gesprengten Pottwal riesige Speckbrocken bis zu 300 Meter weit schossen, parkende Autos plattdrückten und gaffende Zuschauer nur haarscharf verpassten.[4]

Joy war an diesem Morgen um zwei Uhr früh eingeflogen worden. Obwohl sie kaum geschlafen hatte, brannte sie darauf, loszulegen, und sah zu, dass jedermann wusste, was er zu tun hatte. Sie ordnete an, das Team solle eine Reihe kleiner Kerben rund um den Bereich des Walbauchs schneiden. Sofort zischte eingeschlossenes Gas aus den Einschnitten, was entscheidend dazu beitrug, den inneren Druck zu senken und eine eventuelle Explosion zu verhindern. Langsam schlitzten die Leute sich durch die weiche, grauschwarze äußere Haut, dann erst durch den Speck und anschließend durch das Korsett aus fasrigem Bindegewebe, das die Muskeln des Wals umhüllt.

Während Joy mit Schneiden beschäftigt war, gab es plötzlich ein knisterndes Geräusch, und die einzelnen Faserstränge sirrten unter ihrem Messer wie Hunderte straffer Gummibänder. Nach und nach entstand ein riesiger U-förmiger Schnitt um den Bauch herum. Am untersten Punkt des Us wurde ein Loch ausgekerbt, durch das ein mächtiges Seil gezogen und zwischen die Schaufelzähne des Radladers gesteckt wurde.

Darauf gingen alle auf Abstand. Als der Schaufelarm der Maschine mit einem herzzerreißenden lauten Geräusch anzog, löste sich ein gigantisches Stück Fleisch in der Größe zweier Doppelbetten und gab den Blick auf den gesamten fleischigen inneren Bauchraum frei. Wir waren jetzt an der Muskulatur, dem eigentlichen Kraftpaket des Wals. Das Fleisch war schwarzrot, und zwar deshalb, weil die Muskulatur eine enorm hohe Konzentration an Myoglobinproteinen aufweist, die Sauerstoff binden, so wie es das Hämoglobin in den Blutkörperchen tut. Der Wal benutzt sein Fleisch als Tauchtank, indem er während seiner neunzigminütigen Tauchgänge langsam Sauerstoff aus seinen Muskeln entlässt. Joy brauchte zuallererst die Eingeweide – sie würden uns verraten, wie gesund das Tier gewesen war, was es gefressen hatte und ob es von Parasiten befallen war.

Sie war gerade dabei, sich vorsichtig ihren Weg durch die Muskelwand zu bahnen, als ihr plötzlich das Messer ausrutschte und ein darunterliegendes Stück Darm durchlöcherte. Es war, als würde jemand mit einem Gewehr aus dem Wal feuern: Eine Fontäne aus Dampf und Blut schoss heraus und Joy mitten ins Gesicht. Sie trug eine Schutzbrille, war aber ansonsten ungeschützt. «Bitte wischen», sagte sie. «Hat irgendjemand etwas zum Wischen?» Ich blickte zu Jasmine, unserer Aufnahmeingenieurin. Der Windschutz-«Puschel» ihres Galgenmikrofons war ebenfalls unter Beschuss geraten und hinterließ jetzt eine gräuliche Tropfspur aus fasrig-klebrigem Zeug. Ihre Stiefel standen über dreißig Zentimeter tief in Blut, Sand und Darmflüssigkeit. Anna, die Regieassistentin, kam mit einem Lappen zu Joy und wischte ihr behutsam den Darminhalt aus dem Gesicht.

Noch bis vor Kurzem waren tote Wale unsere Hauptinformationsquelle für Waltiere, und Walfänger waren unsere Experten. Walfänger und nicht Naturforscher benannten sie: Der Glattwal (im Englischen *right whale*, der richtige Wal) war gut zu jagen, weil er, nachdem er getötet worden war, praktischerweise im Wasser trieb; der Brydewal heißt so nach Johan Bryde, einem Norweger, der eine riesige Walfängerstation errichtete. Es waren auch Walfänger und nicht Anatomen, die ihre Körperteile beschrieben. Zum Beispiel heißt das Stück, das im Englischen *junk*, also Schrott, Ausschuss, bedeutet und den unteren Teil der Nase eines Pottwals bezeichnet, der zu seiner höchst ausgeklügelten Kommunikationsanatomie gehört, schlicht deshalb so, weil er für die Walfänger weniger wertvoll war als der Rest. (Stellen Sie sich vor, der Rumpf eines Elefanten hieße «Müll» und die Federn eines Adlers würden als «ungenießbar» bezeichnet.)

Dass Wale und andere Meeressäuger eine Stimme besitzen, war von einigen Walfängern schon lange vermutet worden; sie hatten beobachtet, dass genau in dem Moment, wenn sie einen Wal harpunierten, andere, darunter auch weit entfernte Tiere, in Panik gerieten, in die Luft sprangen und ihr Verhalten änderten. Worauf die Männer vermuteten, die getroffenen Wale hätten laut geschrien. Der Kapitän der *Eliza*, William H. Kelly, beschrieb der Zeitschrift *Outing* 1890, wie er sein Ohr an das Seil, das von dem harpunierten Wal direkt zum Schiff führte, gehalten und gehört habe, dass das Tier ein «tiefes, schweres, qualvolles Stöhnen wie das eines Menschen in großer Not»[5] ausstieß.

In den 1950ern begleitete der Biologe Malcolm Clarke als

Passagier britische Walfangschiffe, die in der Antarktis jagten.[6] Sobald die Männer die dampfenden Wale an Deck gehievt hatten und mit ihrer mechanisierten Arbeit der Verwertung begannen, mischte er sich unter sie, wobei er aufpasste, dass er Haken und Ketten auswich. Er war fasziniert von den Eingeweiden der Pottwale, nicht nur, weil sie etwas über ihre Besitzer verrieten, sondern er sah sie auch als Tore in jene tiefsten Tiefen des Meeres, wo zu der Zeit noch kein Mensch gewesen war. Er entdeckte fünfzehn Meter lange Parasiten und Klumpen grauer Ambra, der duftenden orangefarbenen, wachsartigen Substanz aus den Verdauungssäften der Wale; diese Klumpen sahen aus wie schmuddelige Meteoriten und wurden von der Parfümindustrie wegen ihrer chemischen Eigenschaften mit Gold aufgewogen (und werden für Chanel No. 5 und andere klassische Düfte immer noch verwendet). Clarke fand auch Schnäbel. Allein im Magen eines einzigen Pottwals zählte er achtzehntausend Stück. Die Schnäbel stammten von Tintenfischen, deren Mundpartie der einzige unverdauliche Teil ihres Körpers ist (anders als bei Monstern wie den Riesenkalmaren, deren Saugnäpfe Zähne haben, oder den Koloss-Kalmaren, deren Tentakel mit ganzen Hakenreihen besetzt sind). Nur aus diesen Überresten erschloss er neue Tintenfischarten, und über seine wissenschaftlichen Artikel begann unsereins das Ausmaß der Schlachten zu ermessen, die in der dunklen, kalten, niederschmetternden Tiefe zwischen Pottwalen und ihrer gewaltigen Mollusken-Beute stattfanden.

Am Strand in Kent entdeckte ich an dem toten Walkörper die ringförmigen Wunden, wo die Saugnapfzähne an den Tentakeln des Riesenkalmars, den er gejagt hatte, ihn verletzt hatten, vermutlich bevor er ihn in seinen Schlund zog. Ich fand es aufregend, mir auszumalen, was dieser Wal womöglich erlebt hatte. Er mag submarine Bergketten und Täler gesehen haben, Lebensformen und chemische Systeme, die der Science Fiction zu entstammen scheinen; bei seinen Tauchgängen hatte er wahrscheinlich Tiefseevulkane gestreift, die Schwefelwolken aus weißer, 400 Grad Celsius heißer Flüssigkeit ausspien, war über Bergketten geschwommen, die größer als die höchsten auf der Erde sind, vorbei an Haien, die mehr als vierhundert Jahre alt werden. Es war, als habe er auf einem anderen Planeten gelebt. Und wenn er nicht gestorben wäre, wären ihm vielleicht noch weitere siebzig Jahre zur Tiefseeerforschung geblieben – das ist nur eine Schätzung, da wir nicht genau wissen, wie lange Pottwale und überhaupt alle Wale leben können.

Was hat dieses Geschöpf getötet? Es gibt so viele Gründe dafür, warum immer mehr Wale an unsere Küsten gespült werden. Natürlich können sie krank oder verletzt gewesen sein. Andere werden im Kampf mit anderen Walen und Meerestieren getötet. Aber manche sind so voller Schwermetall, dass sie als Giftmüll behandelt werden. Wieder andere haben riesige Kugeln aus Plastikteilen in ihren Mägen. Und einige wurden eindeutig von Schiffen angefahren oder haben sich tödlich in Fischernetzen verfangen. Marine-Sonar und Unterwasserindustrie können ebenfalls tödlich für Waltiere sein: Für diese Tiere, die extrem gut hören können, muss ein Schallimpuls in der Nähe wie eine Geräuschbombe wirken. Massenstrandungen vieler verschiedener Wal-, Delfin- und Tümmlerarten – darunter manche mit Hunderten von Tieren – sind mit Marine-Übungen in Verbindung gebracht worden.[7] Denn einige der Kadaver zeigen Schäden in ihrem Hörsystem. Andere scheinen an der Taucherkrankheit gelitten zu haben. Laut einer neuen Studie reagieren Schnabelwale auf bestimmte Schallfrequenzen derart panisch und desorientiert, dass ihr Herz nicht mehr richtig funktioniert; hilflos vor Schmerzen treiben sie dann ans Ufer und sterben. Sie sind buchstäblich zu Tode erschreckt worden.[8] Der Grund für die Obduktion unseres Wals war, dass er sich, als er aus dem Tiefwasser des Nordpols gen Süden schwamm, offenbar verirrte, auf dem falschen Weg Schottland umrundete, die tiefen, sichereren Gewässer des Atlantiks verpasste und in der flachen Nordsee landete, wo es kein Futter gab, dafür aber viel menschliche Belästigung. Schwach und verwirrt war er schließlich gestrandet und gestorben.

Unter Joys Anleitung verbrachte das Team mehrere Stunden damit, sich zu den geleerten Gedärmen vorzuwühlen, sie aus dem Skelett herauszuholen und in den Schaufeln der Maschinen fortzuschaffen. Danach machten die messerschwingenden Teams sich an die Lunge, die geschützt und elastisch unter den kolossalen Rippen des Tiers saß. Wenn ein Pottwal taucht, wird die Lunge durch den Druck zusammengepresst und die Luft darin komprimiert. Unter solchen Bedingungen würden die Rippen eines Menschen sofort brechen, aber die Rippen der Pottwale haben Scharniere entwickelt, sodass die Rippen sich hübsch zusammenfalten. Joy zeigte uns die Flüssigkeit, die die Gelenke dieser Knochenziehharmonika schmiert. Es war heiß im Innern des Wals, und ein weißer Dampf stieg in die Winterluft. «Fühl mal, da links, da ist es», sagte Joy und schob meine Hand an den Lungenflügeln vorbei zu etwas Festerem mit glänzender, dunkler Oberfläche. Das war sein Herz.

Joy ist 1,52 Meter groß und furchtlos. Als junges Mädchen hatte sie davon geträumt, Jockey zu werden, bis ihr Vater ihr erklärte, das sei kein Beruf für Frauen. Jetzt ritt sie quasi auf den Innereien des Wals, umklammerte mit den Beinen irgendetwas, das irgendwie fest wirkte inmitten der purpurfarbenen Puddingmasse seiner Körperhöhle, und benutzte ihr Messer wie einen Eispickel, um in dem tückischen Gewebeklotz sicheren Halt zu finden. Indem sie einen Lungenflügel beiseiteschob, kletterte sie tiefer ins Innere und saß schließlich komplett in der Höhle, die wir gegraben hatten, einen Satz Rippen über sich und die Beine bis zu den Knien in einem Sumpf aus Blut und Eingeweiden versunken. Mit einem riesigen Haken löste sie das Herz heraus. Es hatte die Größe eines Schreibtischs.

Während des Schneidens erklärte Joy, wie der Wal seine Welt verstanden hatte. Die Sinne der Waltiere unterscheiden sich

20 **Joy will gerade in die Nasenöffnung schneiden, um die «Affenlippen» freizulegen, der Autor (schwarze Handschuhe in den Händen) schaut zu.**

von unseren. Ihr Geruchs- und Geschmackssinn ist meistens wenig ausgeprägt und ihre Sehkraft generell schlechter. Doch sie können Dinge erspüren, die uns entgehen – einige Waltiere können möglicherweise sogar auf Magnetfelder reagieren.[9] Wie Sie und ich haben sie wichtige Aufgaben zu bewältigen; sie müssen Partner finden, sich im Meer zurechtfinden und sich Nahrung beschaffen. Anders als wir Menschen müssen sie all das im Dunkeln tun. Da Wasser nun aber ein dichteres Medium ist, breitet sich Schall viermal so schnell wie in der Luft aus; das ist *die* Gelegenheit für die Hellhörigen. Für Pottwale und viele andere ist Schall der Schlüssel. Sie horchen sich ihren Weg durch die Tiefen.

Wir folgten Joy, während sie uns um das Tier herumführte. Ich nahm alles genauestens in mich auf, fast als würde ein Immobilienmakler mir ein Objekt zeigen. Das enorme Herz des Wals, seine mächtige Flosse, die faltbaren Rippen, der einziehbare Penis, die elastische Lunge, sehr dunkle Muskeln, endlose, von Tintenfischen lebende Eingeweide: All das war riesig, weil der Wal riesig war. Was mich aber am meisten beeindruckte, war der im Verhältnis allergrößte Teil seines Körpers – der Kopf. Und der bestand hauptsächlich aus seiner Nase.

Joy liebt die Schnauzen, überhaupt die Köpfe der Wale und betrachtet sie als hochkomplexe anatomische Rätsel, als Labyrinthe aus Röhren und Gefäßen, die für extreme Bedingungen entwickelt und häufig völlig anders beschaffen sind als alles in uns. Die Schnauze der Pottwale, sagte Joy, sei für Schall, Wahrnehmung und Kommunikation entwickelt worden. Wir Menschen könnten uns unmöglich vorstellen, wie es ist, Schall so wie ein Wal oder ein Delfin zu empfinden, denn wir würden die Welt mit unserem vorherrschenden Sinn, dem Sehvermögen, erfahren. Dagegen benutzt der Pottwal (wie alle seine Zahnwal- und Delfincousins und -cousinen) den Schall sowohl zum Kommunizieren mittels Vokalisierung als auch, um seine Umgebung zu erkunden, indem er Klickgeräusche abfeuert und deren Echo interpretiert. Wenn wir zu beschreiben versuchen, wie Wale Geräusche benutzen, um die Welt zu verstehen, sagen wir, sie «sehen mit Schall», ihrem «elementaren Sinnes- und Kommunikationskanal».[10] Wir Menschen sind übrigens gar nicht so schlecht, wenn es darum geht, herauszufinden, woher ein Geräusch kommt und wie laut und hell es ist, auch wenn wir unsere Ohren nicht so drehen können wie andere Landsäugetiere, wenn sie ein Geräusch exakt orten und seine Herkunft bestimmen wollen. Aber wir sind immer noch meilenweit entfernt von den Fähigkeiten der Wale und Delfine, obwohl die gar keine sichtbaren Ohren besitzen.

Joy sagte, das Leben unter Wasser habe die fleischigen äußeren Teile der Ohren (pinnae) abgeschliffen; stattdessen werde der Schall über spezielle fettige Strukturen durch ihre langen Kieferknochen in die inneren Ohrteile geleitet. Sie durchsägte den Unterkieferknochen des Wals und erklärte, dass der Kiefer des Pottwals wie eine Satellitenantenne Vibrationen aufnimmt, und diese Schallwellen werden durch die Knochenschmiere in das Innenohr transportiert und weiter in sein Gehirn, wo die verstreuten Vibrationen interpretiert und in ein dreidimensionales Bild der vor ihm befindlichen Objekte verwandelt werden, und zwar inklusive Härte, Form und Dichte. Diese Walinnenohren seien wahrscheinlich viel raffinierter konstruiert als unsere menschlichen. So haben Kollegen von Joy mithilfe von Szintigrafien und Obduktionen der Innenohren von Delfinen herausgefunden, dass sie tausendmal mehr solcher Sinneshärchen besitzen,[11] mit denen Schall empfangen wird, und die sind wiederum mit der doppelten Menge an Hörnerven verbunden. Daraus folgerten die Wissenschaftler, Waltierohren seien für weit mehr Möglichkeiten zum Hören und Verstehen von Schall «verdrahtet» als die von uns Menschen. Nicht nur ihre Ohren sind besser als unsere; Forscher, die mit Großen Tümmlern arbeiteten, stellten sogar fest, ihr Sonar (ihre Schallmessfähigkeit) sei *besser als jede Maschine, die wir bis jetzt konstruiert haben.*[12]

Dass Waltiere gut hören können, hat mich nicht überrascht, immerhin leben sie in einem Medium, das Licht ausblendet und Schall leitet. Was mich dann allerdings überraschte, war, dass sie anders als die meisten guten Zuhörer Plaudertaschen sind. Ich selbst habe gelegentlich versucht, unter Wasser zu sprechen, aber das funktioniert nicht besonders. Also fragte ich Joy: «Wie sprechen Wale?»

Ich sah, wie Joys Augen aufleuchteten. Das Gegenstück zu ihrer außergewöhnlichen Hörfähigkeit seien starke und präzise Schallgeber, sagte sie. Tatsächlich machen Pottwale die lautesten Geräusche *aller* Lebewesen. Dafür benutzen sie ein Lippenpaar, das unter ihrem einzigen Nasenloch, ihrem Blasloch, sitzt, ganz vorne am Körper. Das Nasenloch unseres Wals am Strand war geschlossen, was es immer ist, wenn der Wal sich unter Wasser befindet – ähnlich wie ein U-Boot seinen Turm schließt, damit keine Luft entweicht und kein Wasser hereinläuft. Für uns ist das allerdings schwer vorstellbar – versuchen Sie einmal zu sprechen, wenn Ihnen jemand den Mund zuhält und die Nase zukneift: Sie verstummen. Aber so sprechen Wale:

Das Geräusch wird durch Luft erzeugt, die sich *in ihnen* bewegt, und zwar speziell durch bestimmte Durchgangskanäle in ihrem Kopf. Joy führte mich ans vordere Ende des Wals, zum Entstehungsort seiner Stimme. Ich konnte den Spalt auf der oberen rechten Seite des Wals sehen, wo sich sein einziges, jetzt fest geschlossenes Nasenloch befindet. Rundherum waren Sägespuren zu erkennen, wo das Baumchirurgenteam vergeblich einzudringen versucht hatte; die Haut und der Speck waren so zäh, dass ihre Diamantsägen schnell stumpf wurden. Joy machte sich stattdessen mit ihren Messern an die Arbeit, schärfte sie immer wieder neu, während sie sich langsam in das Nasenloch hineinschnitt. Es war harte, ermüdende Arbeit, und sie brauchte über eine Stunde; doch endlich konnte sie das Fleisch über und unter dem Nasenloch wegziehen. Und in einer Höhle von der Größe eines menschlichen Kopfs konnte ich zwei fette dunkle Lippen erkennen. Sie sahen aus wie die zwei aufeinander gepressten Hälften einer Kokosnuss. Joy erklärte, das seien phonische Lippen, bekannter unter dem gängigen Namen «Affenlippen». Und sie sahen tatsächlich aus wie die Lippen einer Affenkarikatur, allerdings versteckt in einer Riesennasenhöhle. Diese Lippen sind der Ursprung der mächtigsten und durchdringendsten nasalen Stimme in der gesamten Schöpfung.

Wenn Luft sie passiert, vibrieren sie. Und das ist die Stimme der Pottwale. Stellen Sie sich das Set eines DJ vor, das bekanntlich nur angeschlossen an einen Lautsprecher funktioniert. Beim Wal ist sein gesamtes vorderes Körperdrittel sein Verstärker: von der Schnauze bis zum Schädel eine lastwagengroße Tonanlage, die aus einer hochentwickelten Nase besteht. Joy hätte Tage gebraucht, um alles zu zerlegen, und uns lief die Zeit weg. Um uns trotzdem einen kleinen Begriff davon zu geben, schnitt Joy seitlich in den Kopf des Wals ein Fenster. Unter der schwarzen Haut befand sich ein Durcheinander aus sich überlappenden faserigen Sehnen; und in diesem sitzt ein Teil des «Verstärkers», das sogenannte Spermaceti-Organ, das sich

21 **Joy schneidet in das Spermaceti, das herausströmt und an der kalten Luft zu Wachs erstarrt. In der dunklen Haut des Wals sieht man lauter helle Ringe – das sind Wunden, verursacht durch die «Saugzähne» seiner Beute, der Riesenkalmare.**

vorne im Wal in der Nähe der Affenlippen befindet und sich nach rückwärts um mehr als 40 Prozent seiner Körperlänge vergrößern kann.[13] Als Joy die Bänder durchschnitt, lief ein Strom weißlicher, zäher Flüssigkeit heraus. Sie kratzte etwas davon auf ihr Messer, hielt es schief, und sofort verfestigte sich die Flüssigkeit zu einem wächsernen Stalaktiten.

Das war das Spermaceti oder deutsch Walrat. Man geht heute davon aus, dass dieser Walrat für die Übertragung und vielleicht auch die Bündelung der Schallwellen, die von den Affenlippen erzeugt werden, eine entscheidende Bedeutung hat. Doch die ersten westlichen Walfänger hielten den Walrat für das Sperma der Wale, weshalb Pottwale im Englischen *sperm whales* heißen, und das Wort Spermaceti bedeutet «Samen des Wals». Und dieser Walrat, ein damals heiß begehrtes Produkt, das rauchlos brannte und bei ganz bestimmten Temperaturen von festem in flüssigen Zustand überging, schmierte und beleuchtete beträchtliche Teile der industrialisierten Welt. 1839 schrieb der Walfänger und Naturforscher Thomas Beale, der Pottwal sei «eines der geräuschlosesten Meerestiere».[14] Zwar waren Seefahrern lange schon die Klicklaute bekannt, jener klopfende Lärm, der durch ihre Schiffsrümpfe drang, sie hatten sie jedoch einem hypothetischen «Zimmermannsfisch» zugeschrieben. Wie bei so vielen Annahmen über das, was Tiere können und nicht können, stellt man häufig gerade dann, wenn man sich einer Sache sehr sicher ist, kurz darauf fest, wie sehr man danebengelegen hat. Und während ich auf den Walrat in Joys Hand starrte, fiel mir eine bittere Ironie auf: Eben jene Substanz, die dem Pottwal seine Stimme gibt, die lauteste in der Natur, hat dafür gesorgt, dass so viele Stimmen für immer zum Schweigen gebracht wurden. Ich merkte, wie ich auf Joys Stimme zu achten begann, mir ausmalte, wie ihr New Yorker Akzent geformt worden war, zusah, wie sie beim Reden Luft holte, in ihrer typischen Art ausatmete und schnaufte, sobald sie über irgendetwas besonders Staunenswertes der Walmaschinerie sprach.

Bei jener Obduktion damals war ich auf das Filmen konzentriert: Wir mussten aufnehmen, wie dieses gigantische Geschöpf funktionierte, von der Haut bis zu den Innereien, von vorne bis hinten, und wir waren ziemlich erschöpft. Beim Filmen der Obduktionen von Elefanten, Krokodilen, Giraffen und Tigern hatte ich gelernt, dass man vom Körper eines Tiers eine Menge darüber ablesen kann, was wichtig für es ist. Und dies hier war ein Körper, in dem ein großer Teil – vielleicht mehr als ein Viertel – für die Produktion und den Empfang von Schall benutzt wird. So etwas hatte ich noch nie gesehen.

Joy lief an dem enormen Spermaceti-Organ entlang und demonstrierte dabei, welchen Weg der Schall nimmt, wenn er als Echo zurückkehrt und innerhalb des Wals von den Affenlippen bis in den Schädel wandert. Und der war tatsächlich wie eine Satellitenschüssel geformt; jetzt wedelte Joy mit den Armen und erklärte, wie die auftreffenden Vibrationen zurückgeworfen werden und zitternd durch den unteren Teil des gewaltigen Walkopfs wandern, den im Englischen sogenannten *junk*, den Schrott – der in Wahrheit eine hochkomplexe Kombination aus «Linsen», Ölen, Fetten, Muskeln und anderem Gewebe darstellt. Diese verändern und konzentrieren die Vibrationen, wenn sie im Innern seines Kopfes hin und her wandern, und schicken das laute Geräusch schließlich als fein justierte und erstaunlich mächtige Klicklaute ins dunkle Wasser hinaus. Während Joy mir diese Reise vorführte, erwähnte sie auch, dass die Schallwellen eines Pottwals eine Lautstärke von bis zu 230 Dezibel erreichen können. Das ist lauter als ein Düsentriebwerk.[15] In der Luft platzt das Trommelfell bei 150 Dezibel. Andere Waltiere sind ebenfalls sehr leistungsfähig ausgestattet. Wissenschaftler haben herausgefunden, dass ein Delfin, der in die Nähe eines Menschen gerät, unter Wasser pulsierende Laute ausstößt, die schalltechnisch genauso intensiv sein können wie ein aus gleicher Nähe abgefeuerter Schuss. Die Affenlippen, der Walrat, der «Schrott» und manch andere geheimnisvolle Vorrichtungen im Kopf des Pottwals erlauben es ihm, seine Geräusche sehr fein abzustimmen. Neue Forschungen bei Pottwalen haben ergeben, dass sie nicht nur ihre gerichteten Echoortungs-Klicks produzieren, über die sie den Ozean ausforschen,[16] sondern auch ein großes Sortiment anderer Geräusche: langsame Klicks, schnelle Klicks, Brumm-, Trompeten-, Quietsch- und Coda-Laute. Eine Coda ist eine Folge von Klicklauten. Sie schicken diese Laute in Clustern und in viele Richtungen. Man vermutet, dass die Klicks und die Lücken zwischen ihnen Informationen in einer Art Morse-Code transportieren. Bei der Erforschung einer bestimmten Pottwalgruppe wurden mehr als siebzig Arten von Codas gefunden.[17] Es wird angenommen, dass diese Laute der Klebstoff sind, der ihr gemeinschaftliches Leben zusammenhält, der es ihnen überhaupt ermöglicht, zusammenzubleiben, zu jagen, zu navigieren, sich zu paaren und einander zu schützen.[18] Und all das in einer gefährlichen, unermesslich großen Welt ohne Licht.

Das passt gut zu der allgemeinen Vorstellung von Walen und Delfinen als Meistern der Schallmanipulation; es ist tatsächlich so: Wale und Delfine «nutzen die größte Bandbreite an akustischen Kanälen»[19] von allen Säugetiergruppen.

Nachdem Joy uns an dem toten Pottwal gezeigt hatte, wie er seine Klicklaute produziert, war das Innere des Tiers so weit geborgen worden, dass es nun leicht genug für die Maschinen war und mit dem Transport begonnen werden konnte. Die Polizei wollte den Wal gern noch vor Einlaufen der Flut wegbringen und beerdigen lassen. Doch als die Bagger begannen, die Walkarkasse über das glitschige Schlickwatt zu ziehen, schrie Joy plötzlich, sie sollten anhalten. Sie rannte zum Penis des Wals, der aus seiner stromlinienförmigen Lage im Innern des Wals hinausgestoßen worden war. Sie ging in die Hocke und barg das 1,50 Meter lange Organ in ihren Armen. Es sah aus wie ein riesenhafter schwarzer Blutegel. Dann erklärte sie mir, wie der Walpenis sich vom menschlichen Penis unterscheidet – er sei faserig und elastisch und er könne nicht erigieren. Die Muskeln am Ansatz würden zeigen, dass er beweglich ist, er könne sich wie unsere Zunge aufrollen und in alle Richtungen penetrieren. Und das sei unabdingbar bei schwerelosem Sex, wenn man keine Hände hat, um sich bei seinem Partner festzuhalten. «Das ist der absolut gigantischste Penis im Tierreich», sagte sie, und ihre Augen leuchteten vor Bewunderung. Dann trat sie beiseite und ließ die Baggerfahrer den Wal fortschleppen.

Joy hatte in den vergangenen drei Tagen kaum geschlafen. Ihr leuchtend orangefarbener Overall war glitschig von dunklem Blut, Darmresten und schwarzen Hautfetzen. Dreimal mussten ihr Fontänen aus Darmflüssigkeit und andere Eingeweideexplosionen aus dem Gesicht und von der Zunge ge-

22 **Joy mit dem Walpenis. Ihre Brille ist ganz beschlagen von der Hitze.**

wischt werden. Während sie jetzt zusah, wie das Tier über den Strand fortgeschleppt wurde, stieß sie einen tiefen Seufzer aus, wobei ihr Atem eine Nebelfahne bildete wie ein Wal im Meer.

Am Tag nach meiner Rückkehr nach London packte ich nach und nach meine Ausrüstung aus. Alles roch nach Wal, mit Duftwolken wie von einer in Öl gekochten Fischsuppe, die dann den Winter über im Gartenschuppen vergessen wurde. Ein Klumpen Pottwalfleisch fiel aus einer Falte meines Mantels auf den Boden. Sofort erschien mein Katze Cleo und leckte und knibbelte begeistert daran herum. Mir ging wieder durch den Kopf, wie brutal wir die hochkomplexen und immer noch großenteils unerforschten sensorischen Strukturen in dem Tier mit Kettensägen und großen Haken zerlegt hatten. Wie unangemessen wir ein Organ erkundet hatten, das doch selbst zum Erkunden entwickelt worden war. Als der Wal auf seiner letzten Reise durch ungewohnte Gewässer schwamm, hatte er vielleicht auch Stimmen anderer Wale, seiner Cousins und Cousinen, vernommen – das Schwirren und Trillern von jagenden Schwertwalen, das Zwitschern von fernen Weißwalherden, die einsamen, merkwürdigen Töne tauchender Schnabelwale.

Wenige Wochen nach der Obduktion am Strand reiste ich auf die Azoren, eine vulkanische Inselkette mitten im Atlantik, um lebende Pottwale zu filmen. Wir entdeckten sie in einiger Entfernung, als sie von ihren Tauchgängen hochkamen und mit dem charakteristischen einarmigen Strahl ausatmeten, der entsteht, wenn sie die Luft aus dem einzigen Nasenloch oben auf dem Kopf entlassen. Unser Führer brachte uns in der Nähe eines Wals so in Position, dass wir ihn nicht störten. Wir glitten ins Wasser, und sofort geriet ich in das seltsame Schwindelgefühl, das ein offener Ozean auslöst. Da ich in keiner Richtung irgendetwas sehen konnte, fühlte ich mich wie ein unbedeutendes Pünktchen, das auf knapp fünf Kilometern tiefem, dunklem Blau trieb. Und plötzlich spürte ich die Klicks. Sehen konnte ich den Wal nirgends, und ich hörte ihn auch nicht, aber ich fühlte ihn – «khack ... khack» – ein scharfes, lautes Knallen in der Luft der Lunge, im Hals und in den Nebenhöhlen. Schließlich sah ich, wie sich in der Finsternis eine Schattengestalt entfernte.

Ich muss immer wieder an jenes seltsame Gefühl denken: War ich gescannt worden? Tiere mit Sehvermögen «sehen» andere Tiere, insofern ihre Augen Photonen einfangen, die von ihnen zurückgeworfen werden. Auf ähnliche Weise hat der Wal vielleicht reflektierte Schallwellen meines Körpers mit seinen Ohren empfangen und mich auf diese Weise «gesehen». Aber Schall dringt auch durch Gegenstände, und das Echo von mir hätte nicht nur die Oberfläche meines Körpers angezeigt, sondern auch seine Dichte. Hatte der Wal etwa in mich hineingesehen? Mich so gesehen, wie mich niemand mehr gesehen hatte, nachdem ich im Leib meiner Mutter mit Ultraschall sichtbar gemacht worden war? Jahre später dann fragte ich mich noch etwas anderes: Konnte er mich womöglich angesprochen haben?

Pottwale leben in Herden – in eng verbundenen Familiengruppen aus fünfzehn bis zwanzig Tieren, die hauptsächlich aus Weibchen (Kühen) und ihren Jungen (Kälbern) bestehen, während die Bullen zwischen verschiedenen Herden pendeln und häufig solo leben. Diese Giganten betreiben sogar Kindergärten;[20] Pottwalmütter überlassen ihre Kälber der gemeinschaftlichen Aufzucht durch andere Wale, die sie mitunter auch stellvertretend säugen, während die biologischen Mütter in der Tiefe nach Kalmaren tauchen. Gefährliche Angreifer verscheuchen die Herden, indem sie sich zu einem Kreis formieren – die Köpfe nach innen und die Schwänze als Waffe nach außen gerichtet. Junge, schwache oder verletzte Wale werden dabei in die Mitte dieser (wegen der Ähnlichkeit mit Blüten) sogenannten «Margeriten-Formation»[21] genommen. Dem Pottwalbiologen Luke Rendell zufolge gibt es sogar Hinweise darauf, dass diese Tiere sich um andere erwachsene Wale, die zum Jagen zu schwach sind, kümmern, indem sie sie mit Futter versorgen.[22] Eine neuere Untersuchung, an der er beteiligt war, stellte fest, dass die Wale offenbar auch lernen, Walfängerschiffen aus dem Weg zu gehen, und dass sie einander entsprechende Nachrichten mitteilen.

Sehr soziale Wale, wie eben die Pottwale, sind unter den Waltieren auch diejenigen, die am häufigsten in Massen stranden. Dabei werden dann unseligerweise offensichtlich gesunde Tiere manchmal zu Hunderten gemeinsam ans Ufer gespült. Es gibt viele Theorien, warum das so ist – sie reichen von der Schallnavigation bis zur Meerestopografie –, doch die starke Bindung der Tiere untereinander gilt gemeinhin als Hauptgrund. Bei gestrandeten kleineren Waltieren wie den Pilotwalen und den Delfinen gelingt es menschlichen Helfern manchmal, sie wieder flottzumachen, doch wenig später müssen sie entsetzt zusehen, wie die befreiten Tiere direkt wieder zu ihren noch festsitzenden Kameraden zurückschwimmen, um dort ebenfalls zu verenden. In solchen Krisensituationen vokalisieren Wale häufig sehr stark, und man vermutet, dass die befreiten Tiere von den angstvollen Schreien ihrer Artgenossen zurückgerufen werden. Sie reiten gemeinsam in der Bugwelle, und sie sterben gemeinsam.

Pottwalgemeinschaften sind also über ihre Kommunikation miteinander verbunden,[23] aber sie unterscheiden sich auch voneinander durch sie. Sie sind sehr soziale Tiere und kommunizieren häufig miteinander, wenn sie sich dicht unter der Meeresoberfläche befinden und zum Tauchen ansetzen; dann tauschen sie in einer Art Duettgesang Codas miteinander aus. In jedem Ozeanbecken kann es Tausende Pottwale geben, doch wie sich herausgestellt hat, «sprechen» sie nicht alle dieselbe Sprache. Forscher, die den Walen zuhören, haben entdeckt, dass es verschiedene Populationen gibt, von denen jede ihren eigenen Coda-«Dialekt» aus Klick-Mustern hat. Wissenschaftler haben sie als «stimmliche Clans» bezeichnet. Was mich wirklich erstaunte, war, dass zwei Wale aus unterschiedlichen stimmliche Clans nicht nur unterschiedlich «sprechen», sondern auch unterschiedlich leben – Wale verschiedener stimmlicher Clans benutzen unterschiedliche Jagdtechniken und jagen unterschiedliche Beute; sie sorgen unterschiedlich für ihre Jungen und überliefern ihre jeweilige Lebensweise nur innerhalb ihres Clans. Auch wenn es dabei Überschneidungen gibt, scheinen die Pottwal-Clans sich nicht besonders untereinander zu vermischen – sie leben als unterschiedliche Stämme im selben Meer, unterscheiden sich aber in ihren Verhaltensweisen und sind womöglich nicht einmal in der Lage, mit Walen eines anderen Clans zu kommunizieren.

Man geht davon aus, dass der Zeitpunkt, an dem die Menschen begannen, sich auf der Grundlage unterschiedlicher Lebensweisen bzw. «Kulturen» voneinander abzugrenzen, ein entscheidender Moment in unserer Entwicklung zu einem Tier war, das in großen, auf Zusammenarbeit basierenden Gesellschaften lebt. Wenn man so spricht wie jemand anders, hilft einem das bei der Entscheidung, ob man ihm trauen kann und helfen sollte. Wissenschaftler, die Pottwale und andere ausgesprochen soziale Walarten wie die Schwertwale erforschen, haben beobachtet, dass sie im Meer kooperieren, sich in Gruppen zusammenschließen, die Dinge auf eine je eigene Art und Weise tun und andere Wale, die anders klingen, ignorieren oder meiden. Die Stärke dieser Walgesellschaften liegt in ihrem erlernten Verhalten, ihrem angesammelten Wissen sowie ihrer Fähigkeit, dieses Wissen einander auch mitzuteilen. Die Wissenschaft hat dafür keinen besseren Begriff gefunden als «Kultur»; sie sagen, diese Wale besäßen eine Kultur.[24]

Wenn ich mir vorstelle, wie Wale in ihrer jeweiligen Kultur einander Informationen weiterreichen, wüsste ich natürlich zu gern, was sie wohl sagen und wie lange solche Walkulturen schon existieren. Und dann denke ich an den Walfang und dass, selbst wenn einige Wale überlebt haben und Populationen sich wieder erholen konnten, vieles von ihren Kulturen verloren gegangen sein muss. Und mir fallen die britischen Kolonisatoren ein, die nach Australien kamen, auf die Einheimischen trafen und deren Kultur für nichtig erklärten, weil sie keine Schrift besaßen – obwohl jene Menschen ihre Geschichten doch schon seit Tausenden von Jahren mündlich weitergereicht hatten, also lange bevor die Geschichte Großbritanniens überhaupt begann. Weil die Kultur, auf die jene Kolonisatoren trafen, nicht ihrer eigenen entsprach, war sie für die neuen Herren unsichtbar und wurde durch deren Eingreifen auf schreckliche Weise geschädigt. Die Kulturen von Walen wie die von Völkern sind zerbrechlich, sie können untergehen.

Ich wollte nun wissen, was sich sonst noch über diese «Kultur»-Tiere an ihrem Körper ablesen lässt. Würde ihre Anatomie mir verraten können, ob mein Wunsch, mit ihnen zu kommunizieren, eine reale Möglichkeit oder nur ein Hirngespinst war?

Zwei Jahre, nachdem der Buckelwal auf mich gesprungen war, und sechs Jahre nach der Obduktion am Strand bekam ich meine Chance. Joy meldete sich wieder bei mir und sagte, es habe sich die sehr seltene Gelegenheit ergeben, den Prozessor zu untersuchen, der mit jenen empfindsamen Ohren und den raffinierten Stimmen verknüpft ist. Sie bot mir die Möglichkeit, einen Blick ins Gehirn eines Wals zu werfen.

5

«IRGENDWELCHE BLÖDEN GROSSEN FISCHE»

Atome mit Bewusstsein ...
Materie mit Neugier.
Steht am Meer ...
wundert sich übers Wundern ...[1]

Richard P. Feynman

Das Gehirn ist ein komplexes, empfindliches Organ – ganz besonders das Gehirn eines Wals. Wenige Wale sind nach einer Strandung in gutem Zustand. Noch weniger werden so rechtzeitig erreicht, dass sich ihr Gehirn noch entnehmen lässt, bevor es verwest. Es ist das erste Organ, das vergeht, weil das empfindliche Gewebe tief im Schädel des sterbenden Tiers von der Körperhitze des Wals, die nicht entweichen kann, unter Druck gekocht wird. Und die allerwenigsten Menschen besitzen schließlich die Fähigkeit, das Gehirn herauszulösen und es zu konservieren. Lange glaubte man, Waltiere besäßen ein einfaches, unentwickeltes Gehirn, weil es sich immer, wenn Wissenschaftler in den Kopf eines toten Delfins schauen konnten, schon zu schmuddeligem Brei zersetzt hatte. Ein Walgehirn von guter Qualität ist Goldstaub.

Wer an ein geeignetes Walgehirn kommen möchte, für den müssen die Sterne günstig stehen: Der Wal muss frisch gestorben sein, und ein guter Anatom muss ihm den Kopf abschneiden und ihn sofort tiefkühlen. Da die meisten Wale größer sind als die gängigen industriellen Tiefkühltruhen und man passende Geräte schlecht ans Meer transportieren kann, um einen Wal vor Ort hineinzupacken, hat man dieses Glück nur selten. Ich hatte längst die Hoffnung aufgegeben, jemals so etwas zu erleben, doch 2018 rief Joy mich an und sagte, zwei seien unterwegs zu ihr. Sie hatte die Chance erhalten, nicht nur ein totgeborenes Pottwalbaby zu sezieren, sondern auch den Kopf eines jungen Zwergwals, eine Art Bartenwal, der wie ein dünnerer, kleinerer Buckelwal aussieht. Beide waren schon vor längerer Zeit gesichert und tief in den Kühltruhen des Smithsonian Institute gelagert worden. Ein Kühllaster sollte sie die paar Hundert Kilometer nach New York fahren, wo Joy und ihr Kollege, der Neuroanatom Professor Patrick Hof, in ihrem Labor in der Icahn School of Medicine am Mount Sinai Hospital in Manhattan den Transport erwarten würden. Und wenn ich wolle, könne ich dazukommen und in das Gehirn eines Waltiers schauen.

Joy lud mich mitsamt meinem Filmteam ein, in ihrem Haus in einem Vorort zu übernachten, das sie zusammen mit ihrem Ehemann Bruce bewohnte, einem bebrillten Mann mit gepflegtem Bart, der selbst ein erfahrener Arzt und Wissenschaftler ist. Die beiden begrüßten uns überschwänglich – ich musste an die kleinwüchsigen Ewoks aus *Star Wars* denken. Ihr Haus liegt an einem Fluss, in dem sie gern Kajak fuhren. Und ihr Keller war vollgestopft mit Wal-Paraphernalien: dem Auge eines Buckelwals in Konservierungsflüssigkeit und lauter auf Tischen ausgestellten Barten und Knochen. Ganz offenbar war Joy eine Meeressäuger-Sammlerin. Zurück im Erdgeschoss, zeigte sie uns ihr Haustier, die Maus Spinelli. Joy wusste, dass ich aus einer jüdischen Familie stamme, und Bruce und sie hatten ein passendes Festmahl vorbereitet: Matzebällchen-Hühnersuppe, Bagels aller Art, Teller um Teller mit köstlichen Speisen. Nach dem Essen spielten die beiden uns ein Gitarrenduett vor und sangen gemeinsam Lieder der Sechziger. Als ich später im Bett lag, dachte ich an das Walauge im Keller unter mir.

Am nächsten Morgen um vier Uhr früh trafen wir uns mit Joy auf dem Parkplatz für Krankenhauspersonal, und unser kleines Team umklammerte seinen Kaffee so verzweifelt wie Menschen ihr Bärenspray festhalten, sobald sie nur ein Grunzen im Wald hören. Joy war sogar noch früher aufgestanden als wir, doch keinerlei Anzeichen von Müdigkeit waren ihr anzumerken. Sie und ihr Kollege Patrick Hof lehren beide an der medizinischen Fakultät und sind außerdem in dem angeschlossenen Krankenhaus angestellt, wo sie untersuchen, wie die menschliche Anatomie mit der anderer Arten zusammenhängt. Wir fuhren mit dem Fahrstuhl in ihr Stockwerk, liefen vorbei an Patientenzimmern, Wartezimmern für Verwandte und Beratungs- und Unterrichtsräumen, bis wir schließlich in einer Lagerhalle landeten, umgeben von Meeressäugerskeletten, den Schädeln von Schwertwalen, in denen noch die riesigen Hauer saßen, sowie einer ganzen Reihe grinsender Seelöwenschädel. Joy warnte uns davor, in den nächsten Raum zu gehen, der voller toter Menschen sei. Joy und Patrick nutzen die für die Sezierung von Menschen und den Anatomieunterricht vorgesehenen Räume nämlich gleichzeitig für Delfine; und die leistungsstarken Maschinen zur Untersuchung menschlicher Gehirne in den Katakomben des Krankenhauses dienen ihnen ebenfalls zur Erkundung der Waltier-Anatomie. Mit Joys Hilfe hat Patrick eine der weltweit größten Sammlungen von Meeressäugergehirnen aufgebaut, die etwa siebenhundert Exemplare von sechzig Wal- und Delfinarten umfasst. Durch das Fenster sah man, wie sich das orangefarbene Morgenlicht in den Hochhäusern um uns herum spiegelte, und unten trabten Jogger durch den Central Park. Der Geruch der Kadaver war fast angenehm süß, bis einem wieder einfiel, woher er stammte.

Joy und Patrick benutzen die hochentwickelten Scanner-Maschinen des Krankenhauses – MRT- und CT-Scanner –, um 3D-Bilder vom Innern der Köpfe toter Wale zu machen; so müssen sie sie vorher nicht öffnen, wodurch das Gehirn leicht zerstört

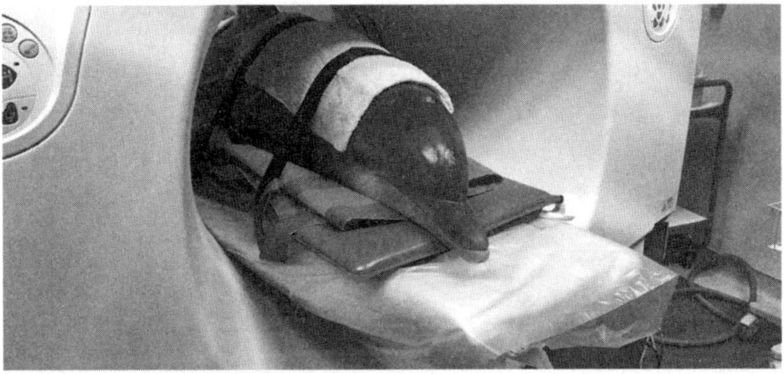

23 **Ein Delfin in Rehabilitation, dessen Gehirn gerade gescannt wird. (Vollzogen im Zuge eines Strandungsabkommens zwischen dem National Marine Fisheries Service und dem Texas Marine Mammal Stranding Network unter dem Marine Mammal Protection Act.)**

werden könnte. Einigen Wissenschaftlern ist es sogar gelungen, das Gehirn lebender Delfine zu scannen, und sie stellten dabei fest, wie das arbeitende Gehirn plötzlich «aufleuchtete» (als frage es sich verwundert, was zum Teufel hier gerade vor sich geht).[2]

Es gibt viele Scans von Delfingehirnen, doch nur sehr wenige von Walgehirnen. Das ist nur logisch, wenn man bedenkt, dass in die größten Krankenhausscanner kaum ein sehr großer Mensch passt, geschweige denn ein Tier von den Ausmaßen einer kleinen Krankenhausstation. Wollte man einen ausgewachsenen Buckelwal in einem MRT unterbringen, wäre das, als versuche man, eine Melone durch das Loch in einem Bagel zu schieben. Die zwei Babywale, die Joy besorgt hatte, passten gerade so eben hinein.

Tagsüber standen die Mount-Sinai-Scanner nur für Patienten zur Verfügung; tote Wale mussten also vor den normalen Öffnungszeiten der radiologischen Abteilung abgefertigt werden. Es hätte Patienten beunruhigen können, wenn der tiefgefrorene abgetrennte Kopf eines Zwergwals an ihnen vorbeigekarrt würde, darum waren die Wale auf den Transportbahren auch in Plastikplanen gewickelt. Während wir sie durch diverse hell erleuchtete Korridore rollten, mit ihnen in Lastenaufzügen fuhren und sie vorbei an Wartezimmern und verschlafenen Patienten schoben, die neben ihren rollenden Infusionsständern her schlurften, schöpfte niemand Verdacht wegen unserer seltsamen Fracht – höchstens drehte sich mal ein eilig vorbeihastender Arzt um, weil ihn der eigenartige Meeresgeruch irritierte.

In der MRT-Abteilung gab es eine Tür mit vielen Warnschildern und einem mit feinem Maschendraht vergitterten Fenster. Im nächsten Raum stand das Magnetresonanztomografie-Gerät, kurz MRT, das einem gigantischen weißen Donut ähnelt, mit einer ebenen Fläche im Innern, auf die Patienten (oder die Köpfe von Babywalen) gelegt und sanft durch die Maschine bewegt werden können. Joy erklärte dem Techniker Johnny, er sei die erste Person, die jemals in einem MRT-Gerät einen Pottwal gescannt haben würde.

Im Raum herrschte Ruhe, während das Team ächzend den kleinen Buckelwal, der als Erster gescannt werden sollte, auf die Plattform hievte. Seine dunkle Haut war feucht und kühl. Und während die Maschine sich warm lief, markierte Patrick die Haut mit Laserkreuzen für die Sensoren. Millimeter um Millimeter schob der Babywal sich nun durch den Scanner, wobei der Kopf des Wals ja selbst eine große, leistungsstarke Scan-Maschine gewesen war, die die Dichte unterschiedlicher Gewebe registrieren konnte. Zwei Stunden dauerte es, bis die Walköpfe fertig gescannt und gedreht waren. Dabei erwärmten sie sich nach und nach, und Flüssigkeit begann auf die Plattform und den Boden zu tropfen. Und es wurde Zeit, das Krankenhaus wieder den menschlichen Patienten zu überlassen; die Flüssigkeit wurde aufgewischt, die Daten gesichert und die Wale wieder fortgerollt.

Sobald sie wieder oben waren, hatten Joy und Patrick keine Zeit zu verlieren. Die Gehirne würden rasch auftauen und mussten innerhalb weniger Stunden aus den Tierschädeln entfernt werden. In einem Raum von der Größe zweier Badmintonplätze, dessen einer Teil mit zwei Dutzend menschlicher Leichen belegt war, sah ich zu, wie Patrick, als erfolgreicher Degenfechter auch verdammt geschickt im Umgang mit einem Skalpell, durch die Muskeln und das Gewebe am Hinterkopf des Zwergwals schnitt. Während die Sonne höher stieg und nach und nach die New Yorker Skyline hinter ihm zum Leuchten brachte, löste er mit einer Säge Teile der Knochen heraus, die das Gehirn umgaben, wobei es plötzlich nach verbranntem Haar roch. Nach und nach schnitt er eine saubere Lücke in den Schädel, und wie ein Dieb, der sich durch ein Loch in einem Museumsfenster zwängt, beförderte er sehr vorsichtig das haferbreifarbene Organ durch den Spalt und legte es in ein Gefäß mit Konservierungsflüssigkeit. Ein weiteres Walgehirn in der Schatzkammer, das sich zu seinen Kameraden mit all ihren auf ewig eingelegten unbekannten Gedanken gesellte.

Das Gehirn würde konserviert und später seziert werden. Manchmal wurde es in eingefärbte, millimeterdünne Scheiben geschnitten, sodass sich die Wege einzelner Nerven erkennen und verfolgen ließen, manchmal auch in gröbere Stücke. Oder es wurde im Ganzen erhalten und seine Form, seine Furchen und Ausbuchtungen mit anderen Exemplaren, auch solchen von Menschen, verglichen. Es würde gemessen und kartiert werden, weil man herausfinden wollte, welche Strukturen denen in unserem Gehirn entsprechen und welche sich komplett unterscheiden. Patrick und Joy bildeten dabei ein gutes Duo. Sie würden Tage brauchen, um die hochkomplizierten Scans auszuwerten. Aber Patrick schickte einige der Scans schon mal auf seinen Bildschirm. Ein spezielles Computerprogramm ermöglichte es ihm, durch das Gehirn des Wals zu flitzen. Es war absolut faszinierend, die Verschlingungen und Knoten des Gehirns in dem Kreis auf seinem Monitor, der wie ein Schiffsbullauge aussah, auftauchen zu sehen, während er hin und her raste und den Regler jeweils so einstellte, dass Blutgefäße, dich-

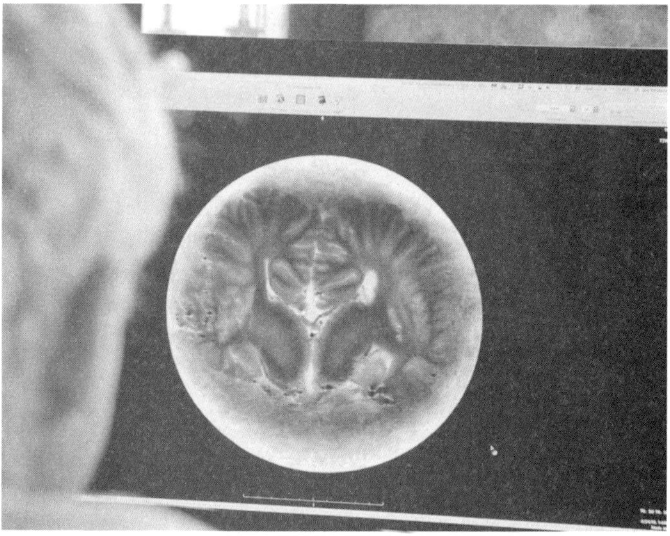

24 **Patrick navigiert durch den Gehirnscan.**

teres Gewebe, Verbindungen und Falten hervorgehoben wurden. Ich war zwar insgesamt begeistert, doch es fiel mir schwer, zwischen den Gehirnbereichen und den verschiedenen Gewebetypen zu unterscheiden, auf die Patrick hinwies. Die lateinischen Namen für die verschiedenen Gehirnregionen rauschten mir durch den Schädel wie CT-Scan-Strahlen und hinterließen kaum Spuren in meinem Gedächtnis.

Inzwischen hatte ich gelernt, dass es generell ausgesprochen schwierig ist, Gehirne zu vergleichen. Um zu erklären, wie schlau wir Menschen sind, weisen wir häufig auf die außerordentliche Größe unseres denkenden Organs hin. Seine Masse ist ein Fluch bei der Geburt, und es verbraucht 90 Prozent der Glukose in unserem Blut. Doch die Größe allein ist kein sicherer Maßstab für einen Vergleich der Intelligenz verschiedener Tiere, denn einige größere Tiere mit größerem Gehirn scheinen nicht über die kognitiven Fähigkeiten von bestimmten kleineren zu verfügen. Wie schon der Volksmund sagt: Größe ist nicht alles. Das Größenverhältnis zwischen Körper und Gehirn, die Stärke der Faltung und die Komplexität des Gehirns, die Dichte der Schichten und deren Struktur sowie die verschiedenen Neuronentypen, aus denen sie besteht – all dies ist hilfreich, auch wenn unser menschliches Gehirn natürlich der Maßstab ist, an dem alle anderen gemessen werden.

Und trotzdem kann man nicht umhin, beim Anblick eines Walgehirns von seiner Größe beeindruckt zu sein. Als Patrick sein erstes zu Gesicht bekam, hatte ihn dessen Masse schockiert, obwohl er wusste, dass es groß sein würde. Ein menschliches Gehirn wiegt etwa 1350 Gramm und ist dreimal größer als das unseres mit einem großen Gehirn ausgestatteten Verwandten, des Schimpansen. Das Gehirn eines Pottwals oder eines Schwertwals kann um die zehn Kilogramm wiegen. Es sind die größten Gehirne auf der Erde und wahrscheinlich die größten Gehirne überhaupt und überall. Doch das ist vielleicht kein fairer Vergleich: Im Verhältnis zu unserem Körper ist unser Gehirn größer als das der Wale. Und bezogen auf die Körpermasse entspricht es in etwa dem von Nagetieren: Mäuse und Menschen investieren eine Menge in ihre Denkorgane. Aber beide liegen weit hinter kleinen Vögeln und Ameisen, die, im Verhältnis zu ihrer Körpergröße, sehr viel größere Gehirne haben als jedes große Tier.

Die äußere Schicht eines Säugetiergehirns wird zerebraler Kortex oder Großhirnrinde genannt. Im Querschnitt sieht der Kortex ein bisschen aus wie ein Fahrradhelm, der die anderen Teile des Gehirns rundum bedeckt. Diese Schicht ist der evolutionär jüngste Teil unseres Gehirns, und Wissenschaftler, die sich mit dem Gehirn beschäftigen, konnten, indem sie ihren eigenen Kortex benutzten, entdecken, dass dieser Bereich für rationales, bewusstes Denken zuständig ist. Der zerebrale Kortex tritt in Aktion bei Sinneswahrnehmungen, beim Denken, beim Sprechen und wenn man den eigenen Körper bewegen möchte oder sich im Raum zu orientieren versucht. Übrigens benutzen Sie ihn gerade, um diesen Satz zu lesen und über ihn nachzudenken. Viele Biologen definieren «Intelligenz» als *die mentale und praktische Flexibilität eines Organismus, Probleme zu lösen und neue Lösungen zu finden.* Beim Menschen scheint der zerebrale Kortex der Sitz dieser Form von «Intelligenz» zu sein; er arbeitet dabei mit anderen Teilen des Gehirns zusammen (den Stammganglien, dem Vorderhirn und dem Thalamus dorsalis). Je mehr Kortex Sie besitzen und je dichter er gefaltet ist, umso mehr Oberfläche steht für Verknüpfungen zur Verfügung – und, voilà!, für mehr Denken. Wir Menschen besitzen eine tatsächlich ziemlich große Kortexoberfläche, und doch ist sie nur etwas mehr als halb so groß wie die eines gewöhnlichen Delfins und liegt meilenweit hinter der eines Pottwals. Selbst wenn man die Kortexfläche durch das Gesamtgewicht des Gehirns teilt, um den Größenvorteil der Wale herauszurechnen, liegt der Mensch immer noch hinter Delfinen und Schwertwalen zurück.[3]

Weitere Bemessungen scheinen ebenfalls auf einen Zusammenhang mit der Intelligenzleistung hinzuweisen, und da liegen Delfine und Wale hinter den Menschen. Wie viele Neuronen der Kortex enthält, wie dicht und effizient diese miteinander verknüpft sind und wie schnell sie Impulse weiterleiten – all das ist extrem wichtig für die Gehirnfunktion. So wie die Zusammensetzung und das Layout des Chipsets in Ihrem winzigen, billigen Mobiltelefon es möglich macht, dass es über mehr Rechenleistung verfügt als ein 5,5 Tonnen schwerer, zimmergroßer Supercomputer aus den 1970ern. Sowohl bei Waltieren als auch bei Elefanten, den größten Säugetieren im Wasser bzw. auf dem Land, scheinen die Abstände zwischen ihren Neuronen größer und deren Leitfähigkeit geringer zu sein. Was die Anzahl der Neuronen betrifft, so haben die Menschen mit ihren, grob geschätzt, rund 15 Milliarden Neuronen im Kortex die Nase vorn. In Anbetracht des größeren Gehirns der Waltiere würde man glauben, sie besäßen mehr; tatsächlich aber ist ihr zerebraler Kortex kleiner und die Neuronen sind dicker, das heißt, sie nehmen mehr Platz ein. Trotzdem kommen manche Waltiere, wie etwa der Unechte Schwertwal, mit ihren 10,5 Milliarden Zerebralneuronen – etwa so viele hat auch ein Elefant – dicht hinter uns Menschen.[4] Schimpansen haben 6,2 Milliarden und Gorillas 4,3 Milliarden. Noch komplizierter wird es mit den Vergleichen, weil Wale eine gewaltige Anzahl anderer Zellen haben, die Gliazellen heißen und ebenfalls im Kortex sitzen. Bis vor Kurzem hielt man diese Gliazellen nur für funktionslose Füllsel, doch inzwischen wurde entdeckt, dass sie doch auch für die Wahrnehmung wichtig zu sein scheinen.[5] Ich weiß nicht, wie es Ihnen geht, aber all diese Kortex-Messerei und -Vergleicherei tut meinem armen Denkorgan regelrecht weh.

Inzwischen navigierte Patrick weiter durch die Scans, als flöge er durch ein monochromes Kaleidoskop. Es war das hundertste Meeressäugetier, das sie auf diese Weise analysiert hatten, indem sie zoomten und maßen und die Symmetrien und fraktalen Muster erkundeten. Ich bombardierte ihn mit Fragen wie: Konnten die Gehirne uns womöglich verraten, ob Wale oder Delfine Bewusstsein haben? Erlaubten sie es diesen Geschöpfen vielleicht, andere wahrzunehmen? Patrick wollte allerdings nicht in eine solche Diskussion verwickelt werden. Er hatte den Eindruck, wir wüssten einfach nicht genug. Viele andere sind da entschieden forscher.

So kommt eine Untersuchung zu dem Schluss, Menschen hätten eine fünfmal stärkere Fähigkeit, Informationen zu verarbeiten, als Waltiere, die sie wiederum zwischen Schimpansen, Affen und einigen Vögeln einordnen.[6] Aber in derselben Untersuchung heißt es auch, Pferde hätten zwar kleinere Gehirne als Schimpansen, besäßen aber fünfmal so viele Rindenneuronen. Heißt das nun, Pferde sind schlauer als Schimpansen? Der verwirrendste Faktor bei dieser Sorte von Vergleichen scheint jedoch zu sein, dass *jeder einzelne* Faktor einigermaßen verwirrend ist. Das Neuronenzählen ist eine sehr ungefähre Wissenschaft, weshalb bloße Zahlenvergleiche nur ungefähr sein können. Es gibt außerdem jede Menge unterschiedlicher Arten von Neuronen, und die kommen in den verschiedenen Tierarten in unterschiedlichen Zusammenstellungen und Proportionen vor. Wir wissen, dass all diese Variationen *irgendetwas* bedeuten; dass sie festlegen, wozu Gehirne fähig sind, aber wir wissen noch nicht, wozu genau und wie sich das womöglich von einem Moment zum nächsten in verschiedenen Teilen des Gehirns ändern kann. Eine Menge Vermutungen sind im Spiel, und es führt schnell in die Irre, wenn man von einem Gehirn auf ein anderes schließt.

Dies gilt auch für das Vergleichen kognitiver Fähigkeiten. Die Vorstellung, aus dem Gehirn und seiner Struktur ließe sich ableiten, welche Tiere kognitiv «besser» sind, und man könnte eine entsprechende «Intelligenz»-Hierarchie aufstellen, ist ebenso trügerisch wie verlockend. Professor Stan Kuczaj, der sein Leben der Kognition und dem Verhalten verschiedenster Tiere gewidmet hat, nimmt kein Blatt vor den Mund: «Wir kriegen es nicht hin, die menschliche Intelligenz valide zu messen. Und noch schlechter sind wir beim Vergleichen von Arten.»[7] Intelligenz ist ein wenig fassbarer Begriff und vielleicht sogar überhaupt nicht messbar. Wie schon weiter oben erwähnt, verstehen viele Biologen tierische Intelligenz als die Fähigkeit, Probleme zu lösen. Doch da die verschiedenen Tiere in unterschiedlichen Umgebungen mit unterschiedlichen Problemen leben, sind die Ergebnisse ihrer Gehirnleistungen schlechterdings nicht übertragbar. Die Denkleistung eines Gehirns lässt sich nicht einfach als «gut» oder «schlecht» bezeichnen, sie hängt vielmehr von der jeweiligen konkreten Situation ab und davon, was sie dem Gehirn an Denken abfordert. Intelligenz ist ein bewegliches Ziel. Und was dieses Dilemma noch verwirrender macht, ist die Tatsache, dass die einzelnen Tiere einer bestimmten Art unterschiedliche kognitive Fähigkeiten haben können. Um einen Aufseher des Yosemite National Park zu zi-

25 **Falseknees' Karikatur spießt wunderschön die anthropozentrische Vorstellung von Intelligenz auf.**

tieren, der auf die Frage, warum es so schwer sei, einen Müllcontainer zu konstruieren, den Bären nicht aufbrechen können, Folgendes sagte: «Es gibt beträchtliche Überschneidungen bei der Intelligenz der schlauesten Bären und der dümmsten Touristen.»[8]

Wir wissen wenig über die Probleme, mit denen die Gehirne der Waltiere vermutlich zu kämpfen haben. Im Laufe der Evolution haben sie die Herausforderungen sehr unterschiedlicher Lebensformen zu bewältigen gelernt – manche allein für sich, manche in Gruppen von Hunderten, die einen als gigantische Jäger der Tiefsee, die anderen als kleine Flussdelfine. Und angesichts all dieser Voraussetzungen und Unwägbarkeiten begann ich zu begreifen, wie weise es von Patrick war, bei der Deutung dieser Terra incognita keine schnellen Schlüsse zu ziehen.

Während ich zusah, wie Patrick und Joy die Walgehirne scannten, war mir ein seltsamer Gedanke durch den Kopf gegangen. Vielleicht aus Schlafmangel stellte ich mir auf einmal vor, ich würde ihre Köpfe scannen, durch Haut, Muskeln und Knochen dringen und sie als Sinnesorgane betrachten können – Augäpfel, Ohrkanäle, Geruchs- und Geschmacksrezeptoren, die frei im Raum flottieren und über Nerven mit einem eigentümlich nichtssagenden Organ verbunden sind, diesem extrem verschalteten fettigen Klops, in dem ihre Gedanken, ihre Erinnerungen und ihre Eigenschaften leben. Wenn ich diese flottierenden Gehirne betrachten und in sie hineinsehen könnte, würde ich sie dann besser verstehen? Das menschliche Gehirn wird häufig als «das komplizierteste Ding des Universums» bezeichnet, und zwar von Wissenschaftlern ebenso wie von spirituellen Führern und Journalisten. Es ist in der Tat ein sehr kompliziertes Ding. Da Walgehirne aber ebenfalls eine verdammt ausgefuchste Angelegenheit zu sein schienen, stellte ich Patrick die schlichte Frage: Haben Wale Gedanken? Er schwieg sehr lange. Dann sagte er: «Ob sie Gedanken haben, die wie unsere konstruiert sind? Sehr wahrscheinlich. Es gibt keinen Grund dafür, dass dieselben Netzwerke, die in uns für Bewusstsein und Gedächtnis sorgen, nicht auch genauso in Walen existieren sollten.»[9]

Mutig geworden, preschte ich weiter vor. Könnten Wale dann auch so denken wie wir? Mit Bewusstsein? Gab es irgendwelche Hinweise darauf, dass ihr Gehirn es ihnen ermöglicht, so miteinander zu sprechen wie wir? «Nun, in alledem steckt womöglich eine ganze Menge Wunschdenken», erwiderte er.

Wunschdenken oder nicht, Patrick hatte dieses Denken selbst kräftig mit angefeuert. 2006 hatten er und sein Kollege

Estel Van der Gucht einen Artikel im *Anatomical Record* veröffentlicht, der die Gehirne der Neurowissenschaftler auf der ganzen Welt zum Glühen gebracht hatte.[10] Bei der Analyse konservierter Teile menschlicher Gehirne war Patrick auf ein ungewöhnlich aussehendes Neuron gestoßen. Anstatt wie ein Zweig, ein Kegel oder ein Stern geformt zu sein, war es lang und dünn und sehr groß. Er begriff, dass er ein Von-Economo-Neuron (VEN) vor sich hatte, einen Nervenzellentyp, der vor über einem Jahrhundert zum ersten Mal beschrieben, jedoch lange ignoriert worden war. Man war davon ausgegangen, diese speziellen Nervenzellen besäßen nur Menschen. Dann entdeckten Patricks Kollegen in San Diego sie in Menschenaffen (unseren nahen Verwandten, den Schimpansen, Gorillas, Orang-Utans und Bonobos), konnten sie aber nicht in entfernteren Verwandten wie den Lemuren nachweisen.[11] Nun machten sich Patrick und weitere Wissenschaftler auf die Jagd nach diesen Zellen und untersuchten die Gehirne von mehr als hundert Arten, von denen jedoch nur wenige sie zu besitzen schienen: Menschen, Menschenaffen, Elefanten und Waltiere. Wir sind also entfernte Verwandte[12] von Elefanten und Walen und haben einen gemeinsamen Vorfahren, der etwa um die Zeit auftrat, als die Dinosaurier ausstarben, d.h. vor mehr als 60 Millionen Jahren.

Affen, Elefanten und Wale haben eine Menge gemeinsam: Wir leben lange, sind ausgesprochen gesellig, sehr intelligent, äußerst kommunikationsfreudig und besitzen ein großes Gehirn. Nachdem unsere Vorfahren sich in unterschiedliche Arten aufgespalten hatten, scheinen die VENs in diesen drei Gruppen entstanden zu sein, und zwar durch konvergente Evolution, einen Prozess, bei dem der Druck der natürlichen Auslese dazu führt, dass sich dieselben Merkmale in nicht verwandten Lebewesen entwickeln.

Die VENs schienen nur in bestimmten Bereichen des menschlichen Gehirns vorzukommen, der Inselrinde und dem cingulären Kortex. Diese Regionen treten in Aktion, wenn wir

Schmerzen empfinden oder feststellen, dass wir einen Fehler gemacht haben, oder wenn wir anderen gegenüber Gefühle haben. Ein VEN wird aktiviert, wenn wir lieben, wenn eine Mutter ihr Baby weinen hört, wenn jemand versucht, die Absichten eines anderen herauszubekommen. Bei Menschen sind die Bereiche des Gehirns, die für entscheidende kognitive Funktionen wie Aufmerksamkeit, Intuition und soziales Bewusstsein zuständig sind, größer als bei den meisten anderen Säugetieren. Das gilt auch für Wale. Und VENs sind in beiden Arten vorhanden. Wie Patrick es formulierte: «Die Zellen, die die ‹integrative Erfahrung› beim Menschen so einzigartig machen, finden sich auch in großen Walen.»

Zwar wissen wir immer noch nicht, was genau diese Zellen tun, doch es gibt einige aufregende Interpretationen. Sowohl bei Walen wie bei Menschen scheint es im Neokortex bestimmte «integrative Zentren» zu geben, die Informationen aus den sensorischen und motorischen Bereichen verarbeiten und zusammenführen. Sie prüfen die empfangenen Signale und kommunizieren darüber in Netzwerken. Diese Fähigkeit, Informationen aus unterschiedlichen Gehirnregionen zu integrieren, d.h. sie zusammenzuführen, ist lebenswichtig: Sie erweitert unsere Wahrnehmung und ermöglicht uns, anspruchsvollere kognitive Leistungen zu vollbringen, wie beispielsweise künstlerisch kreativ zu sein, Entscheidungen zu treffen und Sprachen zu lernen. Patrick und sein Kollege John Allman stellten nun die Hypothese auf, die VEN-Zellen hätten sich als *Reaktion auf ein Bedürfnis* entwickelt. Um Signale schnell zwischen den integrativen Zentren hin und her zu schicken, braucht das Gehirn Autobahnen, und VENs sind nach Patricks Ansicht «die Schnellzüge des Nervensystems».[13] In Anbetracht der Funktion der Bereiche, in denen diese Neuronen sitzen, sowie des geselligen Naturells der Arten, die über sie verfügen, könnte man vermuten, dass diese Hochgeschwindigkeitsverbindungen im Gehirn gebraucht werden, wenn man über andere nachdenkt –

also für empathische und soziale Intelligenz. Andere Forscher stehen diesem Ansatz skeptisch gegenüber und glauben, dass große, komplexe, mit VENs ausgestattete Walgehirne schlicht für die Navigation riesiger Körper in einer 3D-Meeresumgebung notwendig sind. Wieder andere meinen, sie bräuchten dieses beeindruckende Gehirn, um all die hoch differenzierten Informationen zu verarbeiten, die mit der Echoortung zusammenhängen: Ihr Gehirn hat diese Strukturen eben gerade wegen der Art ihrer Wahrnehmung entwickelt, und nicht, weil sie über die Resultate ihrer Wahrnehmung grübeln.

2014 fanden Patrick und seine Kollegen VENs in Arten, mit denen sie bisher nicht gerechnet hatten; sie entdeckten diese Neuronen oder ähnliche Zellen in den Gehirnen von Kühen, Schafen, Rotwild, Pferden und Schweinen.[14] Das galt dann bei einigen als Beleg dafür, dass die VENs keine besonders beeindruckenden kognitiven Funktionen hatten. Und für mich ist diese Geschichte symptomatisch für so vieles in der Biologie. Wir entdecken irgendetwas, von dem wir glauben, es komme nur bei uns Menschen vor. Dann finden wir es in anderen Tieren und halten es plötzlich nicht mehr für ganz so besonders. Wer jedoch viel Zeit mit Kühen und Schweinen verbringt, findet es nicht ungewöhnlich, dass sie eventuell neuronale Hardware für soziale Intelligenz und das Nachdenken über andere besitzen könnten. All diese Erkenntnisse sind noch sehr frisch, und Wissenschaftler wie Patrick sind Pioniere an einer neuen Front. Es könnte sich also durchaus herausstellen, dass ein VEN in dem einen Tier etwas völlig anderes leistet als das VEN in einem anderen Tier, ähnlich wie durch ein Stromkabel sowohl das Signal zum Aufleuchten einer Glühbirne geschickt werden kann als auch eine leidenschaftliche E-Mail an den Computer Ihres oder Ihrer Liebsten. Für Patrick sind VENs nur ein kleines Teilstück in dem ausgeklügelten Schaltplan des Gehirns einiger Arten, einem Schaltplan, dessen Analyse noch sehr in den Anfängen steckt. Weitere Entdeckungen, Vergleiche, Hypothesen und Hochrechnungen werden zusammengedacht und verbunden werden und hoffentlich irgendwann zu einem klareren Bild führen. Wir befinden uns gerade in einem frustrierenden Moment; da sind all diese Entdeckungen, und wir wissen nicht, was sie bedeuten. In den Worten eines Neurowissenschaftlers: «Wir verstehen nicht einmal das Gehirn eines Wurms.»[15] Vielleicht gehört das dazu und passiert einfach, wenn man in der kompliziertesten glibberigen Wabbelsubstanz des Universums herumstochert.

Joy schlug einen hilfreichen Vergleich vor: Als Alien von einer anderen Galaxie, der die Meere der Erde erforscht und zufällig auf einen Großen Tümmler und einen ähnlich großen Hai stößt, wäre man verwundert. Die Tiere leben im selben Meer, jagen womöglich dieselben Fische, müssen unter denselben Bedingungen überleben, und trotzdem hat der Tümmler ein sehr viel größeres Gehirn. Eines, das, was Zusammensetzung und Struktur angeht, in mancher Hinsicht dem der mental am höchsten stehenden Lebewesen des Planeten ähnelt, in anderer aber überhaupt nicht. Warum unterscheiden sich Delfin und Hai so stark?

2007 veröffentlichte Lori Marino, zusammen mit Joy, Patrick und vielen anderen Biologen, einen Artikel mit der Überschrift «Waltiere besitzen komplexe Gehirne für komplexe Kognition».[16] Zu ihrer Schlussfolgerung kamen sie, indem sie die gesamte aktuelle Forschung auswerteten, sich aber auch für Fossilien aus längst vergangenen Zeiten interessierten. Neuronen und Kortexe erhalten sich nicht über Millionen von Jahren, ganz anders als Schädel, und Schädel sagen etwas über die Größe eines Gehirns aus. Das Gehirn der Waltiere wurde etwa zehn Millionen Jahre *nach* ihrer Rückkehr ins Meer plötzlich größer. Das überraschte einige Wissenschaftler, die die Entwicklung des Waltier-Gehirns bis dahin auf die Anpassung an Wasser und Kälte zurückgeführt hatten. Die Anpassung an das Leben im Meer musste dann logischerweise schon früher geschehen sein. Daraufhin stellte das Autorenteam die These auf, dass diese plötzliche Größenveränderung des Gehirns stattfand, als das Verhalten der Waltiere komplizierter und geselliger wurde.

Viele Wale und Delfine können außerhalb einer sozialen Gruppe nicht überleben. Und wenn man in einer sozialen Gruppe bestehen will, muss man sowohl miteinander wetteifern als auch zusammenarbeiten können, und das erfordert ein Denken, das man als einsamer Solist nicht benötigt. Patrick beschrieb es so: «Sie kommunizieren über ein gewaltiges Gesangsrepertoire, erkennen ihre eigenen Gesänge wieder und erfinden neue. Sie bilden auch Koalitionen, um Jagdstrategien zu planen, bringen diese den jüngeren Mitgliedern bei und haben ein soziales Netzwerk entwickelt, das denen von Affen und Menschen ähnelt.» Ein gesellig lebendes Tier benötigt mehr Gehirn-Hardware, mit der es die Software der Kultur betreibt.

Ich machte einen letzten Versuch: Was könne er nach seiner Erforschung ihrer Gehirne *definitiv* über Wale aussagen? Patrick erwiderte, es sei *absolut klar*, dass Wale äußerst intelligent seien, sie besäßen ein beeindruckendes Nervensystem mit bestimmten Komponenten, die wir bisher ausschließlich Menschen zugeschrieben hätten. Wie so viele Walforscher nannte auch Patrick gern eine einzelne aufregende Waleigenschaft – eine, die sie in die Nähe von Menschen rückt –, um sofort darauf zur Vorsicht zu mahnen: Wir sollten auf gar keinen Fall anthropomorphisieren. Und dennoch bestand er darauf, dass wir Wale nicht als uns vollständig unterlegen betrachten sollten: «Viele Leute glauben doch, das seien irgendwelche blöden großen Fische», sagte er. «Aber nein, das sind sie nicht, definitiv nicht.» Ich war aufgebrochen, um herauszufinden, ob Wale vielleicht wie wir denken können; und es erwies sich als interessanter und komplizierter, als ich geahnt hatte. Jede beantwortete Frage öffnete die Tür zu einem weiteren Geheimnis.

Inzwischen war der Tag weit vorgerückt. Die Wale waren

gescannt und ihre Gehirne gesichert worden – und alle waren total erledigt. Patrick hatte jetzt Medizinstudenten zu unterrichten, und Joy musste das Fleisch von den Walköpfen entfernen. Ich verließ das Krankenhaus, schlenderte durch die Straßen Manhattans und versuchte, die Stimmung der Menschen, denen ich begegnete, an ihrem Gang abzulesen, schnappte Gesprächsfetzen auf, achtete darauf, dass ich niemanden anrempelte, mied Blickkontakte mit Fremden in der U-Bahn, lachte beim Abendessen mit einem Freund über einen Witz und spürte Wärme, als ich die Gäste beim Abschied umarmte. Ich dachte an die Neuronen, die in mir feuerten, an das Gehirnzentrum, das diese Gefühle und Gedanken zusammenführt. In den Gewässern draußen vor New York, nur wenige Kilometer von meinem Standort entfernt, gibt es Buckel-, Finn- und Seiwale. Blitzte es in ihren Gehirnen auch vor komplexen Gedanken, die von seltsamen Wasserstimmen artikuliert und von empfindlichen verborgenen Ohren gehört wurden?

Benommen blickte ich zu den Wolkenkratzern hoch, halb erstickt vom Dieselgestank aus Tausenden vor sich hin brummenden Motoren, geblendet von Kleidern in schillernden Farben. Kein Wal hat so etwas jemals geschaffen, dachte ich. War ich also doch voreingenommen? Liegt es einfach in unserer Natur, uns anderen Arten überlegen zu fühlen und unsere Errungenschaften als Beleg dafür anzuführen? Wenn wir überlegen, welche Tiere wir klug finden, und sie mit uns vergleichen, weisen wir instinktiv auf unsere Werkzeuge und unsere Konstruktionsleistungen – kurzum, darauf, dass wir die Welt beeinflusst haben. Tiere können solche Dinge nicht so gut wie wir! Biber bauen Dämme, aber sie können keine Bücher schreiben. Orang-Utans konstruieren Blätter-Schirme, aber keine Räder. Insekten bringen Städte hervor, aber keine Bibliotheken. *Seht auf unsere Werke, ihr Termiten, und verzweifelt!* Doch es gibt gute Gründe, warum ein Wal keine Kathedrale bauen kann. Es ist physisch sehr viel mühsamer, eine Zivilisation im Meer zu er-

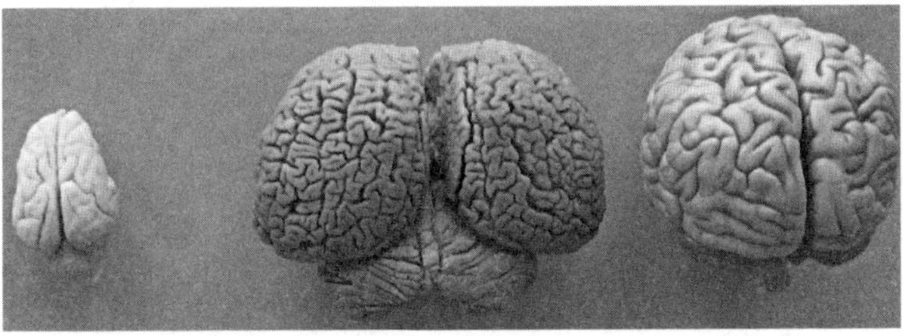

26 **Das Gehirn eines Großen Tümmlers (Mitte), flankiert von dem eines wilden Schweins (links) und einem menschlichen (rechts).[17] Auffallend ist die größere Lücke zwischen den beiden Hälften im Delfingehirn. Vermutet wird, dass das mit dem sogenannten «unihemisphärischen» Schlaf zusammenhängt. Dabei ruht eine Hälfte ihres Hirns eine bestimmte Zeit lang und erlaubt ihnen, weiter zum Atmen aufzutauchen und ein Auge wachsam offenzuhalten. Ich wünschte, ich könnte das auch.**

richten, wo nichts jemals stillsteht. Man kann kein Feuer im Wasser entzünden, keine neuen Verbindungen und Strukturen schaffen; man kann keine Nahrung außerhalb des eigenen Körpers aufbewahren; man kann mit Flossen auch kein Werkzeug basteln. Wäre ein aquatischer homo sapiens in der Lage gewesen, irgendeines der Wunder dieser Welt – allesamt Ausdruck unserer Bildung – zu erschaffen: Kleidung, Werkzeug, Gebäude, Landwirtschaft, Schrifterzeugnisse? Das ist zu bezweifeln. Der naheliegendere Grund für das Fehlen einer sichtbaren Kultur der Waltiere könnte schlicht sein, dass Wale nicht die Art Verstand besitzen, die fähig ist, eine Kathedrale zu ersinnen oder einen Hammer, um sie zu erbauen.

Ich hatte gehofft, dass ich nach dem Blick in das Gehirn eines Wals wissen würde, ob sie klug genug sind, um zu sprechen, doch die Wasser schienen trüber zu sein als der Hudson, der ein paar Blocks vom Krankenhaus entfernt fließt. Eines der Gehirne, die ich im Mount Sinai gesehen hatte, ein menschliches, bot die Voraussetzungen für Sprache und Kommunikation, für die Wertschätzung von Musik, für das Gefühl der Liebe und das Schmieden von Rache. Das andere Gehirn, das eines Pottwalbabys, sah sehr ähnlich aus. Das Walgehirn und seine Scans schrien nicht: «Ich bin ein Idiot!», sie schrien aber auch nicht: «Ich bin Mozart!»

Dank der Hilfe von Joy und ihren Kollegen verstehe ich die Hardware jetzt besser, weiß, was für Teile Wale zum Sprechen benötigen würden. Immerhin sind ihre mächtigen, hochentwickelten Ohren und Stimmen ein Hinweis auf die wichtige Rolle, die Hören und Vokalisieren in ihrem Leben spielen. Ich hatte in ihr Gehirn geblickt, und Größe, Form und Aufbau dieses Organs legen, wie ich sah, nahe, dass sie über beeindruckende Kognitionsfähigkeiten verfügen. Wale waren eindeutig mehr als nur große, blöde Fische. Doch um wie vieles mehr? Wie sehr ließen die Wissenschaftler, die ich kennengelernt hatte, sich bei ihren Schlussfolgerungen eben doch von Wunschdenken leiten? Ich dachte an die menschlichen Leichen, die ich an diesem Tag auch gesehen hatte, undeutliche Umrisse von Körpern unter Laken, deponiert am anderen Ende des Saals. Konnte man aus der Form ihrer Kehle ableiten, dass sie Volkslieder sangen, oder aus ihrer Gehirnstruktur, dass Gedichte sie zum Weinen brachten?

Zwei Jahre später lernte ich einen Mann kennen, der mir eine Geschichte erzählte, bei der ich wieder an jenen Tag bei den Gehirnscannern denken musste. Er hieß Duncan und war ein Unterwasserkameramann, der zusammen mit seiner von Haien besessenen Frau Jillian auf Bimini, einer Inselgruppe der Bahamas, lebte. Duncan, eine unglaublich lässige Erscheinung mit einem ungepflegten blonden Bart, hat eine Menge Zeit zusammen mit großen, manchmal so furchterregenden Tieren, wie den Weißspitzen-Hochseehaien, im Wasser verbracht. Er berichtete mir, er sei sehr oft in seinem Leben von Delfinen und Pottwalen «gescannt» worden und habe es spüren können, wenn sie ihren Sonarsensor auf ihn richteten – er verglich es mit dem Gefühl, wenn man bei einem lauten Konzert vor den Basslautsprechern steht. «Da fühlt man die Vibration in der eigenen Brust. Und etwa so fühlt es sich an, wenn ein Tier einen scannt.»[18]

Einmal hatte er gerade mit Kodak-Filmrollen eine Herde Fleckendelfine gedreht. Mit jeder Rolle konnte er elf Minuten unter Wasser drehen. Die alte mechanische Kamera war laut und machte eine Menge klickender Laute, und das gefiel den Delfinen – seiner Ansicht nach deshalb, weil «es wahrscheinlich wie ein Delfin klang». Duncan war mit einer Herde mitgeschwommen, die von einem sehr alten Weibchen geführt wurde, das Alter war deutlich an der stark gefleckten Haut abzulesen. Die Herde war auf die Küste zu geschwommen, und die Delfine schienen sich an der Wasseroberfläche zwischen den Braunalgen sehr entspannt zu fühlen. Duncan begann zu drehen, doch nicht lange, und er hörte, wie das Magazin der Kamera *Klick!* machte. Er hatte keinen Film mehr. Die Sonne ging schon unter, und da es mit dem Filmen für diesen Tag vorbei war, ließ er die Kamera sinken, um sich ein wenig umzuschauen. Und da kam das riesige alte Weibchen, das über und über mit Schlachtennarben bedeckt war, direkt auf ihn zu, «ganz langsam», sagte er, «wie ein Bus». Sehr sachte legte die alte Dame ihr Rostrum, also ihre Schnauze, auf seine Tauchermaske. «Genau hier», sagte Duncan und zeigte auf die Stelle zwischen seinen Augen. «Und dann fing sie an, mich anzuschwirren, wie mit einem Sonarsensor.» In dem reglosen Wasser hielt sie ihre Stellung mehrere Minuten lang, und er hielt seine, während er sehr ruhig atmete. Er sagte, es habe sich angefühlt, als ob jemand eine Dose mit Selterswasser geschüttelt hätte und die Flüssigkeit sprudele jetzt um seinen Kopf – «ein sehr angenehmes Gefühl, ehrlich gesagt».

Als Duncan mir diese Geschichte erzählte, musste ich wieder daran denken, wie Joy und Patrick die Gehirne der Babywale gescannt und herauszufinden versucht hatten, woraus sie be-

27 **Atlantische Fleckendelfine, Bimini, Bahamas.**

standen, was sie repräsentierten und was sie tun konnten. Und ich fragte mich, was die alte Delfindame – ein Tier mit einem eingebauten Scanner, der das Innere anderer Lebewesen befragen kann – in Duncan wahrgenommen haben mochte. Was hatte sie empfunden? Was hatte sie über den Menschen direkt vor ihr gedacht, falls sie überhaupt etwas gedacht hatte? Im Geiste verweilte ich bei dieser Szene, stellte mir vor, wie die Minuten im ruhigen Wasser vergingen und das Abendlicht über der Delfindame tanzte, während sie ihr Rostrum an Duncans Gesicht hielt. Eine Verbindung. Vielleicht sogar irgendeine Art von Kommunikation.

Für einen kurzen Moment schien das zu reichen.

6

DIE SUCHE NACH EINER SPRACHE DER TIERE

Der Mensch hat ein großartiges Sprachvermögen, doch was er sagt, ist meistens hohl und falsch. Die Sprache der Tiere ist begrenzt, aber was sie sagen, ist wichtig und nützlich.

Leonardo da Vinci, Pariser Manuskript F,96V

Mein Abenteuer im Mount-Sinai-Krankenhaus war seltsam, blutig und wunderschön gewesen. Ich hatte in das Gehirn eines Wals geblickt. Ich hatte es gerochen, ich hatte es berührt. Generell lässt sich anhand der Anatomie eines Körperteils in vielen Fällen dessen Funktion leicht aus seiner Struktur herleiten. Man kann eine Sehne anspannen und einen Knochen bewegen. Man kann den Weg einer Ader nachverfolgen und beobachten, wie die winzigen Härchen in den Ohren vibrieren und wie Zellen diese Vibrationen in elektrische Impulse umwandeln. Im Gehirn jedoch sieht man hauptsächlich unergründliche Verbindungen, ein Gewirr von Drähten.

Nach meinem Besuch holte ich Rogers zweites Album mit Walgesängen hervor, *Deep Voices (The Second Whale Record)*. Erschienen war es in den späten 70er Jahren bei Capitol Records als Fortsetzung seines ersten Albums und enthielt nicht nur Buckelwal-, sondern auch Blau- und Glattwalgesänge. In manchen Aufnahmen vokalisieren verschiedene Tiere mit kurzen Ausbrüchen und sehr großen Lücken dazwischen; es sei «wie ein plötzliches Gezänk in ihrem ansonsten ruhig dahinfließen-

28 **Eine Glattwalkuh mit Kalb. Man vermutet, dass manche Walmütter auf ihren Wanderungen mit ihren Jungen «flüstern», damit Angreifer ihre Kommunikation nicht hören können.**

den Leben»[1] gewesen, schreibt Payne im Begleitheft. Ich hörte mir eine dieser Tonaufnahmen mit dem Titel «Herdenlärm» an. Es klang, als würden Büffel sich bei Sonnenuntergang laut streiten und dabei ein verlangsamtes Menschengemurmel übertönen; für 43 Sekunden herrschte allgemeiner Aufruhr. Ich hörte die Aufnahme immer und immer wieder. Wie konnte man sich sicher sein, dass es keine Sprache war? Und wenn doch, wie in aller Welt konnte man überhaupt auf die Idee kommen, ohne Übersetzer herausfinden zu wollen, was sie sagten?

Ich stellte mir einen Wal vor, der losgeschickt wurde, die menschliche Kommunikation zu studieren. Vielleicht würde er Tonaufnahmen von uns machen und registrieren, dass wir Laute zwischen 85 und 255 Hertz ausstoßen, und zwar in Form von Ausbrüchen, die gewöhnlich zwischen wenigen Sekunden und einigen Minuten dauern, aber nur selten mehr als eine Stunde am Stück. Dass diese «Worte» in der Regel von mehreren Individuen abwechselnd, manchmal auch einander überlappend geäußert werden, untermalt von anderen nichtsprachlichen Geräuschen wie Lachen, Seufzen, Stöhnen, Händeklatschen und Fußgetrampel. Doch woher würde der Wal-Biologe wissen, dass das Wörter waren? Dass diese Wörter Dinge bezeichneten, dass ihre Reihenfolge wichtig war, den Wörtern unter Umständen, mit Fragen und Antworten, größere Bedeutung verlieh? Dass diese Wörter für abstrakte Ideen stehen konnten oder für andere Personen, die nicht anwesend waren, oder sogar für Dinge, die noch gar nicht geschehen waren oder überhaupt nicht geschehen konnten? Wie würde der Wal-Biologe darauf kommen, dass wir eine Sprache sprechen?

Ich wusste zwar schon, dass das Wort «Sprache» einem allen möglichen Ärger einbringen kann, wenn man es mit dem Wort «Tier» verbindet. Roger hatte das Problem klug umschifft, indem er den englischen Begriff «whale-speak» prägte, im Deutschen wäre das so etwas wie «Wal-Sprech». Aber ich hatte keine Ahnung, wie unglaublich aufgebracht Leute reagieren können. Ich habe einmal eine vier Meter fünfzig lange Leine mit handgenähten Wimpeln durch einen Schnellwaschgang der Waschmaschine gejagt und wäre beinahe in Tränen ausgebrochen, als ich versuchte, den klatschnassen, widerspenstigen Klumpen danach zu entwirren. Wenn Sie sich für solche Fummelei begeistern können, empfehle ich Ihnen, sich das wirre Knäuel aus Fehden und Meinungsverschiedenheiten vorzunehmen, zu dem die fächerübergreifende Diskussion darüber, was Sprache ist, warum wir sie haben, woher sie stammt und warum es sie nur bei Menschen gibt, inzwischen geworden ist. Hilfreicherweise scheinen viele in den diversen Fachdisziplinen die Antworten zu all diesen Fragen zu wissen. Wenig hilfreich ist jedoch, dass sie die unterschiedlichsten Antworten liefern.[2] Das Ganze ist ein Höllenszenario aus großartiger Theorie und Korinthenkackerei, eine Welt aus Großkopferten, die ihre absoluten Erklärungen darüber absondern, was Sprache ist, ob und wenn ja, wo sie in unserem Gehirn wohnt und warum ihre Rivalen irren.

Wir werden als leere Tafel geboren und erwerben Sprache so wie andere Verhaltensweisen durch Konditionierung![3]

Wir werden mit einer speziellen menschlichen Universalen Grammatik geboren![4] *Einem Sprachinstinkt!*[5]

Es gibt keine Universale Grammatik![6] *Aber wir Menschen können aus unserer Kultur heraus Sprache entwickeln!*[7]

Es gibt keinen «Sitz» der Sprache im Gehirn, aber ein zugewiesenes «funktionales Sprachsystem»![8]

Es ist die Rekursivität, die unsere Sprache besonders macht![9]

Echte Sprache verwirklicht sich nur im Sprechen, und nur wir Menschen können lernen, unsere Stimme zu kontrollieren![10]

Sprache ist ein facettenreiches Phänomen, das zwar auf individueller Kognition gründet, diese aber überschreitet![11]

Selbst die Definition von Sprache unterscheidet sich in den diversen Fachbereichs-Bastionen sowie in den wichtigen Publikationen ihrer jeweiligen Wortführer. Eine besonders bizarre Auseinandersetzung innerhalb der Geschichte der Linguistik fand darüber statt, ob die amerikanische Gebärdensprache (ASL) über genügend erforderliche Eigenschaften verfügt, um als Sprache zu gelten[12] – ein Streit, den man mal einer tauben Person in Gebärdensprache erklären sollte. Es gibt bis heute keine allgemein akzeptierte Definition von Sprache. Das könnte natürlich auf einen florierenden Forschungszweig über etwas Wichtiges, aber Kniffliges hinweisen, etwas, das die Leute schwer beschäftigt; es könnte aber auch anzeigen, dass es eine Menge Leute gibt mit starken Meinungen zu dem Problem, aber wenig Möglichkeiten, zu entscheiden, welche von ihnen der

Realität am nächsten kommt. Während ich mich in diese Debatten einlas, fiel mir auf, dass ich mit am häufigsten auf die Beteuerung stieß, Sprache sei etwas Nur-Menschliches. Und diese Behauptung wurde oft von Menschen geäußert, die ausschließlich ihre eigene Art erforschten. Wie wollten sie da Gewissheit erlangen?

Doch allein die Idee einer «Tiersprache» überhaupt zu erwähnen, war für manche Wissenschaftler wie «mit einem roten Tuch vor einem Stier zu wedeln».[13] Es schien ein erstaunlich emotionsgeladenes Thema zu sein. Der Primatenforscher Frans de Waal schreibt dazu: «Es gibt eine historische Konstante in meinem Feld, und zwar, dass jedes Mal, wenn der Anspruch auf eine bestimmte, angeblich ausschließlich menschliche Fähigkeit dran glauben muss, auf der Stelle eine andere nachrückt.»[14] Könnte es also sein, dass die Frage, ob Tiere womöglich ihre eigenen Sprachen haben, immer aufgeladener wird, seit wir klare Belege dafür haben, dass sie die Fähigkeit für andere Dinge besitzen, die wir vorher ausschließlich Menschen zugeschrieben hatten, wie etwa Werkzeuggebrauch, Kultur, Theorie des Mentalen, Emotionalität, Persönlichkeit, vielleicht sogar Moral?[15] Gibt es etwas in der menschlichen Psychologie, das vor diesem Gedanken zurückschreckt?

Ein weiteres Problem war, dass das Wort «Sprache» für die, die sie studierten, nicht dasselbe bezeichnete wie für alle anderen. Wir sprachen nicht dieselbe Sprache. Würde man einer beliebigen Person auf der Straße erzählen, dass Wale Geräusche machen, die anderen Walen mitteilen, wer sie sind, wo sie sich gerade befinden, wie sie sich fühlen, und dass sie vielleicht sogar andere Wale warnen oder ihnen Dinge aus ihrer Welt beschreiben können, dann würde diese Person das wahrscheinlich so verstehen, dass Wale irgendeine Form von Sprache sprechen. Aber für Biologen oder Linguisten würden diese Wale keine Sprache benutzen, sondern vielmehr mit ihrem tierischen Kommunikationssystem vokalisieren.

Was also genau ist «Sprache» für Biologen?

Es gibt viele Hürden auf dem Weg zu einer präzisen Antwort. Eine besteht darin, dass wir Menschen, wenn wir kommunizieren, es häufig gleichzeitig auf verschiedene Weisen tun – nicht nur durch die Benutzung von Wörtern als solchen, sondern auch durch die Art, wie wir sie aussprechen, und durch unsere Körpersprache. Denken Sie nur an das letzte Mal, als sie einer Person sagten, sie liebten sie. Haben Sie die Worte «Ich liebe dich» monoton und mit ausdrucksloser Miene, geschlossenen Augen und hängenden Armen ausgesprochen? Oder haben Sie sie mit Wärme, nicht allzu laut und auch nicht allzu leise gesprochen? Was sagten Ihre Augen, Ihre Hände und Ihr Körper, während Sie sie aussprachen? Haben Sie sie engagiert oder leidenschaftslos formuliert? Haben Sie die Person dabei berührt oder Abstand gehalten? Wir vergessen gern, dass wir, wenn wir sprechen, es auf vielen Arten tun. Wissenschaftlich nennt man das multimodale Kommunikation.[16] Auch andere Tiere benutzen gleichzeitig multiple Kommunikationskanäle. Was die Frage aufwirft: Wenn Sie versuchen würden, die Kommunikation von jemandem zu entschlüsseln, welche Signale sollten Sie wählen?

Wir Menschen können auf vielerlei Weise kommunizieren, aber wir können nicht bewusst Pheromone aus fünfzehn verschiedenen Drüsen[17] kombinieren, um unsere Mitmenschen anzulocken, sie zu reizen, zu warnen oder zu umwerben, so wie es Honigbienen tun. Wir können nicht wie einige Paradiesvögel versteckte Neonfedern auffächern und in einem elektrisierenden Flügeltanz[18] zur Schau stellen oder wie Tintenfische in Sekundenbruchteilen die Farbe und die Leuchtkraft unserer Haut[19] ändern, wobei eine Seite unseres Körpers dem Freier ein «Komm her» signalisiert, während die andere Seite einem Rivalen warnende Blitze sendet.

Viele menschliche Signale sind unspektakulär, ebenso wie unsere Sinne. Zwar reagieren wir einigermaßen empfindlich auf manche Bereiche des Lichtspektrums, doch diese Fähigkeit ist nicht sonderlich bedeutsam; und für infrarote und ultraviolette Wellenlängen sind wir blind. Unsere Ohren können das tiefe Brummen von Elefantenstimmen nicht hören, da es unter 20 Hertz liegt; ihre Vibrationen werden von unserem Körper allenfalls wie fernes Erdbeben wahrgenommen. Ebenso wenig hören wir die Rufe von Fledermäusen und Faltern, die nachts an unseren Fenstern vorbeisausen, selbst wenn sie über 20 Kilohertz liegen. Kühe haben eine doppelt so große Hörreichweite wie wir.[20] Tatsächlich leben wir Menschen in einer akustischen Blase, sind taub für das Geschnatter der Koboldmakis, den Ruf der Faultiere und sogar für die komplexen Triller männlicher Mäuse. Wir können Ratten quieken hören, nur nicht, wenn sie glücklich sind. Wenn sie sich erregen, etwa wenn man sie kitzelt, werden ihre Schreie schriller und für uns unhörbar.[21] Was bedeutet, dass wir nur traurige Ratten hören. Unsere Haut kann keine elektrischen Impulse ausschicken oder empfangen, und wir besitzen auch keine winzigen Falten in unseren Flanken, die die Störungen durch Tiere in unserer Nähe in Information verwandeln. Klapperschlangen und Stare, Elefanten und Kolibris, Hammerhaie und Zitteraale und Blauflossenthunfische – sie alle verfügen über diese Werkzeuge in ihren sensorischen Arsenalen. Wenn sie kommunizieren wollen, setzen sie manchmal Töne ein, die wir nicht hören können, Farben, die wir nicht sehen können, Düfte, die wir nicht riechen können, und Kräfte, die wir nicht spüren können, und manchmal kombinieren sie sie sogar noch mit anderen Signalen. All das vermögen wir nicht.

Es scheint jedoch, als würden all diese anderen tierischen Kommunikationskanäle von uns nicht besonders ernst genommen, denn wir Menschen lieben *Wörter*! Unsere gesprochene Sprache – Laute, zu Worten geformt, die in komplexen Unterhaltungen für Sätze benutzt oder verschnörkelt auf tote Bäume geschrieben werden – ist unzweifelhaft großartig. Sie ermög-

29 **Die Schwarzäugige Susanne. Links, wenn sie uns anblickt, und rechts, wenn sie eine Biene anblickt, die auch UV-Licht sehen kann.**

licht es uns zum Beispiel, abstrakte Vorstellungen oder nichtreale Geschichten zu erfinden und sie anderen mitzuteilen. Bislang haben wir derartige Fähigkeiten in den Kommunikationssystemen anderer Arten nicht entdeckt, weshalb viele Biologen beschlossen, dass unsere menschliche Sprache schlicht das *Nonplusultra* sei. Sie und nur sie allein sei Sprache. Was also konstituiert eine menschliche Sprache?

1958 veröffentlichte der Linguist Charles Hockett ein Lehrbuch, das ein Kapitel mit der Überschrift «Der Platz des Menschen in der Natur» enthält.[22] Darin skizziert er eine Liste mit den sieben Eigenschaften der menschlichen Sprache (später auf sechzehn Eigenschaften erweitert und verändert). Häufig verwendet Hockett dort den Begriff «natürliche Sprache», um die Sprachen, die die Menschen ohne bewusste Planung entwickelt haben – Mandarin oder Spanisch zum Beispiel – von den absichtlich konstruierten Sprachen abzugrenzen, solchen, die wir etwa für Maschinen, Philosophie, Logik oder die Klingonen erschaffen haben. Hocketts Liste wurde bekannt als Liste der

«Gestaltungsmerkmale» (*design features*) der Sprache.[23] Dinge wie *Semantizität* (Wörter – die Einheiten, die wir übermitteln – haben eine Bedeutung), *Diskretheit* (Wörter werden in Gruppen mit Lücken dazwischen übermittelt), *Produktivität* (neue Wörter für Dinge können geschaffen und benutzt werden), *Raum-Zeit-Unabhängigkeit* (es können Informationen über Dinge kommuniziert werden, die woanders oder in der Vergangenheit stattgefunden haben oder erst in der Zukunft geschehen). Eine Tierkommunikation müsste also, um überhaupt als echte «natürliche Sprache» gelten zu können, all diese Merkmale aufweisen. Mit seinen Merkmalen grenzte Hockett unsere «natürliche Sprache» von nicht-menschlichen Kommunikationssystemen ab und ermöglichte es so, sie miteinander zu vergleichen. Es ist nicht die einzige Methode zur Analyse dessen, was Sprache ausmacht, doch sie hat sich als außerordentlich einflussreich erwiesen.

Hockett wusste damals schon, dass manche Tiere einige seiner Gestaltungsmerkmale einsetzen – die Vogelkommunikation bedient sich der *Semantizität*, Honigbienentänze verraten den Einsatz von *Raum-Zeit-Unabhängigkeit*, – jedoch nur Menschen verfügten seiner Meinung nach über das volle Programm, darunter einige Merkmale, von denen er glaubte, kein Tier verfüge über sie, beispielsweise *Weitergabe der Tradition* (man erlernt das Kommunikationssystem von seinen Artgenossen) und *Tatsachenverdrehung* (man benutzt Sprache, um Information zurückzuhalten oder um zu täuschen). Sofort erhob sich Widerspruch dagegen, dass all diese Merkmale angeblich sämtlichen menschlichen Sprachen eigen seien; es wurden weitere Gestaltungsmerkmale ergänzt: So besitze die menschliche Sprache Regeln über die anzuwendende Ordnung der Wörter (*Grammatik*), die Bedeutung einer Wortgruppe ändere sich, wenn man ihre Reihenfolge ändert (*Syntax*), und man könne, wenn man wolle, weitere Satzglieder und damit weitere Bedeutungsschichten in die eigene Kommunikation einfügen (*Re-*

kursivität). Bis heute wird darüber gestritten, was genau eine Sprache konstituiert, und die unterschiedlichen Ansätze ihrer Vertreter führen zu «sehr erbitterten Debatten».[24] Inzwischen sind einige Wissenschaftspioniere der Meinung, dass wir noch nicht über genügend Informationen verfügen, um die Möglichkeit von Sprache bei anderen Arten auszuschließen. Vielleicht gebe es sie ja, nur sei sie einfach unsichtbar für uns. Also machten sie sich auf die Suche nach Hinweisen und trotzten den Schleudern und Pfeilen ihrer «Nur-Menschen-haben-Sprache»-Kollegen.

Sie wollten nicht nur herausfinden, ob Tiere sprachfähig sind, sondern auch die Debatten über die Frage, woher wir unsere Sprachbefähigung haben, ein für alle Mal beenden. Handelte es sich um Instinkt oder war sie erlernbar? War sie etwas Physisches oder verhaltensbezogen? Zu den ersten, von denen sie sich Auskunft über diese Fragen erhofften, gehörten unsere haarigen Cousins, die anderen Großen Affen: Schimpansen, Gorillas, Orang-Utans und Bonobos.

Unsere nahen Verwandten, diese schlauen, geselligen Affen – die sich auf Werkzeuggebrauch und allerlei Tricksereien verstehen –, schienen die idealen Tierkandidaten zu sein, wenn es darum ging, einem Tier Sprachfähigkeit beizubringen. Die Großen Affen sind wie wir, haben ähnliche anatomische Zeichenwerkzeuge und Sinnessysteme, und sie lassen sich leicht in Gefangenschaft halten und testen. Es gab dann auch rasch jede Menge Erfolge bei der Kommunikation mit zeichenbasierten Systemen: Die Schimpansen und Gorillas konnten korrekt auf Objekte zeigen oder auf Bildschirme tippen; doch jedes Mal, wenn die Forscher ihnen beibringen wollten, ihre Stimme wie Menschen zu benutzen, wurden sie enttäuscht. Die Primaten waren zwar sehr geschickt darin, menschliche Gesten nachzuahmen oder auf ihre menschlichen Trainer mit Geräuschen zu reagieren, doch sie schienen einfach keine menschlichen Laute hörbar artikulieren zu können – ganz gleich, wie viele Bananen sie kriegten. Auch wenn Schimpansen über ein breites Vokabular aus Grunzen, Keuchen und Tröten verfügen, gelten sie als hauptsächlich gestische Kommunikatoren, die Hände, Körperhaltung und Mimik benutzen, um einander etwas mitzuteilen. Eine «Redegabe» – die Fähigkeit, Stimmbänder zum Schwingen zu bringen, die Zunge zu bewegen und den Mund beim Ausatmen so zu bewegen, dass er Worte artikuliert – schien ausschließlich der Mensch zu besitzen. Warum?

Lange glaubte man, der Grund, warum Schimpansen nicht wie Menschen sprechen können, liege darin, dass ihr Artikulationstrakt sich nicht wie unserer bewegen lasse, und deswegen könnten sie ihre Vokalisierungen nicht genügend modifizieren, um unterschiedliche Vokallaute zu produzieren. Doch diese Theorie wurde von einem Wissenschaftler namens Dr. William Tecumseh Sherman Fitch III umgestoßen, der nach seinem Urgroßvater benannt worden war, dem US-General im amerikanischen Bürgerkrieg, William Tecumseh Sherman, den seine Eltern wiederum nach Tecumseh benannt hatten, dem großen Häuptling des Shawnee-Stammes. Ich lernte Tecumseh bei den Dreharbeiten für einen Film über die Anatomie der Großkatzen kennen. Er hatte mich aufgefordert, einen Staubsauger zu besorgen, und als ich damit ankam, ließ er ihn blasen anstatt saugen, steckte das Rohr in die Luftröhre eines toten Löwen und demonstrierte, dass er den Löwen jenseits des Grabes zum Brüllen bringen konnte. Dieses Geisterbrüllen hinterließ bei mir einen unvergesslichen und zutiefst beunruhigenden Eindruck. Wenige Jahre später traf ich Tecumseh zufällig auf einer Konferenz, der «Vocal Interactivity in-and-between Humans, Animals, and Robots», wieder. Er war ein hoch aufgeschossener, breitschultriger Mann Ende fünfzig mit rasiertem Schädel und einem dunklen Ziegenbärtchen, der nicht wenig Ähnlichkeit mit dem abtrünnigen Chemiker und Crystal-Meth-Koch Walter White in der Serie *Breaking Bad* hatte.

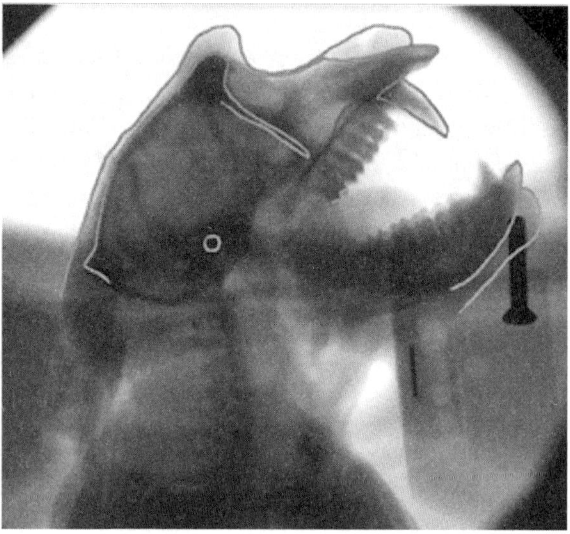

30 **Emiliano hängt im Scanner und präsentiert seine Vokalisierungs-Anatomie.**

Tecumseh untersuchte zu der Zeit schon seit mehr als dreißig Jahren die Sprache der Menschen und anderer Tiere. Seit unserer letzten Begegnung hatte er Tiere beim Vokalisieren gefilmt und dabei Maschinen benutzt, die durch ihre Haut sehen konnten – so wie Röntgenstrahlen und CT-Scanner –; auf diese Weise konnte er in Echtzeit[25] beobachten, was ihre Geräusche produzierende Anatomie tat. Eines seiner Untersuchungsobjekte war ein Langschwanzmakak namens Emiliano. Emiliano saß also in einem eingeschalteten Röntgengerät und machte, natürlich, Affentheater: futterte, vokalisierte, schmatzte und gähnte. Seine Vorführung ermöglichte es Tecumseh und seinen Kollegen von Princeton, die Kehle des Makaken bei all ihren Bewegungen zu scannen; daraus verfertigte Tecumseh anschließend eine 3D-Simulation von Emilianos Vokalisierungs-Hardware, aus der er die Bandbreite von Tönen erschließen wollte, zu der Emiliano fähig sein müsste.

Tecumseh testete dieses Modell mit Tonaufnahmen seiner Frau beim Sprechen. Dann stellte er seine Affensimulation auf Automatik um, weil er wissen wollte, ob dessen Anatomie zu einer ähnlichen Sprache fähig war. Und also sprach Emiliano, mit einer hohen und leicht verrauschten Stimme.[26] Tecumseh benutzte den Testsatz «Will you marry me?» («Willst du mich heiraten?»), weil dieser kurze Satz im Englischen die Vokale I-O-U-A-E enthält. Mit einer simulierten heiseren Affenstimme gesprochen, hört sich das einigermaßen unheimlich an. Die Simulation zeigte, dass der Affe in der Tat über eine Anatomie zum Aussprechen menschlicher Wörter zu verfügen schien. Das war ein faszinierendes Ergebnis, denn bis dahin war es noch nicht gelungen, Affen das beizubringen.

Wie ließ sich das nun erklären?

Wir und viele unserer Primaten-Verwandten wie die Schimpansen besäßen die geeignete stimmliche *Hardware* fürs Sprechen, sagte Tecumseh, doch er glaubt, die Menschen seien die einzigen unter den Primaten, die ein damit verbundenes Gehirn besitzen. Den Affen und Schimpansen fehle ein neurologisches Bindeglied, und deswegen lernten sie nicht oder nur mühsam, ihre Stimme zu kontrollieren. Trotz unserer evolutionär und anatomisch engen Verwandtschaft würden wir uns also nie miteinander unterhalten können. Nach Tecumsehs Ansicht liegt der Grund, dass wir die Testschimpansen nicht zum Sprechen bewegen konnten, darin: Sie besäßen die Sprach-Hardware und vielleicht auch die Denk-Hardware, doch die beiden seien nicht korrekt miteinander verdrahtet, falls überhaupt. Diese Theorie wird, wie fast alles im Bereich von Sprechen und Sprache, angezweifelt (manchmal wütend).[27] Einige Forscher glauben nicht, dass das Vorderhirn unbedingt direkt die lautproduzierenden Muskeln bewegen muss, andere beharren darauf, dass wir übersähen, auf welche Art und Weise andere Primaten durchaus ihre Stimme zu kontrollieren wissen, wieder andere sind der Meinung, wir würden ihre Stimme falsch messen und dass man eben nicht nur den Kehlkopf und die Stimmbänder benutzt (zum Beispiel kann ich mich sehr gut durch Flüstern verständigen, dabei schwingen meine Stimmbänder nicht). Aber ganz egal, ob unsere nahen Verwandten tatsächlich besitzen, was man braucht, um Laute wie die unsrigen zu produzieren, bis jetzt haben wir noch nicht herausgefunden, wie wir sie zum Sprechen bewegen können.

Die allermeisten Säugetiere und viele Vögel vokalisieren und wissen instinktiv von Geburt an, was sie zu tun haben.[28] Diese Tiere verfügen über ein begrenztes angeborenes Repertoire. Selbst wenn sie taub sind, geben sie in ähnlichen Situationen die gleichen Laute von sich. Menschen, darunter auch solche mit angeborener Taubheit, produzieren ebenfalls bestimmte wiederkehrende Geräusche, so wie Lachen und Schreien, die nicht erlernt werden müssen. Einige Tiere haben darüber hinaus jedoch die Fähigkeit, den Gebrauch ihrer Stimme zu verfeinern und zu verbessern; häufig schauen sie sich das schon sehr früh im Umgang mit ihren Artgenossen ab. Wenn ein Tier aktiv lernen kann, seine Laute zu verändern, nennt sich das «stimmliches Lernen». Babyfledermäuse, zum Beispiel, machen eine Plapperphase durch, in der sie undifferenzierte einfache Laute von sich geben, und die Fledermausmutter plappert, genau wie ein menschliches Elternteil seinem Baby gegenüber, «*ababagogobaagogo*» zurück. Das Baby imitiert seine Mutter, und die unterstützt es, wenn es seinen Stimmapparat trainiert. Junge Zebrafinken wiederum lernen das Lied, das sie ihr Leben lang ohne große Variationen singen werden, von älteren «Tutormännchen» und üben es tausendmal am Tag. Sie können ihre Lieder sogar lernen, indem sie Videos von anderen Männchen anschauen.

Einige Tiere können sogar Laute – menschliche Wörter zum Beispiel – von Arten nachahmen, die nur weitläufig mit ihnen verwandt sind und einen anderen Stimmapparat besitzen. So lernte eine australische Ente mit Namen Ripper, «You bloody

Fool!» («Du Blödmann!») zu sagen.[29] Und der asiatische Elefant Koshik lernte, sich seinen Rüssel ins Maul zu stecken (so wie Menschen die Finger in den Mund stecken, um Pfeiftöne zu erzeugen, die für die Stimme nicht möglich sind) und die koreanischen Wörter für «ja, nein, sitz, leg dich hin»[30] zu blasen. Hoover, ein als Baby verwaister Seehund, lernte zum Erstaunen von Tausenden Besuchern des Bostoner Aquariums, in dem er lebte, den ruppigen Neuenglandakzent seines Retters George Swallow nachzuahmen.[31] Einer dieser Besucher war Roger Payne, der sich erinnert, wie am Aquarium vorbeikommende Bostoner sich umschauten, wer ihnen da «Hey hey what are ya doin', what are ya doin'?» («He, he, was machst du da?») hinterherrief. Roger sagte: «Das klang so überzeugend menschlich, war so aggressiv in der Betonung»,[32] dass sie den hinterlistigen Hoover nicht bemerkten, der, sobald er den Satz ausgestoßen hatte, im Wasser untertauchte.

Aber was hat das alles mit Walen zu tun? Nun, die größten Meister stimmlichen Lernens sind, zusammen mit Menschen und Singvögeln, die Waltiere. Das ist verblüffend, wenn man bedenkt, dass alle drei nicht eng miteinander verwandt sind; wir leben total unterschiedlich und besitzen sogar unterschiedliche Stimmapparate. Wir Menschen haben einen Kehlkopf (Larynx). Singvögel haben eine zweiteilige Struktur, die Stimmkopf (Syrinx) heißt und es manchen sogar erlaubt, gleichzeitig zwei Lieder zu singen,[33] sozusagen als Duett mit sich selbst, während Waltiere jene außerordentlichen Stimmwerkzeuge besitzen, die ich weiter vorne schon eingehend (buchstäblich «hineingehend»!) behandelt habe. Ein berühmter Imitator unter den Waltieren war der in Gefangenschaft lebende Belugawal namens Noc.[34] Er konnte mit seinem Nasentrakt und seinen Lautlippen Geräusche produzieren, die sich wie eine menschliche Unterhaltung anhörten, auch wenn die menschliche Rede um viele Oktaven tiefer liegt als die Frequenzen, die Belugas normalerweise für ihre Kommunikation benutzen. Diese Imitationen sollen so lebensecht geklungen haben, dass ein Taucher, der Nocs Wasserbecken reinigte, dachte, jemand habe ihn gebeten, das Becken zu verlassen. Wenn Noc, der Beluga, menschliche Sprache nachahmen konnte, heißt das natürlich noch lange nicht, dass er ahnte, was er sagte. Warum machte er es also? Noc hatte vorher der US-Marine gehört. Seine dortige Trainerin, Michelle Jeffries, war der Meinung, dass Noc «eine Verbindung herstellen wollte. Ich glaube, das war einer der Gründe dafür, dass er Sprache imitierte.»[35]

Anderen Tieren beibringen zu wollen, wie wir zu sprechen, hat sich als Sackgasse erwiesen. Aber viele der in Gefangenschaft lebenden Primaten, die auf ihre linguistischen Fähigkeiten hin geprüft wurden, schienen von Menschen gesprochene Worte zu verstehen und auf sie zu reagieren, auch wenn sie sie selbst nicht artikulieren konnten. Als unsere nächsten Verwandten waren sie immer noch unsere größte Hoffnung, wenn es darum ging, sowohl den Ursprung der Sprache als auch die artenübergreifende Kommunikation zu verstehen. Da die Wissenschaftler ihnen aber unsere vorherrschende Art der Kommunikation nicht beibringen konnten, mussten sie einen anderen Weg einschlagen.

Primaten sind ausgesprochen gesellige Tiere, hervorragende Beobachter und physische Nachahmer, also benutzten die Forscher nonverbale Sprachen zur Kommunikation, anstatt sie sprechen zu lehren. Sie brachten ihnen Zeichen aus der amerikanischen Gebärdensprache (ASL)[36] bei, schufen symbolische Ersatzsprachen,[37] die auf unterschiedlichen anderen Zeichensystemen beruhen, oder trainierten sie, einen Computerbildschirm zu berühren[38] und auf diese Weise Wörter auszuwählen und Sätze zu bilden. Alle, Schimpansen, Orang-Utans und Gorillas, begriffen diese Systeme so weit, dass sie grob mit ihren Trainern kommunizieren konnten. Daraufhin wollten die Forscher wissen, ob die Tiere Elemente von Hocketts «Gestaltungsmerkmalen» beherrschten, die bislang noch nicht in

31 **Der Bonobo Kanzi «plaudert» mithilfe von Lexigrammen mit Dr. Sue Savage-Rumbaugh.**

den Kommunikationssystemen der Primaten entdeckt worden waren.

Erste Ergebnisse waren vielversprechend. Schimpansen, die ASL-Zeichen lernten, wurden dabei beobachtet, wie sie sie ihrem Nachwuchs beibrachten. Sie verständigten sich untereinander mit Gebärdensprache, aber auch mit ihren Tierpflegern und sogar mit tauben Kindern, die ihnen einen Besuch abstatteten. In Des Moines, Iowa, hatte das Bonobomännchen Kanzi vierhundert Lexigramme (abstrakte Symbole, die für Wörter stehen) gelernt und schien, wenn er sie benutzte, die grammatischen Regeln der Wortfolge anzuwenden. Kanzi und seine Bonobo-Genossen wurden auf einem dreizehntausend Quadratmeter großen Gelände mit Labor und Unterkunft erforscht, wo sie nicht nur auf Lexigramme tippten, um mit ihren Forschern zu kommunizieren, sondern auch eine Mikrowelle bedienten und sich Nahrung aussuchen konnten, indem sie auf Knöpfe eines Warenautomaten drückten, und DVDs zum Gucken auswählen, indem sie auf einen Computerbildschirm tippten.

Das Schimpansenweibchen Washoe der Central Washington University schien sogar spontan Zeichen zu kombinieren, um neue Wörter zu bilden. Offenbar verfügte sie über Erfindungslust, interessierte sich für die Wortfolge und schien über die Vergangenheit und über Leute und Dinge reden zu können, die nicht anwesend waren. Doch auch wenn die Schimpansen speziell menschliche Sprachelemente wie *Arbitrarität* und *Semantizität* anzuwenden schienen, führte keines der Systeme, die die Menschen den Schimpansen beigebracht hatten, zu etwas, das sich auch nur ansatzweise mit einer natürlichen Sprache, wie Hocketts Anhänger sie definieren, vergleichen ließ. Und das Ganze war auch eine ziemlich einseitige Angelegenheit; die Affen benutzten die erlernten Techniken nie, um selbst Fragen zu stellen. Vielleicht hätten sie es irgendwann, vielleicht hatten sie aber auch kein Interesse daran. Erstaunlicherweise haben jüngste Untersuchungen nun aber gezeigt, dass Primaten womöglich über viele andere Elemente der natürlichen Sprache verfügen, die wir mit unserem vorherrschenden Interesse am Sprechen übersehen haben. So wurde festgestellt, dass die Schimpansen des Budongo-Walds in Unganda zum Beispiel über mindestens achtundfünfzig Gesten verfügen und sie auf eine Weise einsetzen, die einigen linguistischen Gesetzen entspricht und «mit denselben mathematischen Prinzipien unterlegt ist»[39] wie die menschliche gesprochene Sprache. Ein anderes Forscherteam fand heraus, dass von den zweiundfünfzig körperlichen Bewegungsgesten, die ein- bis zweijährige Kinder[40] anwenden, darunter Kopfschütteln und mit den Füßen Stampfen, fünfzig sich auch bei Schimpansen finden lassen.

Und was ist mit anderen Tieren? Weil Papageien über ein so außerordentliches stimmliches Imitationstalent und Repertoire verfügen, interessieren Forscher sich seit Langem für sie. Über dreißig Jahre lang, von 1976 bis zu dessen Tod, unterrichtete Irene Pepperberg ihren Graupapagei Alex (sein Name war ein Akronym für «Avian Language Experiment», Sprachexperiment mit Vögeln) in menschlicher Sprache. Sie hatte ihn gekauft, als er ein Jahr alt war, und er lernte ein Vokabular aus

32 **Irene Pepperberg und Alex arbeiten gemeinsam an einem Experiment.**

hundert menschlichen Wörtern, die er laut aussprechen konnte. Mit zwei Jahren konnte Alex, wie Irene mir berichtete, viele Fragen in Bezug auf Farbe, Form und Material von neuen Objekten, die sie ihm zeigte, korrekt beantworten.[41] Farbe und Form sind, anders als Hund oder Keks, abstrakte Begriffe – mit ihnen organisieren wir die Welt –, und Alex schien sie zu verstehen. Die Fähigkeit, Kategorien zu wechseln, erklärte Pepperberg, sei eine «Demonstration der Fähigkeit, Funktionsebenen zu wechseln, wie ungefähr fünfjährige Kinder es können». Als ihm ein Spiegel hingehalten wurde, blickte Alex sein Ebenbild an und sagte: «Welche Farbe?» Und nachdem ihm sechsmal «grau» geantwortet worden war, hörte er auf zu fragen.[42] Das galt als das erste Mal, dass ein nichtmenschliches Tier eine Frage gestellt hatte.

2016 beschrieb Pepperberg das Ereignis so: «Es war nicht nur eine Art ‹Dr. Dolittle›-Moment, sondern wir hatten auch das Gefühl, nun könnten wir mehr darüber erfahren, wie Sprache und komplexe Wahrnehmung sich bei unseren Vorfahren entwickelt haben.»[43]

Etwa zur selben Zeit, in der Irene mit Graupapagei Alex

arbeitete, in der zweiten Hälfte des zwanzigsten Jahrhunderts, verschärfte sich die Debatte darüber, ob Tiere über Sprache verfügen oder nicht. Kritiker behaupteten gern, dass bei all diesen Experimenten mit Primaten und Vögeln die Analysen und Versuchsanordnungen häufig voreingenommen seien, und stellten die Ergebnisse infrage. Einige prüften das Filmmaterial und waren der Meinung, die Probanden hätten eher auf unbewusste Hinweise der Menschen als auf die Tests reagiert oder die Forscher seien zu generös bei ihren Interpretationen gewesen. Als die Tierrechtsbewegung sich dann ausweitete, wurde auf Experimente mit in Gefangenschaft lebenden Tieren zunehmend verzichtet. Ein Primatenforscher, der mit dem Schimpansen Nim Chimpsky gearbeitet hatte, erklärte, er habe das Gefühl, Nim habe Gebärdensprache schlicht in der Hoffnung auf Futter eingesetzt, die Bedeutung der Zeichen jedoch nicht verstanden, sondern ihn nur nachgeäfft. Langzeit-Forschungspartnerschaften endeten mit dem Tod des Forschers oder des Tiers, und Aktivisten benutzten genau die Entdeckungen über Kognition bei Tieren, zu denen jene Experimente überhaupt erst geführt hatten, um Kampagnen zur Beendigung von Laborversuchen zu starten.

Diese Arbeit mit Tieren war insgesamt zeitraubend und frustrierend. Einige Wissenschaftler fanden die Ergebnisse enttäuschend – die Affen schienen weder eine Sprache, wie sie sie definierten, zu besitzen noch die Fähigkeit, sie zu erwerben. Andere waren dagegen der Meinung, Kommunikation finde durchaus statt, es gebe ja Beweise. Doch ließ sich daraus auf so etwas wie menschliche Sprache schließen? Pepperberg stellte fest: «Je mehr wir herausfanden, desto höher wurden die Anforderungen an die Nichtmenschen geschraubt.» Wenn Tiere lernen konnten, Symbole für Gegenstände zu benutzen, dann reichte das nicht. Sie hatten es ja bei Verben nicht können; sie hatten die Symbole nicht kombinieren können, um Sätze zu bilden, und hatten das neu erlernte Zeichensystem nicht dazu benutzt, komplexe Wahrnehmung zu demonstrieren, indem sie die Dinge, deren Symbole sie gelernt hatten, in Kategorien einteilten und damit zeigten, dass sie wussten, wie sie zusammenhingen, und so weiter ... Frustriert schrieb sie, dass manche Forscher «im Grunde Sprache als all das definierten, was Affen nicht hatten».[44]

Wissenschaft erfordert Wiederholung. Alex, der Afrikanische Graupapagei, konnte Fragen zu 80 Prozent korrekt beantworten,[45] doch damit das Ergebnis auch statistisch relevant war, wurde ihm dieselbe Frage immer wieder gestellt, obwohl er sie schon korrekt beantwortet hatte. Offensichtlich ermüdeten ihn die Wiederholungen, er hörte auf zu kooperieren und quakte: «Will zurück», eine Formulierung, die besagte, dass er wieder auf seine gemütliche Stange im Käfig wollte, wo er nicht mit weiteren Fragen behelligt wurde.

Je mehr ich über diese Forschungsarbeit erfuhr, desto stärker fühlte ich mich innerlich zerrissen. Die Entdeckungen waren so überzeugend und faszinierend, die Hingabe, mit der die Forscher sich jahrzehntelang gewissenhaft der Arbeit mit ihren tierischen Kollegen gewidmet hatten, so beeindruckend. Aber ich konnte auch verstehen, wieso einige sich vor Überinterpretation hüteten. Es gibt übrigens Hunderte solcher Experimente, die Sie im Netz anschauen und selbst überprüfen können. Sie können Koko, die Gorilladame, dabei beobachten, wie sie ihren Trainern in Gebärdensprache von ihren Kätzchen berichtet. Als ihr einer auf Englisch erzählt, ein Kätzchen sei gestorben, benutzt Koko die ASL-Zeichen für «schlimm, traurig, schlimm, Stirn runzeln, weinen, Stirn runzeln, traurig».[46]

Ich möchte gern glauben, dass das, was ich sehe, das ist, was ich instinktiv glaube: nämlich, dass Koko fühlt und denkt und kommuniziert wie ich, dass sie hier mit ihrem Trainer kommuniziert. Aber sehe ich vielleicht nur, was ich sehen möchte? Handelt es sich um eine Projektion dessen, was ich an Kokos Stelle denken würde? Zeigen die Videos wirklich eine sinnvolle

33 **Auf diesen Bildern sieht man, wie Koko zwölf Zeichen aus ihrem Repertoire von 1100 Zeichen in der amerikanischen Gebärdensprache vorführt, die sie angeblich beherrschte.**

Kommunikation? Hat Jack, der Bärenpavian, tatsächlich begriffen, dass er Jumper half, die Zugsignale richtig zu bedienen? Hat der Killerwal Old Tom wirklich gedacht: «Ich wecke jetzt lieber mal diese Menschen, damit sie die Wale jagen», oder hatte er gelernt, dass das Schlagen mit seiner Schwanzflosse irgendwie tote Wale zum Fressen herbeizauberte?

Je mehr ich las, desto öfter fragte ich mich, ob wir nicht etwas Wichtiges übersahen, wenn wir uns nur auf die Frage konzentrierten, ob Tiere über eine echte, menschenähnliche Sprache verfügten. Wenn Tiere tatsächlich auf irgendeine Weise denken und fühlen wie wir und ihre Kommunikationen uns ein Fenster in ihr Gehirn öffnen, sollten wir uns da nicht lieber bemühen, diese zu verstehen, und herausfinden, wie wir besser und sinnvoller mit ihnen umgehen könnten, anstatt mit endlosen Tests nach Belegen für eine menschenähnliche Sprache zu suchen?

Ich persönlich finde es ja erstaunlich, wie *viele* Eigenschaften einer natürlichen Sprache wir schon, gemeinsam mit Tieren in Gefangenschaft, entdeckt haben. Das spricht für das engagierte Bemühen und den Einfallsreichtum der Forscher. Wenn man einem Zootier beibringt, wie man erfundene menschliche Kommunikationssysteme benutzt, damit es Tests mit menschlichen Inquisitoren besteht, dann wirft das durchaus ein Licht auf die angeborenen kognitiven Fähigkeiten dieses Tiers; man kann die Bedingungen kontrollieren und wiederholen, und man kann mit dem Tier so lange arbeiten, bis es stirbt. Aber es gibt auch einen entschiedenen Pferdefuß. All diese Versuche können nichts darüber aussagen, wie Tiere in ihrem echten Leben in freier Wildbahn miteinander kommunizieren und wo sie ihre Kommunikationssysteme entwickelt und erlernt haben. Forschungen mit einem bestimmten Tier, das von Menschen aufgezogen wurde, werden niemals ein Ergebnis darüber liefern können, wie die Kommunikation zwischen einzelnen Tieren und zwischen Gruppen dieser Art aussieht. Wenn sie tatsächlich über Kommunikationssysteme verfügen, die in ihrer Kultur erlernt und weitergegeben werden, weiß man immer noch nicht, wie man an diese Systeme herankommt; sicher nicht, indem man Testtiere aus dieser Kultur herausnimmt! Bei unserer Suche nach einer menschenähnlichen natürlichen Sprache von Tieren haben wir sie in sehr konstruierte, unnatürliche Situationen versetzt. Weshalb viele Biologen sich dachten, es müsste doch sinnvollere Methoden zur Lösung der Frage geben, ob nichtmenschliche Wesen Sprache besitzen oder etwas, das dem nahekommt. Anstatt in Gefangenschaft lebenden Tieren menschliche Codesysteme beizubringen, sollte man vielleicht lieber ihre Kommunikationen in freier Wildbahn entschlüsseln.

Für Constantine (Con) Slobodchikoff, einen Zoologieprofessor aus Northern Arizona, ist die Forderung nach Beweisen, dass Tiere über eine komplexe Kommunikation verfügen, frustrierend. In seinem Buch *Chasing Doctor Dolittle: Learning the Language of Animals* weist er darauf hin, dass Wissenschaftler, die Haustiere besitzen und täglich mit ihnen umgehen, «buchstäblich den Beweis vor der Nase haben, dass Hunde und Katzen unverwechselbare Individuen sind und dass die meisten von ihnen sich ihrer selbst und ihrer Bedürfnisse auch bewusst sind und einen Großteil ihrer Zeit damit verbringen, diese Bedürfnisse und Wünsche ihren Besitzern mitzuteilen».[47] Doch solche Beweise zählen nicht, weil sie nicht in wissenschaftlich reproduzierbarer Weise aufgezeichnet sind.

Wenn Sie bei dem Signal einer anderen Art eine vorsichtige Vermutung haben, was es bedeuten könnte, wie finden Sie heraus, ob sie zutrifft? Ein bestimmter Test, den Wissenschaftler dazu entwickelt haben, besteht darin, Alarm zu schlagen.

Alarmrufe sind eine sehr geläufige Vokalisierung im Tierreich. Wahrscheinlich haben Sie selbst schon jede Menge solcher Rufe gehört. Wenn Sie im Wald spazieren gehen und auf Vögel achten, werden Ihnen, besonders während der Brutsaison, kurze, wiederholte Laute auffallen. Vielleicht glauben Sie dann, das sei ihr Lied, ihre Melodie, aber es ist gut möglich, dass gerade Ihr Kommen angekündigt wird. Grüne Meerkatzen, eine Affenart, haben sogar verschiedene Rufe für die jeweiligen Tiere, vor denen sie sich fürchten – für Leoparden, Schlangen und Adler gelten je eigene Rufe –, und andere Affen, die das Signal empfangen, handeln entsprechend.[48] Wenn eine Grüne Meerkatze eine andere Grüne Meerkatze einen Warnruf ausstoßen hört, der mit Leoparden verbunden ist, rennt sie ans Ende eines Asts, wohin Leoparden schlecht folgen können; wenn sie dagegen den «Schlangenwarnruf» hört, wird sie sich hoch aufrichten und Ausschau nach Schlangen halten; und wenn sie den «Adleralarm» hört, wird sie zu einer weniger exponierten Stelle in der Nähe des Baumstamms flüchten. Forscher wissen das wegen des erfolgreichen sogenannten Playback-Experiments. Sie nahmen die verschiedenen Rufe auf, spielten sie dann den Affen über Lautsprecher vor und beobachteten ihr jeweiliges Verhalten.

Die meisten menschlichen Kommunikationen, wie z. B. Unterhaltungen, sind zu komplex, als dass sie über Playbacks aufgeschlüsselt werden könnten, und die meisten Menschen würden auch nicht gerade begeistert reagieren, wenn ihre

Gespräche dauernd durch testende Forscher unterbrochen würden, die mit potenziellen menschlichen Warnsignalen dazwischenplatzen. Dasselbe gilt womöglich auch für sehr viele tierische Kommunikationen. Doch Alarmrufe lassen sich testen. Für mache Biologen sind Alarmrufe wie ein Rosettastein: Mit ihnen lässt sich, sagen sie, herausfinden, ob der Ruf eines Tiers semantischen Inhalt hat, den der Zuhörer entschlüsseln kann – dass es sich also nicht um einen rein emotionalen Schrei handelt, sondern dass er eine konkrete *Bedeutung* hat. Inzwischen gibt es eine Menge Belege aus vielen Playback-Experimenten, die zeigen, dass Alarmrufe tatsächlich Informationen enthalten.[49] Mir tun die zahllosen Tiere ja ein bisschen leid, die von Menschen erst mit diversen furchterregenden Requisiten – wie falschen Leoparden und Adlern – in Angst und Schrecken versetzt wurden, um dann ständig mit eindringlichen Signalen beschallt zu werden. Stellen Sie sich vor, Sie gingen eine Straße entlang und hörten jemanden «Feuer!» oder «Vorsicht, Wasser!» brüllen oder man stellte Ihnen einen riesigen ausgestopften Bären in den Weg. Wahrscheinlich würden Sie Panik kriegen und auf einen Laternenmast klettern, nach einem Eimer Wasser suchen oder sich hinter einem Busch verstecken. Und dennoch, die Ergebnisse aus den Alarmruf-Versuchen sind ziemlich aufregend.

Dschungelhühner (Kammhühner) scheinen über eine ganze Reihe von Alarmrufen zu verfügen, mindestens zwanzig verschiedene lassen sich unterscheiden;[50] Käfighühner haben unterschiedliche Alarmrufe für Gefahren auf dem Boden und aus der Luft,[51] ebenso wie Lemuren.[52] Und sie merken, wenn sie hereingelegt werden: Wenn Grünen Meerkatzen ein Alarmruf immer wieder von derselben Stimme vorgespielt wurde (wie in der Äsop-Fabel vom Hirtenjungen, der: «Der Wolf kommt!» schreit), ignorierten sie den Ruf ziemlich schnell, flohen jedoch, wenn eine andere Stimme rief. Impalas schnauben, um ihre Artgenossen vor einem Räuber zu warnen. Wenn die das hören, fliehen sie sofort vor dem Geräusch. Männliche Impalas können aber auch grunzen, was sie offenbar beim Konkurrenzkampf mit anderen Männchen tun, die sich dann dem Geräusch nähern, um gegen den Rivalen anzutreten. Wenn Impalas gleichzeitig Grunzer und Schnaufer hören, rennen sie umso schneller auf die Geräusche zu, was bedeuten könnte, dass der Mix aus der Räuber- und Konkurrentenwarnung vielleicht ein weiteres, dringenderes Signal ist.

Die Wissenschaftler, die dies entdeckten, glaubten nun, dass sie durch die Aufschlüsselung der Sinn produzierenden Bausteine nichtmenschlicher Kommunikationssysteme die lange vertretene Ansicht widerlegt hätten, die «Sprache» von Tieren könne nicht das leisten, was die menschliche Sprache leistet. So hat etwa die Arbeit mit Präriehunden – geselligen Nagern, die in verzweigten Tunnelsystemen leben – zu einigen überraschenden Ergebnissen geführt. Es sind charmante Tiere, die einander mit Küssen begrüßen, doch in der öffentlichen Wahrnehmung gelten Präriehunde eher als ziemlich einfältig. Wenn sie eine Gefahr erspähen, stellen sie sich auf ihre Hinterbeine und stoßen kurze, kräftige Zwitscherlaute aus, die für unsereins alle gleich klingen. Eine lustige Tierserie in Großbritannien synchronisierte nun das Video eines warnenden Erdhörnchens (eines nahen Verwandten der Präriehunde) so, dass der Eindruck erweckt wurde, das Tier brülle «Alan, Alan, Alan, Alan, Alan».[53] Der Witz sollte darauf hinauslaufen, dass die häufige Wiederholung des schlichten Rufs ihn sinnlos macht und das Tier blöd und simpel erscheinen lässt. Doch dabei handelt es sich um eine Täuschung des menschlichen Ohrs und nicht um angebliche Präriehund-«Sprache».

Über Playback-Experimente und entsprechende Computeranalysen fand man nämlich heraus, dass sie unterschiedliche Rufe für Habicht, Mensch, Hund und Kojote hatten. Auf verschiedene Menschen reagierten sie mit unterschiedlichen Rufen. Wenn dieselben Menschen aber nur ihr Hemd wechselten,

34 **Ein Weißschwanz-Präriehund stößt einen Territorialruf vom Typ «bellendes Lachen» aus; er heißt so, weil er wie das Lachen eines Menschen klingt. Walden, Colorado.**

änderten die Präriehunde nicht ihre Frequenzen für Größe und Form, sondern nur die für Farbe. Und wenn ein Versuchsleiter einen Schuss abfeuerte oder aber köstliche Körner streute, wurde er beim nächsten Erscheinen von den Tieren unterschiedlich angekündigt. Das heißt, die Präriehunde machten die Geräusche offenbar nicht aus Instinkt; vielmehr schienen sie ihre Rufe zu modifizieren und berücksichtigten dabei sogar Farbe, Größe, Kontur und selbst das Tempo des agierenden Versuchsleiters. Bei einem anderen Experiment mussten verschiedene Haushunde durch eine Präriehundkolonie laufen. Die unterschiedlich aussehenden Hunde riefen Rufe hervor, die sich offenbar auch auf Größe und Gestalt der sie begleitenden Menschen bezog, außerdem änderten die Präriehunde das Tempo ihrer Rufe: Wenn ein Hund wie wild umherrannte, wurde der Ruf schneller. Con, der all diese Funde zusammenstellte, kommt zu dem Schluss, dass Präriehunde über Substantive (Mensch, Hund), Adjektive (groß, blau) und Verben/Adverbien (schnell rennen, langsam gehen) verfügen.[54]

Anscheinend konnten Präriehunde sogar neue Objekte beschreiben. Con erzählte mir, er habe Silhouetten von Kojoten ausgeschnitten, und die Präriehunde stießen ganz korrekt Kojotenalarmrufe aus.[55] Wenn er ihnen ein Stinktier oder große Dreiecke, Quadrate oder Ovale als Pappsilhouetten hinstellte, nahm er jeweils einen gänzlich neuen Ruf auf. Er schreibt, sie «schienen auf ihren Vorrat an beschreibenden Etiketten, einem Vokabular in ihrem Gehirn, zurückzugreifen und daraus die Schilderung eines völlig neuen Gegenstands zusammenzusetzen, den sie noch nie zuvor gesehen hatten».

Ich habe mir häufig ausgemalt, wie wunderlich manchen Tieren solche Playback-Experimente erscheinen müssen: Stellen Sie sich vor, dass jemand Ihnen plötzlich heimliche Aufnahmen anderer Menschen in völlig unerwarteten Situationen vorspielt – zehn Sekunden auf einem Markt in Dakar, fünf Minuten Sex zwischen Menschen in Yorkshire, das Kreischen eines wütenden Kleinkinds – und dann erwartet, er könne an Ihren Reaktionen ablesen, was die jeweiligen Geräusche bedeuteten. Aber ebenso wie bei der Alarmrufforschung haben auch diese Playbacks manche fantastischen Ergebnisse erbracht. Denken diese Präriehunde etwa, bevor sie sprechen, oder handeln sie aus rein lautlichem Instinkt? Als Biologe weiß ich, wie wichtig es ist, bei jeglicher Art von Interpretationen und Vergleichen höchst sorgsam vorzugehen. Aber falls Slobodchikoff richtig liegt, finde ich die Implikationen atemberaubend.

2019 veröffentlichte Sabrina Engesser vom Fachbereich Komparative Linguistik an der Universität Zürich zusammen mit Kollegen der Universität von Exeter einige Ergebnisse darüber, wie Bedeutung in Vogelrufen kodiert wird.[56] Dafür verwendeten sie Playback-Experimente, mit denen erforscht worden war, wie menschliche Babys zwischen verschiedenen Sprachlauten unterscheiden, und übertrugen sie auf Wildvögel, die Rotscheitelsäbler heißen und im australischen Outback leben. Als Erstes bewiesen sie, dass die Vögel zumindest zwei Laute voneinander unterscheiden konnten, die sie A- und B-Laut nannten. Wenn sie sie getrennt vorspielten, sagten sie den Vögeln nichts, doch wenn sie daraus unterschiedliche Lautreihen arrangierten – AB, BAB etc. –, reagierten sie gleichbleibend mit unterschiedlichem Verhalten auf jede Kombination, d.h. wenn die an sich bedeutungslosen Laute verschieden kombiniert wurden, sagten sie den Vögeln etwas. Und genau das ist es, was Menschen tun: Wir kombinieren bedeutungslose Lauteinheiten zu «Wörtern» mit Bedeutung; und dabei galt doch bis heute, dass wir die einzigen Tiere seien, die das können. Sabrinas Co-Autor Simon Townsend schreibt: «Das ist das erste Mal, dass die Sinn produzierenden Bausteine eines nichtmenschlichen Kommunikationssystems experimentell identifiziert wurden.» Sabrinas Arbeit mit einem weiteren Vogel, dem Elsterdrossling, schien sogar zu beweisen, dass diese Vögel über Rufe verfügten, die aus Lautbausteinen zusammengesetzt waren und etwas wie «Komm zu mir» bedeuteten, und über andere mit veränderten Bausteinen, die «Komm mit mir» bedeuteten.[57] Und was noch erstaunlicher ist: Sabrina berichtete mir, dass diese Rufe sogar mit anderen Drohrufen zu Sätzen kombiniert werden konnten – zu etwas wie «Komm mit mir zu dieser Bedrohung».[58] Kaum einen Monat später kam ein anderer Forscher zu ähnlichen Ergebnissen bei Versuchen mit der Japanmeise.[59]

Diese Einblicke in Vogelrufe wirken eher bescheiden, selbst verglichen mit der Art, wie ein Kleinkind aus den anfangs erlernten bedeutungslosen Vokallauten seine ersten Wörter formt, aber ich finde sie absolut elektrisierend. Denn die Ergebnisse solcher Experimente brechen Tabus, die unsere gern gehegten Vorstellungen über Tierkommunikation betreffen. Wir haben uns bis jetzt bei Vögeln, Affen und Präriehunden umgeschaut. Was könnten wir bei deren komplexeren Lautäußerungen übersehen haben, weil eben gerade ihre Komplexität uns davon abgehalten hat, weiter zu forschen? «Es wird immer offensichtlicher, wie viele Informationen in Tierrufen verschlüsselt sind», sagt Holly Root-Gutteridge, eine Bioakustikerin an der Universität von Lincoln. «Die Beweislage ist inzwischen eindeutig.»[60]

Doch trotz jahrzehntelanger Forschung weiß bis heute niemand mit Sicherheit, ob irgendein Tier über eine Sprache im Sinne der *natürlichen Sprache* verfügt. Es ist deshalb wohl ratsam, denen gegenüber, die besonders feste Überzeugungen hegen, skeptisch zu sein – in die eine wie in die andere Richtung. Gut möglich, dass kein Tier eine solche Sprache hat, so wie es gut möglich ist, dass es kein Leben außerhalb der Erde gibt. Nachdem ich jedoch beobachtet habe, wie die Menschen sich beim Streit über die Sprache verhalten, sagt mir mein Gefühl, dass wir, falls wir tatsächlich Leben auf dem Mars entdecken sollten, uns ebenso in Diskussionen darüber verstricken werden, ob dieses Leben sich auch als echtes Leben bezeichnen lässt, und dabei ganz vergessen, wie großartig es ist, dass da *überhaupt etwas* ist.

Dr. Irene Pepperberg beklagte im Rückblick auf die Tierkommunikationsforschung der vergangenen fünfzig Jahre, dass der Methodenstreit über Sprache den Blick auf die großartigen Entdeckungen auf diesem Feld verstellt habe.[61] Dabei hätten Vögel und Affen in den Versuchen derartig beeindruckende Fähigkeiten bewiesen, sie hätten erfundene menschliche Symbole und deren Regeln beherrschen gelernt; und deshalb leuchte es ihr ein, dass deren natürliche Kommunikationssysteme ähnlich ausgeklügelt sein könnten. Sie selbst zieht inzwischen den Begriff «wechselseitige Kommunikationssysteme» dem aufgeladenen Begriff Sprache vor, und ich begreife, wieso. Im Englischen lautet der heute gebräuchlichste Begriff «Animal Communication Systems» (ACS), im Deutschen also «Tierkommunikationssysteme». Das Wort «sprechen» ist ebenfalls für Streit anfällig. Eine biologische Definition für Sprechen lautet: «die bevorzugte Äußerungsform der menschlichen Sprache»; und wenn man sich an diese Definition hält, dann kann kein anderes

Tier sprechen, weil es kein Mensch ist. Was wäre aber, wenn man eine etwas weiter gefasste Definition für Sprechen benutzen würde, zum Beispiel: Sprechen bedeutet «lautlich die eigenen Gedanken und Gefühle zu kommunizieren, indem man linguistische Einheiten benutzt». Wenn ein Wal fähig wäre, mir lautlich seine Gedanken mitzuteilen, indem er linguistische Einheiten anwendet, würde ich mich definitiv angesprochen fühlen! «How to have a two-way ACS with a cetacean using linguistic units» («Wie man eine wechselseitige Kommunikation mit einem Waltier hat, das linguistische Einheiten benutzt») wäre allerdings ein sehr unbeholfener Titel, deshalb bleibe ich bei «How to speak whale» (so der englische Titel dieses Buchs) als Kürzel.

Während ich in Konferenzen gesessen und gelauscht hatte, war mir eine öfter geäußerte Einschränkung aufgefallen. Wenn Wissenschaftler sagten: «Natürlich verfügen keine anderen Tiere über Sprache», ergänzen einige die Aussage mit dem aufreizenden Nebensatz: «mit der möglichen Ausnahme der Waltiere». Für manche war die Frage, ob Tiere über Sprache verfügen oder nicht, immer noch offen.

Wozu müsste ein Wal also in der Lage sein, um sprechen zu können?

Im Geiste machte ich eine Einkaufsliste mit hilfreichen Posten für eine artübergreifende Walunterhaltung. Bis jetzt hatte ich gelernt, worüber Waltiere verfügen: über hochempfindliche Ohren, eine unglaublich raffinierte Stimme, ein beeindruckendes, rätselhaftes Gehirn, verschiedenartige komplexe Gesänge, ein auf ihren ausgeklügelten Vokalisierungen beruhendes soziales Leben (ermutigend für Menschen, die gern mit einem Wal sprechen möchten) und die Fähigkeit, ihre Vokalisierungen zu verändern, wenn sie andere Arten nachmachen wollen. So weit, so gut.

Was hatten wir über sie herausgefunden, das auf mehr hinwies? Ich hatte Joy diese Frage gestellt, während sie das Gehirn eines Zwergwals aus dessen Schädel löste. «Oh, da solltest du unbedingt Diana kennenlernen», hatte sie gesagt. «Sie erforscht schon seit Jahren Delfinkommunikation, sowohl in ihrem Labor als auch in freier Wildbahn, und sie ist außerdem in Manhattan, nur etwas weiter die Straße entlang!» Und so kam es, dass ich mit einer Empfehlung von Joy Diana Reiss kennenlernte.

7

IN DEN TIEFEN DES GEHIRNS: KULTURVEREIN DER WALE

Trau niemals einer Spezies, die ständig grinst. Sie führt etwas im Schilde.[1]

Terry Pratchett, *Pyramiden*

Mein Leben war durch einen springenden Wal verändert worden, und unsere kurze Begegnung öffnete mir das Tor zu Geschichten über weitere tiefgründige und rätselhafte Interaktionen zwischen den Arten. Die Sprachorgane der Wale hatten meine Ehrfurcht geweckt, und ich hatte das Vibrieren ihrer Rufe direkt in meinem Körper gefühlt; ich hatte mich in die dornenreiche Geschichte der Tiersprachenforschung versenkt und war voller Fragen wieder aufgetaucht. Was könnten wir noch über Wale und Delfine erfahren, wenn wir lebende Tiere beobachten würden? Glaubten die Wissenschaftler, die sie am besten kannten, dass wir die Sprache der Wale erlernen könnten?

Dr. Diana Reiss ist eine führende Expertin für das Verhalten von Walen und Delfinen – eine Person mit Einblick in ihren Kopf und ihre Kommunikation. Sie hatte vorgeschlagen, dass wir uns in ihrer Mittagspause in der CUNY (City University of New York) treffen, wo sie Professorin für kognitive und komparative Psychologie ist. Ich blickte mich suchend in dem weiträumigen Foyer aus Glas und Beton nach einer Frau zwischen all den Studenten und Rucksäcken um, die zu dem Foto passte. Diana sah mich zuerst. Ehe ich mich's versah, hatte sie sich mir vorgestellt, und wir zogen los, schlängelten uns durch das Gewimmel der Studenten, noch verdoppelt durch ihre Spiegelungen in den Drehtüren am Eingang, und traten hinaus in die Stadt.

Unser Ziel war ein jüdisches Bistro etwas weiter die Straße hinunter. Stämmige Kellner mit weißen Schürzen wirbelten durch den winzigen Raum und reichten anderen eng gedrängt sitzenden Gästen über uns hinweg die Teller. Ich legte mein Smartphone auf den Tisch, um unsere Unterhaltung aufzunehmen, fürchtete allerdings, es würde bei den lauten, angeregten Gesprächen der anderen Gäste und dem Teller- und Besteckgeklapper nicht das kleinste bisschen festhalten können. Und in diesem ganzen Tohuwabohu erzählte Diana mir dann nicht nur von ihrer bahnbrechenden Delfinforschung, sondern auch von Drehbüchern, an denen sie saß, von Leonard Nimoy (oder Spock in *Star Trek*), der sie angerufen habe, von der Zusammenarbeit mit Musikern und mit Schauspielern wie Isabella Rossellini (die eine ihrer Studentinnen war) und von der Suche nach Leben im Weltraum. Auch wenn sie in ihren Gesten sanft und aufmerksam war, schien sie gleichzeitig wie ein Dynamo ständig in Bewegung zu sein. Sie war anders als die meisten Wissenschaftler, die ich kannte, aber allmählich dämmerte mir ohnehin, dass Walforscher ein ziemlich seltsamer Haufen sind. Diana hatte anfangs eine Theaterkarriere angestrebt, doch als sie von den jüngsten Entdeckungen hörte – zum Beispiel von Roger Paynes Arbeit über Walgesänge und Ken Norris' Untersuchung der Echoortung von Delfinen –, ließ sie die Bühne sausen für das Labor.

Diana war eine der allerersten, die Verhaltensstudien bei Delfinen durchführte. Jahrzehntelang hat sie in Gefangenschaft und in Freiheit lebende Delfine beobachtet und studiert; sie hat ihnen beigebracht, Tastaturen zum Kommunizieren zu benutzen,[2] hat ihnen verschiedene Gegenstände gezeigt und sie in Tests dazu befragt, sie hat ihnen von ihrer Geburt bis ins späte

Erwachsenenalter zugeschaut und zugehört. Sie hat beobachtet, wie neugeborene Delfine ihre Laute übten und ihre ersten linkischen Quiek-Pfiffe von sich gaben, wenn sie kurz nach der Geburt zu vokalisieren versuchten. Indem sie sie beobachtete, erkannte sie, dass sie erst lernen mussten, ihre Echoortungsorgane zu benutzen. In ihren ersten Lebenswochen konnten die Babys noch nicht über Geräusche «sehen», sondern mussten sich auf ihre anderen Sinne verlassen. Wenn Diana ihnen neue Gegenstände präsentierte, untersuchten sie sie ähnlich wie ein Hund – sie kamen angeschwommen, musterten sie gründlich und kauten auf ihnen herum.

Delfine tun bestimmte Dinge, von denen wir lange Zeit glaubten, sie seien nur uns Menschen vorbehalten. Sie planen im Voraus und benutzen Werkzeug, suchen sich selbstständig einen Schwamm, um ihr Rostrum zu schützen, wenn sie es in den Sand stecken.[3] Ein Schwertwal im MarineLand, Ontario, lockte mit Fischstückchen als Köder Seemöwen in sein Becken.[4] Und diese Tiere spielen viel und gern: Frei lebende Delfine reichen einander Seetang und andere Objekte hin und her, oder sie foppen Schwimmer, indem sie ihnen Seetang gerade so vor die Nase halten, dass sie nicht drankommen.[5] Sie reiten auf Blauwalen,[6] springen auf sich brechende Wellen und surfen[7] und zupfen ahnungslosen Pelikanen Federn aus. Frei lebende Orcas (oder Schwertwale) umkreisen menschliche Schwimmer,[8] spielen mit ihnen und tollen mit Kajakfahrern herum.[9] In Gefangenschaft spielen Wale und Delfine mit den Objekten der Menschen, von Frisbees bis zu iPads. Zwei in Gefangenschaft lebende Rauzahndelfine erfanden sogar ein Spiel, bei dem sie einander abwechselnd in einem Hula-Hoop-Reifen durch das Becken zogen.[10] Das vielleicht trickreichste Beispiel findet man ausschließlich bei Waltieren – Ringe pusten. Dianas und auch andere Delfine können perfekte Unterwasserringe blasen und bearbeiten die Ringe wie Töpfer auf ihrer Töpferscheibe, indem sie einen eingedellten Ring mit vorsichtigen Atemstößen

35 **Ein Delfin bläst und inspiziert ein Ringe-Paar.**

ausbeulen.[11] Manche schubsen sie danach unter Wasser seitwärts mit dem Schwanz fort und erschaffen ganze Serien von sich drehenden Ringen, durch die sie sogar schwimmen.

Eine verblüffende kognitive Delfinleistung hat mit dem Zeigen zu tun.[12] Die meisten Tiere scheinen nicht zu verstehen, was eine Zeigegeste meint, Ausnahmen sind Hunde und, überraschenderweise, Große Tümmler. Diese Delfine waren in der Lage, Zeigekommandos zu verstehen, bei denen ihre menschlichen Trainer in eine andere Richtung blickten, als ihre Finger oder Arme zeigten; und sogar, wenn sie hintereinander auf zwei verschiedene Gegenstände zeigten und anschließend ein Zeigekommando gaben, das nur auf eine bestimmte Weise korrekt ausgeführt werden konnte («bring *diesen* Ball in *jenen* Korb»), bestanden sie den Test. Keine andere Spezies kann das. Mit den Worten des Biologen Justin Gregg: «Wieso ein Delfin – ein Tier ohne Arme, Hände, Finger oder sonstige Körperglieder, mit denen es etwas tun könnte, das der menschlichen Zeigegeste ähnelt – diese Fähigkeit besitzt, ist immer noch ein Rätsel.»[13] Delfine können auch mit sich selber zeigen, indem sie ihren Körper langmachen und regungslos in eine bestimmte Richtung ausstrecken. Und solche in Gefangenschaft zeigen ihren Trainern Dinge,[14] während frei lebende Delfine dabei beobachtet wurden, wie sie einander tote Artgenossen «zeigten».[15]

Diana arbeitet sowohl mit frei lebenden Delfinen in Belize und Bimini als auch mit solchen im New Yorker Aquarium und im National Aquarium von Baltimore. Wenn sie mit in Gefangenschaft lebenden Delfinen arbeitet, steht sie ihnen hinter einer gigantischen Glaswand im Becken auf gleicher Höhe gegenüber. Videorekorder und Tonaufnahmegeräte sind installiert und registrieren, was die Delfine tun und welche Laute sie in welcher Reihenfolge von sich geben. Für meine Ohren klang das gespenstisch, so wie in dem Science-Fiction-Film *Arrival*, in dem ein Linguist die Kommunikation zwischen zwei Außerirdischen, die in einem Raumschiff auf der Erde gelandet sind, entschlüsseln soll, aber nur hinter einer durchsichtigen Trennwand Zeichen geben kann. Diana erklärte mir, Delfine besäßen zwar eine andere Art von Intelligenz und einen anderen Körper als wir, doch es habe sie überrascht, wie ausgesprochen ähnlich sie uns in mancher Hinsicht seien. Ich fragte, wie sie das meine. Ihr erscheine die Art, wie ihre Delfine Gefühle ausdrückten, wie sie auf ihre Tests mit Spiegeln und Unterwassertastaturen reagierten, sehr menschlich, erwiderte sie. Wenn junge Delfine zu kommunizieren lernten, kämen sie ihr ein wenig so wie Kleinkinder bei ihren ersten Sprechversuchen vor. «Auch wenn ich den Trick mit der Tastatur nicht Sprache nenne», ergänzte sie vorsichtig. «Aber es gibt andere Dinge, die ... Da ist man einfach platt.»

Wie ich schon erwähnt habe, sind Delfine stimmliche Lerner und exzellente Imitatoren. Jeder Delfin hat einen eindeutig unterscheidbaren «Signaturpfiff», ein erlerntes stimmliches Markenzeichen, von dem man glaubt, dass es wie ein Name funktioniert,[16] d.h. für Delfine eine Methode ist, einander zu begrüßen oder auch auf Dritte anzuspielen. Häufig kopieren sie die Pfiffe von anderen,[17] und sie behalten die Signaturpfiffe ihrer Freunde mehr als zwei Jahrzehnte lang,[18] im Labor ebenso wie in freier Wildbahn. Es wurden Delfine dabei überrascht, wie sie Buckelwalgesänge nachahmten,[19] und Guyana-Delfine und Große Tümmler äffen, wenn sie kämpfen, aus noch unbekannten Gründen die Laute des Gegners nach.[20] Solche Nachahmungen scheinen bei Zahnwalen weitverbreitet zu sein: Orcas (oder Schwertwale) wurden dabei beobachtet, wie sie andere Wale und sogar andere Arten, die nicht zu den Waltieren gehören, nachahmten.[21] Einige Orcas haben offenbar gelernt, wie Seelöwen zu bellen.[22] Weshalb es Diana kaum überraschte, als ihre Delfine computergenerierte Laute nachahmten, die nichts glichen, was sie jemals vorher gehört hatten.

Bei einem bestimmten Experiment mit ihren Aquariums-Delfinen spielte eine von ihr entworfene Unterwassertastatur mit weißen Symbolen auf schwarzem Grund eine Rolle. Wenn der Delfin auf eines der Symbole drückte, erklang aus einem Unterwasserlautsprecher ein elektronischer Pfiff, der sich von denen unterschied, die die Delfine selbst produzierten, und es passierte jeweils etwas Besonderes: Wenn das Tier zum Beispiel auf das Symbol für *Ring* tippte, hörte es einen bestimmten Pfeifton und bekam einen Ring; oder es tippte auf *Ball*, hörte einen anderen Pfiff und bekam einen Ball und so weiter. Es überrascht dann kaum, dass die Delfine, die zu den größten Nachahmern in der Natur gehörten, rasch begannen, diese Laute nachzuahmen. Ein andermal waren die Delfine mit einem Experiment beschäftigt, bei dem die Tastatur nicht vorhanden war. Sie spielten mit einem Ball und machten dazu den Ball-

Pfeifton, und wenn sie mit einem Ring spielten, machten sie den Ring-Pfiff. Diana sagte, das Ganze habe dem Umgang von Kindern mit Spielzeug geähnelt. Und sie seien, wohlgemerkt, nicht mit einem Fisch belohnt worden. Sie hätten, erklärte sie, die symbolbesetzten Computerlaute offenbar in ihre eigene Kommunikation eingebaut.

Aber es wurde noch interessanter. Die Delfine drückten irgendwann das Ring- und das Ballsymbol gleichzeitig, wollten mit beiden Gegenständen auf einmal spielen. Und irgendwann begannen sie, einen neuen Pfeifton auszustoßen, den die Wissenschaftler nicht kannten. Erst als sie die Wellengrafik des neuen Lauts auf dem Computerbildschirm untersuchten, erkannten sie, dass sie eine Verbindung aus den Wellengrafiken von Ring- und Ballpfeifton darstellte. «Ring-Ball». Die Delfine hatten nie die beiden Laute als Einheit gehört (der Computer spielte sie mit Lücken dazwischen). Für Diana war das eine große Sache. Sie stellte fest, dass Delfine ihre Signale aufnahmen, lernten, was sie bedeuteten, lernten, sie selbst zu äußern und sie darüber hinaus selbständig und ohne Aufforderung zu einem neuen Signal zu verbinden. Ich fragte Diana, was sie da empfunden habe. «Ich fand es toll!», sagte sie. «Aber ich war sehr vorsichtig.»

Natürlich sollten alle Wissenschaftler streng sachlich vorgehen, aber allmählich hatte ich das Gefühl, viele Waltierforscher seien geradezu extrem vorsichtig. Das hatte unter anderem mit dem komplexen Erbe der legendären New-Age-Gestalt Dr. John Lilly zu tun, eines ebenso umstrittenen wie faszinierenden Mannes, der seine windungsreiche Karriere als Neurologe mit Interesse an der Erforschung der Stimme begann. Anfangs lieferte er Beiträge zur konventionellen Wissenschaft, zu Physiologie und Psychoanalyse, wandte sich dann jedoch – als Freund von Allen Ginsberg, dem Beatpoeten, und Timothy Leary, einem prominenten Befürworter von psychedelischen Drogen – kognitiven Experimenten mit LSD und Ketamin zu und beschäftigte sich

36 **Hier sind die Forscherin Margaret Howe und der Delfin Peter in ihrem Labor zu sehen, das sich halb unter Wasser befindet. Als sie nach dem Experiment getrennt wurden und Peter das Labor verlassen musste, soll er sich umgebracht haben.**

mit der Erfindung sowie dem Einsatz der sensorischen Deprivation in Reizabschirmungskammern und schließlich mit dem Studium von Delfinen und ihrer «Sprache».[23] Um die Mitte des vergangenen Jahrhunderts folgten dann Lillys Entdeckungen zur Physiologie und Anatomie der Delfine, die den Waltieren, welche bis dahin von Forschern vernachlässigt worden waren, in den 1960ern zu sehr viel größerem wissenschaftlichen Interesse verhalfen. Und in dem Maße, wie Lilly mit LSD experimentierte, entfernte er sich allmählich von der relativ klassischen wissenschaftlichen Forschung und wandte sich Theorien über Telepathie sowie dem höheren Bewusstsein der Delfine zu und interessierte sich für die Hypothese, dass die Menschen irgendwann durch denkende Maschinen ersetzt werden würden, was heute vielleicht nicht mehr so abwegig klingt. Irgendwann hatte er dann in Florida einen halb unter Wasser liegenden Bau als Wohnhaus und Labor errichtet, in dem Mensch und Delfin miteinander leben konnten; dort wollte er die Delfinsprache und artübergreifende Kommunikation studieren. Es war allerdings nicht gerade hilfreich, dass Lilly einem der Delfine im Labor LSD spritzte und einer seiner Assistenten den Forschungsdelfin Peter masturbierte, als er sexuell abgelenkt war. DieFörderungsgelder versiegten, und nach neun Monaten wurde das Projekt eingestellt, obwohl die Forscher den Eindruck hatten, Peter mache Fortschritte und beginne langsam, die menschliche Sprache und menschliche Laute nachzuahmen.

Für einige war Lilly damit «von einem Wissenschaftler in weißem Kittel zu einem hundertprozentigen Hippie» geworden. Dr. Diana Reiss formuliert es so: «Einige seiner Experimente waren sehr umstritten und wurden mit der Zeit ziemlich pseudowissenschaftlich und höchst spekulativ.» In den Augen vieler diskreditierte das nicht nur seine späteren Forschungen über Delfine, sondern auch seine früheren wissenschaftlichen Veröffentlichungen und brachte die gesamte Delfinforschung in Verruf, womit Wissenschaftler später jahrzehntelang zu kämpfen hatten. Aus Furcht, für unseriös gehalten zu werden, legen viele noch heute Wert darauf, sich von Versuchen, «Delfinesisch zu verstehen», zu distanzieren. Justin Gregg schreibt, es sei teilweise Lilly zu verdanken, dass sich heute «wahrscheinlich mehr verrückte Ideen über Delfine im Cyberspace herumtreiben als Delfine im Ozean».[24] Und dennoch, Lilly war ein Wegbereiter, ohne den Wissenschaftlerinnen wie Diana Reiss, auch wenn viele sein späteres Werk sorgfältig meiden, sich niemals für diese Forschung begeistert hätten und dem «seltsamen Haufen» beigetreten wären.

Aus diesem Grund analysierte Diana, nachdem ihre Delfine einen neuen Pfeifton für «Ring-Ball» kreiert hatten, dann auch stundenlang weitere Aufnahmen, um sicherzugehen, dass es sich nicht um einen Zufall handelte. Die Delfine hatten tatsächlich in achtundzwanzig Versuchen die Signale identisch zusammengesetzt und dabei mit beiden Gegenständen gleichzeitig gespielt. «Das nennen wir ‹Verhaltenskonsistenz›», erklärte sie: Die Laute entsprachen dem Verhalten. Auch wir prägen Wortverbindungen für Sachen, wenn sie miteinander zu tun haben. Fuß-Ball. Kugel-Stoß.

Irene Pepperberg hatte etwas Ähnliches bei Alex, ihrem legendären Afrikanischen Graupapagei, beobachtet. Alex mochte Mais und wusste das Wort dafür, also sagte er «Mais», wenn er welchen wollte. Einmal hatte Irene keinen gelben Mais mehr, und so gab sie ihm eines Tages stattdessen indischen Mais, der härter ist. Als Alex hineinbiss, sagte er «Stein-Mais»,[25] indem er das Wort «Stein», das er auch kannte, hinzufügte, um diese neue schreckliche Sorte Mais zu kennzeichnen. Und als Washoe, ein Schimpansenweibchen, dem die Zeichensprache beigebracht worden war, einmal mit ihrem Trainer Roger Fouts, der sie erforschte, einen Spaziergang an einem See machte, sahen sie einen Schwan, einen Vogel, den Washoe noch nie gesehen hatte, und der Schimpanse signalisierte «Wasser-Vogel».[26] Falls diese Berichte stimmen, waren all das neue Erkenntnisse in der Tierkommunikation – die Tiere wiederholten nicht einfach nur, was sie gelernt hatten, sondern benutzten Wörter und bauten sie zu neuen Ausdrücken zusammen.

Natürlich besteht immer die Gefahr, dass die Wissenschaftler ihre Tiere *unbeabsichtigt* zu dem Verhalten anregen, und zwar durch einen Prozess, der *Verstärkung* genannt wird und vor dem alle, die Kommunikationsexperimente mit Tieren machen, sich unbedingt hüten sollten. Denn wer könnte entscheiden, ob Alex und Washoe nicht zufällig ihre zusammengesetzten Wörter produziert hatten und, nachdem sie die Begeisterung ihrer menschlichen Beobachter bemerkten, die Laute zu wiederholen lernten, ohne zu verstehen, was sie tatsächlich bedeuteten? Diana erklärte mir allerdings, was ihre Delfine angehe, hätten die Wissenschaftler keine Rolle spielen können, da sie gar nicht reagieren konnten. Denn dass die Delfine schon Sekunden später zusammengesetzte Laute geschaffen hatten, merkten sie erst nachträglich bei der Analyse der Aufnahmen. Und was ließ sich nun daraus schließen? War die Bereitschaft der Delfine, Signale zu kombinieren, die Menschen ihnen beigebracht hatten, etwa ein Hinweis darauf, dass ihre eigenen Kommunikationssignale selbst kombinatorisch waren? «Die ganze

Sache steckt noch in den Kinderschuhen», sagte sie. Doch eins steht immerhin unwiderruflich fest: In den vergangenen Jahrzehnten haben wir durch Experimente mit trainierten Delfinen einen Einblick in deren kognitive Fähigkeiten bekommen, von denen wir glaubten, nur Menschen besäßen sie. So konnte man zum Beispiel eine Delfinmutter und ihr zweijähriges Kalb in zwei getrennte Becken setzen, ihnen ein Unterwassertelefon geben, und sie schnatterten glücklich drauflos, vokalisierten abwechselnd hin und her.[27]

Einer der produktivsten Wissenschaftler im Bereich der Delfinwissenschaft war ein gewisser Dr. Louis Herman, der auf Hawaii arbeitete. Dort brachte er zwei Delfinen, Akeakamai (Ake) und Phoenix, komplexe Kommunikationssysteme bei.[28] Das System des einen Delfins bestand aus verschiedenen Gesten des Trainers, das des anderen aus verschiedenen Lauten. Ake wurde so gut, dass sein Trainer ihn bitten konnte, Befehle auszuführen, die nicht nur aus einem Zeichen, sondern aus ganzen Serien bestanden, die verschiedene Objekte, Standorte, Richtungen, Verbindungen und Akteure in und an seinem Becken betrafen. Die Sequenzen aus bis zu *fünf* Symbolen umfassten Handlungen wie «holen», Objekte wie «Korb» und Attribute wie «links» oder «rechts», und nur die gesamte Abfolge ergab einen Sinn; also musste der Delfin warten, um die ganze Folge zu hören oder zu sehen, bevor er den Zusammenhang zwischen den verschiedenen Objekten in dem «Satz» verstehen und dann den Befehlt korrekt ausführen konnte. Zum Beispiel: «Rechts Wasser, links Korb, holen» bedeutete: Bring den Korb links zu dem fließenden Wasser rechts. Den Delfinen war auch ein «Fragezeichen»-Symbol beigebracht worden, das anzeigte, dass der Delfin mit einem Ja- oder Nein-Symbol antworten sollte. Sie konnten außerdem auf Tasten drücken, um dem Trainer zu bestätigen, dass die Gegenstände, nach denen sie gefragt wurden, vorhanden waren; sie konnten sich sogar Aufgaben mit Objek-

37 **Ein Taucher und ein Großer Tümmler an der Unterwasser-Tastatur im EPCOT Center, Florida. Diese frühe Benutzeroberfläche konnte von Menschen ebenso wie von Waltieren bedient werden. Man sieht, wie der Taucher den Infrarot-Strahl unterbricht, um ein englisches Wort zu generieren, der Delfin passt dabei gut auf.**

ten merken und später ausführen, die im Moment des Befehls nicht vorhanden waren, sondern erst danach. «Die Delfine konnten korrekt auf neue Sätze reagieren, in denen bekannte Wörter in einer noch nie dagewesenen Reihenfolge vorkamen», schreibt Justin Gregg. Wenn ihnen absichtlich falsche Symbolfolgen gegeben wurden, reagierten sie entweder nicht oder «machten daraus einen sinnvollen Satz, indem sie bestimmte Elemente einfach ignorierten, aber die semantisch richtige Wortfolge beibehielten».[29]

Natürlich wusste ich, dass die Fähigkeit, Syntax zu benutzen und Symbolen eine Bedeutung zuzuweisen, uns Menschen im Umgang mit Sprache auszeichnet. Nun hatten Delfine aber in anderen Versuchen gezeigt, worauf sie sich noch verstehen: Sie können Gegenstände nach Form, Anzahl und relativer Größe einordnen.[30, 31, 32] Sie können Objekte als «Menschen» einordnen.[33] Diese Leistungen lassen sich schwerlich erklären, wenn man den Delfinen nicht ein Gehirn zugesteht, das fähig ist, sich mental Dinge vorzustellen. Und wenn sie dazu in einem Becken, mit menschengemachten Symbolen und bei komischen repetitiven Aufgaben, in der Lage waren, warum dann nicht auch in freier Wildbahn mit den Objekten, Beziehungen und Umgebungen ihrer eigenen Entwicklungsgeschichte, in der ihr Überleben davon abhängen kann?

Es sind unter anderem solche Einblicke in das Vermögen von Waltieren, derartige Kommunikationsaufgaben zu lösen, bei denen Biologen ins Zögern geraten, wenn es darum geht, nichtmenschlichen Wesen Sprache abzusprechen. Aber nicht nur sie, sagt Diana, sondern auch andere Entdeckungen über ihre kognitiven Fähigkeiten trügen dazu bei. Jene Klumpen halbfesten Gewebes, die ich wenige Straßenzüge entfernt gesehen hatte – welche inneren Welten vermochten sie zu erschaffen? Auf welche Art von Verstand würde man treffen, wenn man die Walsprache sprechen könnte? Diana und ihre Kollegen sind auch dieser Frage nachgegangen. Sie begann mit einem Spiegel.

Bevor ich mich hinsetzte, um diesen Satz zu schreiben, schenkte ich mir im Badezimmer ein Glas Wasser ein und blickte in den Spiegel über dem Waschbecken. Ich sah, dass ich vom Buddeln im Garten einen schwarzen Fleck auf der Stirn hatte, und wischte ihn weg. Damit hatte ich gerade den sogenannten Spiegeltest bestanden (im Englischen «Mark or Mirror Self Recognition (MSR) Test»). Er gilt als Beweis dafür, dass ich mich mir selbst vorstellen kann, dass ich begreife: Was ich da im Spiegel sehe, ist ein Abbild von mir, und ich weiß auch, was «Ich» ist – und das ist ein Anzeichen für Selbstwahrnehmung. Bis vor Kurzem wurde die Fähigkeit, einen Begriff von sich selbst zu haben, ebenfalls zu den Eigenschaften gezählt, die ausschließlich uns Menschen auszeichnen.

Wenn man einem anderen Tier einen Spiegel vorhält, kann es auf viele verschiedene Arten reagieren. Es handelt sich dabei ja um einen visuellen Test, und die Sinnesorgane mancher Tiere sind so anders konstruiert, dass sie sich in einem Stück Spiegelglas nicht selbst erkennen können. Ein Wurm zum Beispiel reagiert nicht, weil er keine Augen hat. Und selbst wenn ein Geschöpf Augen hat, sieht es vielleicht nicht so gut wie wir mit unseren sehen, die Tiefe und Farbe wahrnehmen. Manche Tiere registrieren, mit einem Spiegel konfrontiert, zwar das Spiegelbild, handeln aber so, als sei es ein anderer Artgenosse. Siamesische Kampffische wiederum greifen den Spiegel an, da sie ihn für eine Bedrohung halten.[34] Das Gleiche geschieht offenbar, wenn Schwanzmeisen in Großbritannien an Fenster klopfen: Sie wollen nicht auf sich aufmerksam machen, sondern glauben, auf Rivalen einzuhacken. Jedenfalls vermuten wir das. Vielleicht finden sie Spiegel aber einfach nur verwirrend, und es hat nichts mit mangelnder Selbstwahrnehmung zu tun.

Andere Tiere scheinen jedoch durchaus zu verstehen, dass sie selbst es sind, den sie sehen. Sie beugen den Körper, bewegen sich hin und her und richten dabei den Blick auf ihr Spiegelbild, anders als sie es im Umgang mit ihren Artgenossen täten. Solches Verhalten wird als «auf einen selbst gerichtet» klassifiziert. In der Natur finden sich nur wenige Spiegel, und es wird für die Tiere kaum irgendwelchen evolutionären Druck gegeben haben, adäquat auf ein Spiegelbild ihrer selbst zu reagieren. Der Versuch einer Kreatur, herauszufinden, was das für ein Bild ist, das sie sieht, gilt als Hinweis auf eine Leistung des Gehirns. Die Fähigkeit, sich selbst zu sehen, also «selbstwahrnehmend» zu sein, gilt manchen als Maßstab für Bewusstsein. Und um festzustellen, ob einige Tiere wirklich «sich selbst» im Spiegel sehen, erdachten Wissenschaftler einen weiteren schlauen Test. Ohne dass das Versuchstier es merkte, markierten sie es mit einem Merkmal, einem roten Kreidestrich vielleicht oder einem Farbklecks, häufig am Kopf. So wie der Schmutzrest auf meiner Stirn. Und wenn das Tier dann in den Spiegel blickte und sein Spiegelbild sah und auf diesem gespiegelten Tier diese ungewöhnliche Markierung entdeckte und untersuchte, war das der Beweis, dass es wusste, wen es anblickte: sich selbst.

Viele Wissenschaftler waren der Meinung, dass nur Affen

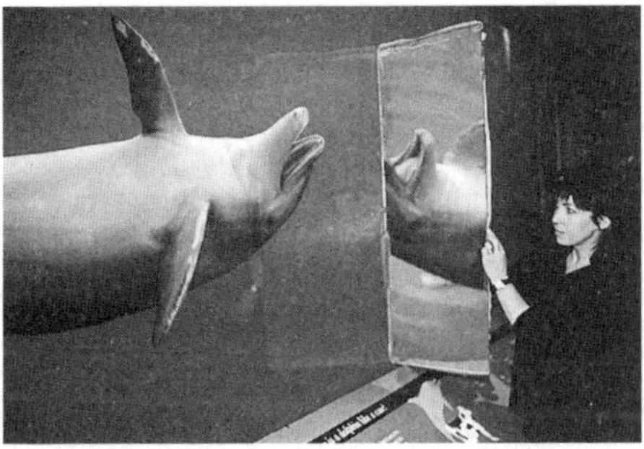

38 **Hier handelt es sich nicht um das beschriebene Experiment, aber es ist ein so nettes Foto von Diana Reiss und ihrem Delfin.**

den Spiegeltest bestünden. Doch 1987 zeigte Diana Großen Tümmlern einen Spiegel.[35] Delfine besitzen keinen nennenswerten Hals, und ihre Augen sitzen seitlich am Kopf, deshalb können sie das meiste ihres Körpers nicht sehen. Die beiden jungen Delfinmännchen interessierten sich sehr für den Spiegel und schienen ihn dafür zu benutzen, um sich selbst zu betrachten. Später vollführten sie «sequenzielle Penetrationsversuche» vor dem Spiegel – das heißt, sie hatten Sex und sahen sich selbst dabei zu.[36]

2001 bauten Diana und ihre Kollegen das Experiment weiter aus. Sie bemalten ein Delfinpaar mit einem Stift – über ihren Augen, hinter ihren Brustflossen, dicht an ihrem Bauchnabel und so weiter – und warteten, was passieren würde. Es stellte sich heraus, dass die Delfine nach der Markierung zu den Spiegeln flitzten und sich im Wasser drehten und wendeten, als wollten sie die markierte Stelle ihres Körpers im Spiegel inspizieren. Und als Diana die Zunge eines Delfinmännchens bemalte, schwamm es sofort zum Spiegel und öffnete und schloss seine Schnauze mehrmals hintereinander. Und als Krönung des Ganzen zeigten die Tiere noch anderes «selbstbestimmtes Verhalten»: Sie bliesen Ringe, drehten sich auf den Rücken, schlenkerten mit der Zunge – und all das immer höchst aufmerksam vor dem Spiegel. Diese Verhaltensweisen kommen mir übrigens sehr viel menschlicher vor, als Flecken zu bemerken!

Das Alter, in dem Delfine beginnen, eine derartige Empfänglichkeit für Spiegel zu zeigen, ist beeindruckend. Große Tümmler sind da in mancherlei Hinsicht nicht viel anders als Menschen. Die Weibchen werden bis zu sechzig Jahre alt und erreichen ihre Geschlechtsreife manchmal schon vor dem vierzehnten Lebensjahr. In einer Untersuchung las Diana 2018, dass ein junger Delfin namens Bayley sich mit sieben Monaten selbst erkennen konnte![37] Menschliche Kinder sind normalerweise erst mit etwa zwölf Monaten fähig, sich im Spiegel zu erkennen,[38] und Schimpansen mit zwei bis drei Jahren.

Dianas Befunde ließen das Interesse an Waltieren und an Spiegeltests merklich ansteigen, und es wurden etliche andere Tierarten getestet, denen man bis dahin kaum zugetraut hätte, dass sie den Test bestehen würden. Bis jetzt haben unsere nahen Verwandten, die Schimpansen, Orang-Utans und Bonobos, bestanden, während etwas entferntere Cousins, wie die Berberaffen und andere Affen, durchgefallen sind. Elefanten haben bestanden, Hunde nicht. Katzen auch nicht. Seelöwen, Pandas, Gibbons, Afrikanische Graupapageien, Krähen, Dohlen und Kohlmeisen sind bislang allesamt gescheitert. Dianas These, Delfine seien ichbewusst, wurde weiter unterstützt, als man ihren größeren Verwandten, den Schwertwalen und den Unechten Schwertwalen, Spiegel gab und sie sich zu ihrem Spiegelbild so verhielten, wie ich es tun würde, wenn ich meines zum ersten Mal sähe.[39] Sie wippten mit dem Kopf, sahen, wie ihr Spiegelbild sich bewegte, und musterten interessiert ihre Zunge und andere Körperteile, die sie normalerweise nicht sehen konnten.

Die MSR-Spiegeltestergebnisse mit Delfinen haben die Behauptung, diese Tiere seien sich ihrer selbst bewusst, stark bekräftigt, auch wenn es inzwischen schwieriger geworden ist zu definieren, was genau eigentlich unter Ichbewusstsein bei all den verschiedenen Arten von Leben auf der Erde zu verstehen wäre. Die Spiegeltestforschung ist eben tückisch. Sie führt in ein heikles Gebiet der Biologie, in dem sich auch Philosophen herumtreiben, die das Bewusstsein als solches erforschen. Wieso man das Gefühl hat, man stecke im eigenen Kopf und schaue heraus, ist so schwierig zu erklären, dass die Frage als das «harte Problem des Bewusstseins» bezeichnet worden ist. Insofern genügt es, wenn man sagt, «Bewusstsein» sei momentan so schwer zu definieren und so umstritten – ähnlich wie «Sprache» –, dass man den Begriff lieber meiden und durch den weniger komplizierten und weniger romantischen Begriff «kognitives Funktionieren» ersetzen sollte. Für Forscher wie Diana sind Spiegeltests einfach Verfahren, die uns erlauben, einen Einblick in die Fähigkeit kognitiven Funktionierens bei Tieren zu erhalten.[40]

Inzwischen liegen Hunderte von Berichten über Verhaltensexperimente vor, die Licht in die dunklen Winkel des Gehirns der Waltiere bringen. Es gibt also Beweise, dass Delfine wahrnehmen können, dass sie einen Körper haben;[41] dass Große Tümmler und Schwertwale wählen können, worauf sie als Nächstes Lust haben (ein Aspekt des freien Willens[42]);[43] und dass sie sogar, wenn man sie anspornt, eine neue Aufgabe erfinden können[44] – dies alles wäre schwierig zu erklären, wenn man sie für reflexgetriebene biologische Maschinen hält. Doch was bedeutet das nun in Bezug auf die Intelligenz der Waltiere im Allgemeinen? Man sollte sich dazu noch einmal kurz vor Augen führen, dass all diese Entdeckungen von einer Handvoll Menschen gemacht wurden, die eine Handvoll Delfine getestet haben. Und zwar vor allem Große Tümmler, und getestet haben sie vor allem in Gefangenschaft lebende Tiere. Ein paar wenige Exemplare in einer unvertrauten Umgebung mit ein paar wenigen Tests. Die Ergebnisse dieser Tests sollen nun stellvertretend für die Fähigkeiten von rund neunzig Waltierarten mit Millionen unterschiedlicher einzelner Tiere stehen.

Diana Reiss und Louis Herman könnten ja zufällig an geniale Delfinindividuen geraten sein, und Große Tümmler sind vielleicht die Art, die der unseren in den kognitiven und kommunikativen Fähigkeiten, die wir so bewundern, am ähnlichsten ist, und somit die idealen Testobjekte, wenn es um Talent geht. Doch das ist eher unwahrscheinlich. Wahrscheinlicher ist, dass all die Wale und Delfine, die sich in tropischen Flüssen, in gemäßigten Meereszonen oder leise unter Eismützen tummeln, unterschiedliche Formen von Intelligenz besitzen, so unterschiedlich wie ihre Körper. Und das, was wir durch Dianas Arbeit und die von Leuten wie Herman erfahren haben, ist nur ein Bruchteil dessen, was das Gehirn einzelner Individuen mancher Arten zu leisten imstande ist. Außerdem muss ich auch mich selbst daran erinnern, dass wir uns bei jeder Entdeckung, die wir bei einer bestimmten Art dieser außerordentlich unterschiedlichen Tierordnung machen, davor hüten sollten, die Äußerung «manche Waltiere können» auf «alle Waltiere können» auszudehnen. Was ein Großer Tümmler in Gefangenschaft demonstriert, lässt sich nicht kurzerhand übertragen auf das, wozu ein Blauwal oder ein Cuvier-Schnabelwal oder ein Flussdelfin kognitiv in der Lage ist oder nicht. Das Ganze ist nur ein Anfang, wenn auch ein aufregender.

Im Gespräch mit Diana wurde mir nicht nur bewusst, wie anspruchsvoll ihre Arbeit war, sondern auch, für wie unerlässlich sie sie hielt. Ihre schwer errungenen Erkenntnisse über die Gehirnleistungen von Waltieren bestärkten sie in ihrer Überzeugung, dass da in den Körpern von Walen und Delfinen ein Jemand zu Hause sein musste und dass andere Menschen davon erfahren sollten.[45] «Für mich», sagte sie, «ist das eine Kunst des Übersetzens», eine Methode des wissenschaftlichen Entdeckens, die von dem, was wir über ein Tier wissen, direkt zu der ethischen Frage führt, wie wir sie behandeln.[46]

Unser gemeinsames Mittagessen neigte sich langsam dem Ende zu. Die Gäste, die anfangs neben uns gesessen hatten, waren gegangen und durch andere ersetzt, und der Kellner beäugte ungeduldig unsere leeren Teller. Dianas Smartphone klingelte, und sie würde bald aufbrechen müssen. Deswegen sagte sie, sie würde unbedingt noch eine letzte Geschichte loswerden wollen, die den größten Einfluss auf ihr Leben gehabt habe. Sie handele nicht von einem Delfin und stamme auch nicht aus ihrem Labor. Es sei die Geschichte, wie sie einmal mit einem verirrten frei lebenden Wal kommuniziert hatte.

1985 arbeite Diana als Delfinforscherin und unterrichtete an der San Francisco State University, als sie eines Tages hörte, ein Buckelwal sei in die San Francisco Bay eingedrungen. Diese Wasserstraße mit hohem Schiffsverkehr ist für einen Wal eine grauenhafte Umgebung. Der Wal war den Sacramento flussaufwärts geschwommen, 130 Kilometer landeinwärts, befand sich jetzt in einem Süßwasserbereich, und die Wissenschaftler befürchteten, er werde nichts Fressbares mehr finden und seine Auftriebskraft und seine Haut würden leiden. Der Wal, den die Medien Humphrey getauft hatten, war rasch eine weltweite Sensation; Hubschrauber verfolgten ihn vom Himmel aus, und die Nachrichten hielten die Nation in Atem.[47] Denn offenbar fand er den Weg zurück ins Meer nicht, und seine Tage schienen gezählt.

Zu Dianas Arbeit gehörte es auch, das nahe gelegene Zentrum für Meeressäuger zu beraten (Marine Mammal Centre), deshalb beteiligte sie sich an den Rettungsversuchen. Das Rettungsteam versuchte alles Mögliche, um den Wal zurück ins Meer zu bekommen: Sie klopften im Wasser auf Metallrohre, so wie japanische Delfinjäger es taten, um die Tiere zusammenzutreiben, und sie spielten ihm sogar Schwertwalgesänge vor, damit er aus Angst ins Meer zurück floh; doch beides hatte keinen Erfolg. Ein an der Hilfsaktion beteiligter Regierungsbeamter warf schließlich eine sogenannte «seal bomb» ab – eine

Art Unterwasser-Schockgranate, mit der Fischer Seelöwen von ihren Netzen verjagen –, worauf der arme Humphrey sich vor Schreck aufs trockene Ufer katapultierte und zurücktransportiert werden musste. Diana erinnerte sich noch genau, wie sie ihm ins Auge schaute, ihn mit Wasser begoss und zu beruhigen versuchte. Als er wieder im Wasser war, beschloss das Team, seine Taktik zu ändern. Sie würden aufhören, ihn gewaltsam in die richtige Richtung zu treiben, und ihn stattdessen mit Aufnahmen von Gesängen anderer Buckelwale locken, die die Tiere einander in Alaska beim Fressen vortragen. In einem Zodiac-Schlauchboot und mit einem Unterwasserlautsprecher an Bord fuhr Diana mit dem Team los. Humphrey war nirgends zu sehen, selbst von oben nicht. Doch sobald Diana das Tonband abspielte, erschien er wie aus dem Nichts und folgte ihrem Boot geschlagene acht Stunden lang. Er schien den Lauten seiner fressenden Artgenossen zu folgen.

Erst am Abend vorher war Diana in ihrem Labor gewesen, um die Delfine im Becken zu beobachten. Ihr war aufgefallen, dass sie sich in der Gruppe eher schweigsam verhielten, doch sobald sie getrennt waren, zu kommunizieren begannen. Deshalb hatte sie sich bei Humphrey für die neue Taktik entschieden. «Wenn er in der Nähe war, stellte ich das Tonband ab. Wenn er sich zu entfernen begann, stellte ich es wieder an – es war, als riefe man seinen Hund. Er kam bis direkt ans Boot. Es war unglaublich. Es war unser allererstes erfolgreiches Playback-Experiment.»

Den ganzen folgenden Tag über spielte Dianas Team seine Playbacks und lockte Humphrey immer weiter aus der Bucht heraus und schließlich unter der Golden Gate Bridge hindurch. Doch nachdem sie die Brücke passiert hatten, verloren sie ihn völlig aus den Augen. Diana erzählte mir, daraufhin habe sie die kleine Flotte aus etwa einem Dutzend Schiffen angewiesen, den Motor abzustellen. Sie warteten und hielten schweigend nach ihm Ausschau. Und plötzlich tauchte Humphrey direkt neben

Diana auf. Er presste seinen Bauch seitlich an den Rumpf ihres Schiffs und blickte zu ihr und dem Walrettungsteam hoch. «Das war das Erstaunlichste, was ich je erlebt habe», sagte sie. Die Menschen hätten mit nassen Augen über der Reling gehangen, bis Humphrey kehrtmachte und aufs offene Meer zu seinen Artgenossen davonschwamm. Das war vor fast vierzig Jahren gewesen. Und doch wirkte Diana auch jetzt noch völlig überwältigt von der Erinnerung an Humphreys Rettung. «Ich glaube, in jenem Moment fand tatsächlich eine Art echter Kommunikation statt. Es war eine Sternstunde meines Lebens.» Sie hielt inne. «Und das *sagt* etwas über diese Wale.»

Wenn das Playback-Experiment funktionierte – und das tat es offenbar –, wenn die Walrufe, die Diana unter Wasser gesendet hatte, eine Bedeutung zu haben schienen, die Humphrey verstanden und auf die er reagiert hatte, dann konnte man mit Fug und Recht behaupten, dass zum ersten Mal in der Geschichte jemand mit einem Wal gesprochen hatte. Selbst wenn es vermittelt über eine Maschine geschehen war, mit der Tonaufnahme eines anderen Wals, von der niemand wusste, was sie enthielt. Es konnte durchaus sein, dass Humphrey die Laute gehört hatte, die Wale machen, wenn sie Fische fressen, und einsam und hungrig, wie er war, hatte er beschlossen, er würde gern bei diesen Walen und diesen Lauten sein. Für Diana schien kein Zweifel zu bestehen, dass sie es mit einem Tier zu tun gehabt hatte, das zu einer sprachähnlichen komplexen Kommunikation fähig war. Wieso sonst hätte ihre Begegnung mit Humphrey sie so aufwühlen können?

Unsere Zeit war zu Ende, Diana ließ mich in einem Chaos aus Notizzetteln und Sandwich-Krümeln sitzen und eilte zu ihren Studenten. Mir ging unterdessen durch den Kopf, dass der außerordentliche Moment ihres Forscherlebens, von dem sie mir hatte erzählen wollen, nicht in einem Labor stattgefunden hatte, sondern draußen, im Wasser, mit einem verirrten Wal, der zu ihr kam und sie anschaute. Diese eindrückliche leibhaftige Erfahrung – jenseits der eigenen Kontrolle, nach den Maßstäben eines frei lebenden Tiers – war für sie genauso wertvoll wie das angehäufte Beweismaterial aus dem Labor.

Noch vor wenigen Jahrzehnten wäre man der Frage, ob wir mit Tieren kommunizieren können, mit Herablassung begegnet. Jahrhundertelang war unsere Kultur auf den Umgang der Menschen untereinander begrenzt gewesen: Wir scherten uns nicht um andere Tiere wie Wale und Delfine, und wir dachten, es lohne sich nicht, sich groß für ihre inneren Welten zu interessieren. Doch jetzt tun wir es, und wir sind fasziniert. Wir wissen inzwischen, dass diese Tiere kommunizieren, und nicht nur mit ihresgleichen, sondern auch mit anderen Arten. Wir wissen, dass ihr Körper für Kommunikation ausgelegt ist und dass sie ein beeindruckendes Gehirn haben. Bei Laborversuchen sind diese Körper und diese Gehirne offenbar in der Lage, Möglichkeiten der Kommunikation zu erlernen, die auf eine erstaunliche Kognition hinweisen, darauf, dass sie über einige Elemente unserer Sprache und unserer Auffassung von der Welt verfügen. Die Wale und Delfine dort draußen, sie kommunizieren, und sie sind sich dessen womöglich sogar bewusst. Wenn irgendein anderes Tier aufgeschlossen für Unterhaltungen war, dann schienen sie gute Kandidaten zu sein.

Und wie konnten wir uns nun vergewissern, dass es stimmte? Diana hatte mir das Problem dargelegt:

«Wir haben keine Ahnung, wie ihre Vokalisierungen organisiert sind und wie sie funktionieren», hatte sie gesagt und, indem sie über den Tisch langte, auf meinem Notizblock in groben Zügen ein Delfinpfeifen skizziert. «Ist das jetzt ein Satz oder ein Wort?», hatte sie gefragt. Und wo war überhaupt dessen Anfang und wo das Ende?

Was waren Signale in den Aberhunderten von Stunden mit Tonaufnahmen der Wale, und was war nur Geräusch? Stellen Sie sich vor, Sie liefen den ganzen Tag mit einem Mikrofon herum. Sie nähmen lauter verschiedene Geräusche auf. Einige da-

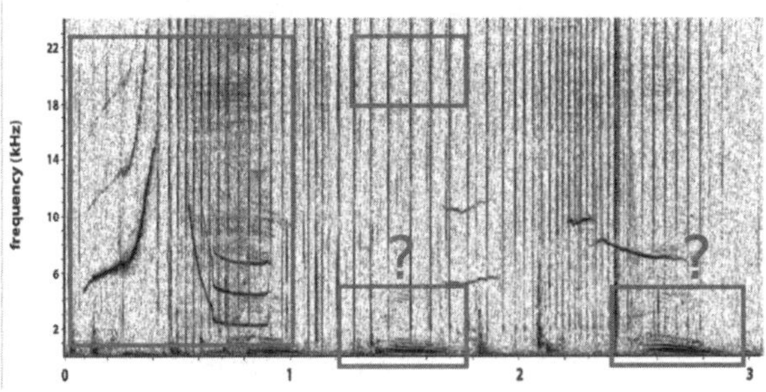

39 **Spektrogramm einer Delfin-Vokalisierung, aufgenommen von einem von Dianas Studenten.**[48]

von würden Ihre Kommunikations-Geräusche sein, aber es gäbe auch Gegrummel, Magenknurren, Schniefer und Seufzer. Wie sollte ein Wissenschaftler der Delfinwelt, der die Aufnahmen Ihres Mikrofons analysiert, da Ihre eigenen sinntragenden Geräusche vom allgemeinen Rauschen, von unvollendeten Sätzen, von genervtem Stöhnen und von Rülpsern unterscheiden können? Eine Sache ist es, einen Code zu entschlüsseln, aber erst einmal müssen Sie ihn aus dem Rauschen herausfiltern. Und auch wenn Sie das könnten, würde es mehr Zeit in Anspruch nehmen, als Sie in Ihrem Leben zur Verfügung haben, um alles durchzuarbeiten und die Teile der Aufnahme zu markieren, die Sie untersuchen wollen. Sie bräuchten einige Tausend Leben. Und wir haben bis jetzt nur einen Bruchteil der Laute, die ein bestimmter frei lebender Delfin oder Wal an einem Tag von sich gibt, aufgenommen und sie dann mit ihrem entsprechenden Verhalten verglichen.

Als ich darüber nachdachte, wie ausgesprochen mühsam es ist, in einen anderen Kopf einzudringen, den Kopf eines Wesens, das unter Wasser lebt und in Tönen sieht, begriff ich allmählich, wieso wir noch nicht in der Lage sind, mit Walen zu sprechen, und warum wir ihnen stattdessen beigebracht hatten, mit uns auf eine Weise zu kommunizieren, die wir schon verstehen konnten – in Bildsymbolen und mit menschlichen Lauten. Nachdem ich mit so vielen Leuten gesprochen hatte, die diese Tiere kannten, die sie erforschten und die ihr Leben so eng wie möglich mit ihnen verbracht hatten, fragte ich mich, ob die größte Hürde, die uns daran hinderte, sie zu verstehen, wir selbst waren: unsere eingeschränkten Sinnesorgane, unser Körper, unsere Lebensspanne und unser begrenzter Verstand.

Sie leben im Meer, wo unsere Sinne wenig effektiv arbeiten und wo wir nicht atmen können. Wir können nur in Schiffen hinausfahren und auch dann nur kleine Einblicke in ihr Leben ergattern. Wie können wir erwarten, sie zu verstehen, wenn wir sie die meiste Zeit überhaupt nicht zu Gesicht bekommen, geschweige denn aufnehmen können? Und falls es uns doch gelänge, genügend relevante Informationen aus ihrem Leben in Freiheit zu gewinnen, hätten wir – ohne eine Art Rosettastein – kaum eine Chance, ihre Kommunikation zu entschlüsseln.

Ich war anfangs skeptisch gewesen, ob wir Waltiere überhaupt jemals verstehen würden. Wie Joy am Anfang meiner Reise zu mir gesagt hatte: «Einen Wal kann man nicht fragen.» Und das stimmt immer noch. Und während Diana und ihre Kollegen mit ihren Entdeckungen den Bereich der menschenähnlichen Fähigkeiten von Delfinen vergrößert hatten, entwickelten andere Wissenschaftler Möglichkeiten, das Gehirn von Waltieren in ihrer eigenen Welt und zu ihren eigenen Bedingungen auszuforschen. Am Anfang des einundzwanzigsten Jahrhunderts begannen sie, die Meere auszuhorchen. Sie erschufen übermenschliche mechanische Gehirne und Körper und haben die Biologen von ihren bisherigen Beschränkungen befreit.

Wenn alles Vorhergehende von der Vergangenheit gehandelt hat, dann geht es im Folgenden um die Zukunft.

8

DAS MEER HAT OHREN

Nānā ka maka, ho'olohe ka pepeiao, pa'a ka waha.
Beobachte mit den Augen; horche mit den Ohren; schließe den Mund. So lernt man.[1]
Traditionelles hawaiianisches Sprichwort

1967 stellte der Schriftsteller und Dichter Richard Brautigan sich eine Zukunft vor, in der Maschinen uns von unseren lästigen Pflichten befreien würden, sodass wir Zeit hätten, zu unseren «Bruder- und Schwestersäugetieren»[2] zurückzukehren, während «Maschinen der liebenden Gnade über uns wachen». So wie unsere Vorstellung von Tieren sich im Laufe der Zeiten geändert hat – von biologischen Maschinen zu fühlenden, sogar intelligenten Wesen –, haben Maschinen unsere Fähigkeit, Tiere *wahrzunehmen*, verwandelt. Diese Verschiebung hat sich in den vergangenen Jahrzehnten stark beschleunigt, und zwar mit Technologien, die es auch den naturabstinentesten Metropolenmenschen erlauben, das Leben anderer Tiere so intensiv wie nie zuvor zu beobachten. Brautigans vorausschauende Vision hat sich nicht ganz so bewahrheitet, wie er es sich vielleicht vorgestellt hat, aber Maschinen sind auf jeden Fall vorhanden, und sie beobachten. Und horchen.

Die Insel Hawaii, auch Big Island genannt, ist die größte des hawaiischen Archipels, einer Kette aus 137 Inseln, Atollen, Inselchen und Unterseebergen, die sich mitten im Pazifik über 2500 Kilometer von Nordwesten nach Südwesten erstreckt. Es handelt sich um junges Land, um einen gewaltigen Vulkanberg

40 **Ein Buckelwal springt aus dem Wasser und späht die Umgebung über der Wasseroberfläche aus.**

aus Magma, das aus den Gedärmen der Erde quoll und, die Kruste des Planeten durchbrechend, in die Tiefsee gelangte und über der Wasseroberfläche eine 150 Kilometer breite Masse aus erloschenen, schlafenden und aktiven Vulkanen gebildet hat. Es ist lebendiges, wachsendes Land. Ich konnte selbst beobachten, wie Lava nachts von den Klippen in den Ozean stürzte, glühendrotes Felsgestein und weißer Dampf die Mauern auf der

Insel erleuchteten und der Strom sich durch die Vororte schob und Anwesen und Straßen brutal mit riesigen Bergen heißer, scharfkantiger Steine zerschmetterte und nurmehr Briefkästen auf Orte hinwiesen, wo vor wenigen Monaten noch Häuser gestanden hatten. Über frischer Lava errichtete neue Straßen dampften ununterbrochen, große Risse entließen stinkende, ätzende Gase, die nach und nach die metallenen Tore und Blechdächer der benachbarten Häuser zerfraßen. Eine Szenerie wie aus einer anderen Welt.

Der höchste Berg ist der heilige Gipfel Mauna Kea. Der hawaiischen Schöpfungsgeschichte zufolge wurden die Inseln durch die Erdgöttin Papa (Kurzform für Papahānaumoku) und den Himmelsvater Wākea erschaffen; und sie begannen mit der großen Insel Hawaii.[3] Der Berg war ihr Erstgeborener und sein Gipfel – der Piko oder Nabel – dessen Mitte, Anfang und Ende. Vom Meeresboden, wo der Berg beginnt, bis zu seinem Gipfel misst er 10203 Meter und ist damit der höchste Berg der Erde, höher als der Everest. Man kann in den warmen Gewässern, die seine Flanken umspülen, schwimmen und dann hinauf zum Gipfel fahren, euphorisch und schwindelig von der Höhe, und wenn man oben ist, durch seine vereiste Kuppe brechen. Man kann den tropischen Sonnenuntergang beobachten, wobei die goldenen Kugeln einiger der leistungsstärksten Teleskope der Welt den Bildausschnitt rahmen; diese wissenschaftlichen Stationen finden sich überall auf den Gipfeln der Insel, und ihre Verschlüsse öffnen sich klackernd in der Dämmerung. Die Luft ist dünn, und es gibt kaum Lichtverschmutzung. Von diesen Stationen aus wird seit 1958 die Zunahme von Kohlendioxid in der Atmosphäre verfolgt, und durch diese Teleskoplinsen haben wir tief in den Weltraum und in die Atmosphären anderer Planeten geblickt. Am Fuße des Bergs erstrecken sich Wüsten und Lavaebenen, üppiger Dschungel und Schnee, schwarze Sandstrände und Sümpfe. Und die sonderbare Vielfalt der Geologie spiegelt sich im Durcheinander der Besiedlung durch

Menschen: Strandnahe Grundstücke von Tech Tycoons, wissenschaftliche Forschungsstationen und Protestcamps hawaiianischer Ureinwohner gegen deren Ausbreitung, Kaffeeplantagen, Ferienresorts, spirituelle Orte für Klitoris-Meditation, Rinderfarmen, gepflegte Golfplätze in tödlicher Stille und Militäreinrichtungen der USA.

Hawaii mag zwar wie ein Paradies wirken, aber es ist auch eines der kaputtesten Ökosysteme auf dem Planeten. Die Ankunft der ersten polynesischen Siedler vor 1500 Jahren und die der Europäer, die während der vergangenen beiden Jahrhunderte in mehreren Wellen auf die Insel kamen, verursachten ein ökologisches Desaster, indem sie die einzigartige endemische Pflanzen- und Tierwelt, die sich dort entwickelt hatte, vernichteten. Tiere wurden gejagt, Wälder gerodet, es wurden gezielt neue Tiere und Pflanzen eingeführt, oder sie gerieten zufällig dorthin – als blinde Passagiere, die die Inselkette kolonisierten. Es starben so viele Arten aus, dass Hawaii auch das globale Zentrum der Auslöschung genannt wurde. 2019, dem Jahr, als ich die Inseln besuchte, war gerade ein winziger Überlebender dieser Vernichtung gestorben, George, eine hawaiische Baumschnecke, *Achatinella apexfulva*, die letzte ihrer Art.[4] Im neunzehnten Jahrhundert sollen, so heißt es, an einem Tag 10000 Schneckenhäuschen in einem hawaiianischen Wald gesammelt worden sein, und man habe mehr als 750 Arten gezählt. Heute gibt es nur noch weniger als ein Drittel von ihnen. Der Überlieferung nach wurden Schnecken auf Hawaii verehrt; man glaubte, sie könnten wunderschön singen, doch von der singenden Art hat keine überlebt. Zu den ausgestorbenen Tieren gehören unter anderem auch der Kona-Riesenspanner, die Langbeineule, die Laysan-Apapane und eine kleine Fledermaus, von der wir nur wissen, weil ihre winzigen Knöchelchen in einem Lavaeinschluss gefunden wurden. Während ich dieses Buch schrieb, sind weitere elf Vogelarten für ausgestorben erklärt worden.[5] In den Wäldern von Kauai wird man nie mehr den eindringlichen

Ruf des 'o'o (Krausschwanz) hören; niemand wird mehr die leuchtenden Farben des Maui akepa (Maui-Akepakleidervogel) und des Kakawahie (Molokai creeper) zu sehen bekommen.

Die meisten Arten waren schon ausgestorben, bevor die vielen Europäer mit ihrer Besessenheit fürs Klassifizieren sie entdeckten und ihnen lateinische Namen verpassten – ausgestorbene Tiere, die in einer ausgestorbenen Sprache definiert wurden. Allein die Vogelarten schrumpften dramatisch: von 140 auf weniger als siebzig, und die Übriggebliebenen mussten sich mit kleinsten Waldresten begnügen. Auf Hawaii, der Big Island, lebten viele dieser Übriggebliebenen inzwischen hoch oben über den Golfplätzen, den Hotels und sogar über den Viehweiden – grünen Wüsten aus morastigem Gras, wo einst dichte, artenreiche Wälder gestanden hatten. Die Bäume, die nicht abgeholzt worden waren, wurden alt, und ihre Setzlinge und Schösslinge verschwanden in den gnadenlosen Mäulern von Kühen und Schafen; es wuchsen also keine neuen, die die alten ersetzten. Heute existieren nur noch hier und da vereinzelte Restbestände ursprünglichen Walds. Doch selbst dort, in den wenigen übrig gebliebenen Zufluchtsstätten, waren die Vögel nicht sicher. Invasive Mücken brachten ihnen die Vogelmalaria, und als sich im Laufe des Klimawandels die Berge Jahr um Jahr stärker erwärmten, wanderte der Lebensraum der Mücken immer höher; und indem sie sich an den überlebenden Vögeln ernährten, reichten sie ihnen ihre tödlichen Parasiten weiter. Inzwischen können die Vögel nirgendwo mehr hin, unten wartet die Seuche, und oben ist die Luft zu dünn.

Es mag überraschend klingen, aber diese Inselkette, der Geburtsort des Surfens, der letzte Staat, der sich dem amerikanischen Bund anschloss, ist auch ein Versuchsfeld für maschinelle Tierausspäher und Abhörapparate. Entwickelt wurden diese Werkzeuge von Wissenschaftlern, die heikle Tiere erforschten: seltene Tiere, schwer zu findende Tiere, Tiere, die hochgefährdet sind und nicht gestört werden dürfen, und solche, die kurz vorm Aussterben stehen – winzige Vögel und riesige Wale. Die Reise nach Hawaii bot mir die Gelegenheit, einige außergewöhnliche Menschen kennenzulernen, die an der Entwicklung von Technologien zur Rettung bedrohter Arten arbeiteten und damit womöglich auch dazu beitrugen, dass die Codes der Tierkommunikation geknackt werden. An der Universität von Hilo auf der Ostseite der Big Island gibt es ein Labor, das sich Listening Observatory for Hawai'ian Exosystems (LOHE) nennt, wobei das Akronym gleichzeitig ein hawaiianisches Wort ist, das «mit dem Ohr wahrnehmen» bedeutet. Es ist ein bioakustisches Labor, darauf spezialisiert, Abhörgeräte zum Aufspüren von Tierstimmen an Orten einzusetzen, an denen sich Menschen gar nicht oder jedenfalls nicht lange aufhalten können.

Dies ist sein Logo, das einen Buckelwal und einen ‹i›iwi'-Vogel unter einem schneebedeckten Vulkan zeigt, beide verbunden durch die Form einer akustischen Welle. Unter all den vielen Konkurrenten ist dies mein absolutes Lieblings-Laborlogo.

41 **Das LOHE-Logo.**

Bei meinem Treffen mit Professor Patrick Hart in Hilo regnete es in Strömen. Er hatte einen verwuschelten, graumelierten Haarschopf und Lachfalten um die Augen, die sofort in Aktion traten, als er mich mit einem breiten Grinsen begrüßte. Wir flüchteten uns vor dem Wolkenbruch in einen Supermarkt, um ein bisschen Proviant für einen, wie sich herausstellen sollte, sehr langen Tag einzukaufen. «Essen Sie nicht den Salat», warnte er mich, «es gibt hier gerade einen Rattenlungenwurmbefall, und Sie können sich den holen, wenn Sie eine Schnecke essen.» Mehr musste ich nicht wissen. Zu uns gesellte sich ein jugendlich wirkender Doktorand aus Baltimore namens Andre, gemeinsam wollten wir ihre abgelegene Versuchsstation im Hakalau Forest National Wildlife Refuge aufsuchen, wo einige der seltensten Vögel der Welt lebten. Andre erzählte mir, er sei ein amerikanisch-vietnamesischer Collegestudent und habe entgegen den elterlichen Wünschen sein Marketing-Studium aufgegeben und Tierverhalten studiert. Dies war Andres erste Exkursion auf den Berg, und er sog die Landschaft in sich auf, während wir zu der Station hinauffuhren, die für die nächsten Jahre sein Forschungsstandort sein würde. Das Schutzgebiet liegt hoch oben an der Flanke eines der beiden Hauptvulkane; unser Aufstieg begann also an der tropischen Küste mit ihren Dschungelbäumen, führte weiter durch grasbewachsene Ebenen und über felsige Vulkanhänge und dann wieder in sumpfiges Gelände, wo die Bergwand die neblige Luft zu verschlucken schien. Die Landschaft war jetzt grün, aber kahl und baumlos wie eine mongolische Steppe. Nachdem wir etwa zwei Stunden lang über eine steinige Piste geholpert waren, kamen hier und da vereinzelte riesige, dunkle, krumm gewachsene Bäume in Sicht, und mir fiel auf, dass wir tatsächlich seit einer ganzen Weile kein Laubwerk mehr gesehen hatten. Diese 'ōhi'a-Bäume hatte es schon gegeben, bevor die Europäer kamen, sie mussten um die vierhundert Jahre alt sein.

Während der Fahrt erzählte Pat uns von den Wundern des Vogelgesangs: dass ihre Rufe so viel komplexer als unsere menschliche Stimme seien, die er scherzend mit den Worten «nichts als Niederfrequenzgemurmel» abtat. Er erklärte mir, dass unterschiedliche Vogelarten in verschiedener Höhe und zu verschiedenen Zeiten – auf unterschiedlichen akustischen Kanälen – sängen, damit ihre Stimmen sich nicht überlagerten. Man habe, sagte er, den Vogelgesang lange Zeit für ziemlich schlicht gehalten, doch je genauer er, Pat, sich damit beschäftige, desto komplexer, individueller und variabler erscheine er ihm. Nach gut zwei Stunden auf einer Straße gelangten wir nach einer Kurve plötzlich in einen Waldstreifen aus einheimischen Bäumen. Es handelte sich um einen der letzten übrig gebliebenen Gürtel aus ursprünglichem Wald auf der Insel. Ein Bereich mit jüngeren Bäumen und Gehölz schloss sich unmittelbar an. In den dreißig Jahren, die Pat schon hier arbeitete, und seit Kühe und Schafe daran gehindert wurden, die Schösslinge zu vertilgen, und auch mit ein bisschen menschlicher Nachhilfe kamen die ursprünglichen Wälder allmählich zurück und mit ihnen die Vögel.

Es war früher Nachmittag, als wir unsere Vorräte in der Hakalau Field Station ablieferten, einem großen, niedrigen Gebäude, an dem Pat vor Jahrzehnten mitgebaut hatte. Es stand wie eine Art hölzerne Raumstation auf Stelzen auf unebenem Grund und verfügte über einen zentralen Ess-, Forschungs- und Aufenthaltsbereich, der über Gänge mit kleineren Schlafräumen mit Stockbetten verbunden war. In der Nähe watschelten attraktiv gestreifte Vögel mit schwarzen Masken umher, die nēnē (Hawaiigans) hießen. Es sind die seltensten Gänse der Welt; man findet sie nur auf Hawaii, und sie sind ein Sinnbild der Hoffnung. Irgendwann gab es nur noch dreißig frei lebende Exemplare, doch dank eines heroischen Einsatzes für ihr Überleben (zu dem auch ein Zuchtprogramm in Gefangenschaft gehörte, das von Sir Peter Scott geleitet wurde, dem Sohn des berühmten Antarktisforschers Robert Falcon Scott), gibt es inzwischen über dreitausend. Während der Fahrt hatten wir zusammengequetscht zwischen Besteck und Kissen und anderen Ausrüstungsgegenständen im Auto gesessen; nachdem wir jetzt alles ausgeladen hatten, zogen wir Gummistiefel an und liefen über eine grasbewachsene Lichtung und dann einen Weg entlang in den Wald hinein. Binnen Minuten waren wir vollkommen durchnässt von einem alles durchdringenden feinen

42 **Pat Hart umarmt einen Baum.**

Regen. Ich konnte in der Ferne gerade einmal ein paar kleine Vögel im Flug ausmachen, aber mein Fernglas war so regenbespritzt, dass ich die Linsen freilecken musste, um überhaupt etwas zu sehen. Während wir marschierten, wies Pat mich auf die extrem seltenen Vögel hin, die in der Ferne über Äste hüpften. «Das ist ein 'amakihi» (Amakihikleidervogel), sagte er, und ich nickte weise, aber für mich hätte es genauso gut ein Marsriegel sein können.

Wir liefen eine Stunde lang bergab; völlig durchweicht vom schräg kommenden Regen reckten wir unsere Köpfe in Richtung der kleinen fliegenden Schatten, die zwischen den Bäumen hin und her flitzten. Pat identifizierte diese Vögel nicht anhand ihres Aussehens, sondern anhand ihres Rufs. Er wirkte wie ein Mann, der sich hier vollkommen zu Hause fühlte, ganz in seinem Element. Er grinste und holte tief Luft. Dies sei sein Lieblingsort auf der Insel, sagte er, vielleicht sogar auf der ganzen Welt, obwohl es ihn traurig mache, dass diese Tiere wahrscheinlich aussterben würden und mit ihnen so viele andere. Der Wald war herrlich und die Luft so klar, dass, wenn man auf ein Stück Rinde blickte, sie einem wie ein eigener winziger Wald vorkam, mit Moosen und Flechten, so zart und grün, dass sie zu leuchten schienen. Pat maß schon seit Jahren viele dieser Bäume, und er zeichnete auf, wie sich das Vogelleben und ihr Gesang mit dem Größerwerden der Bäume veränderte. Er kannte viele dieser Bäume sozusagen persönlich und hatte manche von Anfang an beobachtet.

Schließlich bekamen wir doch noch einen Vogel direkt zu Gesicht. Es war ein ‹i›iwi’ (Liwikleidervogel), leuchtend scharlachrot und mit einem dicken, gebogenen Schnabel, dessen Länge ein Viertel seines Körpers ausmachte. Sein Partner flitzte in der Nähe umher. Der ‹i›iwi’ hob den Kopf und sang laut los. Irgendwo tiefer im Wald rief ein anderer Vogel. Pat wirkte fast noch glücklicher. «Ich weiß nicht, was das ist», sagte er. Doch er ergänzte, der Kasten an dem Baum hinter mir wisse es vielleicht. Er war grün und aus Plastik und so groß wie eine Brotdose für Kinder. Darin befänden sich ein Mikrofon und ein kleiner Computer. Der Wald sei voll von ihnen, erklärte er mir – und in allen lauschten elektronische Ohren und zeichneten Tag und Nacht auf. Wie ich selbst habe feststellen können, ließen sich die Vögel, wenn man sie unterwegs sieht, nur sehr schwer identifizieren, aber mit seinen Maschinen, die für ihn lauschten, habe er dieses Problem gelöst. Dann berichtete er mir von neuen, billigen Aufnahmegeräten, die AudioMoths hießen, weit empfindlicher seien als menschliche Ohren und tiefere Frequenzen als diese, aber auch sehr viel höhere im Ultraschallbereich erfassen könnten. Diese Aufnahmegeräte würden nur drei AA-Batterien benötigen, seien unverwüstlich und winzig und mit der Vorrichtung in dem Kästchen hätten sie die Größe einer zwei Zentimeter dicken Kreditkarte. Was aber noch erstaunlicher sei: Man könne sie trainieren. Mithilfe von Computeralgorithmen würden sie nicht nur den Wald aufnehmen, sondern man könne ihnen beibringen, verschiedene Vogelrufe zu identifizieren und anzugeben, welche Vögel sich gerade in der Umgebung aufhielten. Andere Geräte, die Pat ebenfalls zum Einsatz bringen wollte, konnten sogar darauf programmiert werden, das Sirren einer Malariamücke zu identifizieren. Und sobald sie die Geräusche entdeckten, auf die sie trainiert waren, schickten die Geräte eine Nachricht an das viele Autostunden entfernte Labor und brachten eine Karte, die die vorhandenen Arten erfasste, in Echtzeit auf den neuesten Stand. Auf diese Weise konnten Naturschützer über die Textnachrichten des Sensorkästchens informiert werden, wenn Lebensbereiche seltener Vögel von tödlichen Mücken heimgesucht wurden, anstatt später auf malariaverseuchte tote Vögel zu stoßen. Es waren rechnerferne, dauerhaft funktionierende Maschinenohren, darauf eingestellt, Tiere akustisch aufzuspüren und zu melden, was sie wo gefunden hatten.

Ich ließ das sacken. Nach dem Studium hatte ich in einem ähnlichen Wald auf Mauritius als Vogelschützer gearbeitet, mit der Aufgabe, gefährdete Vögel aufzuspüren. Damals suchte ich mir immer ein bestimmtes Stück Wald aus, stand um 5 Uhr 30 auf und zog in der Morgendämmerung los. Dort saß ich dann stundenlang regungslos am selben Platz, in der Hoffnung, die typischen Geräusche der seltenen Rosa Mauritiustauben zu hören – Laute, die sie beim Landen ausstießen oder wenn sie nickend und gurrend einander zu verführen suchten oder wenn die Jungen um Fressen bettelten. Ich horchte auch auf das Krächzen des Mauritiussittichs und den kreischenden Ruf des Mauritiusfalken. All diese Vögel waren so selten, dass sie in Gefangenschaft nachgezüchtet werden mussten, nachdem sie fast ausgerottet worden waren – von der Mauritiustaube hatte es am Schluss nur noch neun Exemplare gegeben, von den Mauritiusfalken nur noch ein brütendes Weibchen. Jeder einzelne Vogel, den ich finden konnte, zählte in der Überlebensquote der Art. Manchmal hatte ich Glück und sah sogar einen und konnte ihn an dem bunten Ring an seinem Fuß darüber hinaus auch identifizieren. Meistens aber hörte ich sie nur aus der Ferne. Da diese Laute so leicht zu verpassen waren, hörte ich normalerweise stundenlang exakt gar nichts und trug das für den entsprechenden Morgen in mein Protokollheft ein. Manchmal hörte ich in dem Bereich, den ich mir vorgenommen und wo ich tagelang gewartet hatte, nicht einen einzigen Vogel, obwohl ich wusste, dass es dort welche gab. Auf diese unglückselige, ineffektive Weise versuchte ich, indem ich einen Tag lang unter einem bestimmten Baum in einem bestimmten Waldstück saß, das Leben ganzer Populationen dieser hoch gefährdeten Vögel zu erfassen. Ich hatte zwar gelernt, ihre Rufe zu erkennen, aber manchmal war ich einfach abgelenkt oder krank. Und ich konnte nicht überall zur selben Zeit sein. Pats Wald dagegen hatte seine eigenen Ohren.

Wir Menschen sind natürliche Experten im Muster-Entdecken. Unseren evolutionären Erfolg verdanken wir dieser Fähigkeit, Muster in der Welt zu finden und sie uns zunutze zu machen. Welche Beere kann man essen? Zu welcher Jahreszeit wächst sie? Welcher unheimliche Lärm zeigt an, dass es Zeit wird, sich eine andere Wohnhöhle zu suchen? Wenn welche Blätter fallen, wird es Zeit, einige Tiere zu häuten und sich um wärmere Kleidung zu kümmern? Wir interpretieren Signale der uns umgebenden Welt, wir identifizieren sie und teilen einander Auffälligkeiten mit; und wenn wir recht haben, ist für unser Überleben gesorgt. Wir nehmen diese Werkzeuge zur Mustererkennung mit in unser alltägliches Leben. Zum Beispiel können Sie das unangenehme Muster wütender Betrunkenheit in der Stimme eines Mannes im Nachtbus zwischen den Stimmen der anderen Passagiere heraushören und steigen lieber eine Station früher aus. Sie machen in Gesellschaft einen Witz und bemerken, wie eine Person errötet, die Ihnen gefällt, und denken: *Vielleicht mag sie mich auch.* Wir identifizieren gezeichnete figurative Muster – Strichmännchen oder Piktogramme – mit unseren Augen als Menschen, und unser Gehirn fantasiert sich aus dem Muster der Zweige in einem nächtlichen düsteren Wald Gestalten zusammen, die gar nicht existieren. Unsere Nase erkennt am Geruchsmuster, dass der Toast gleich schwarz wird.

Man kann Biologen auch als Mustererkenner betrachten, die sich darauf spezialisiert haben, sich wiederholende Formen und Verhaltensweisen in der Welt des Lebendigen zu entdecken. Genau das war auch mein Auftrag auf Mauritius gewesen; ich hatte das Muster seltener Vögel inmitten einer Geräuschkulisse aus Insekten, Wind und meinem eigenen Atem herauszuhören. Pats Kästen waren bessere Mustererkenner von Waldvögeln als ich. Und, anders als ich, konnten sie überall gleichzeitig sein, und zwar immer. Aber wie lernte der Kasten, was ein ‹i›iwi’ war und was nicht? Pat sagte, er benutze etwas, das sich maschinelles Lernen nennt, dabei lerne die Computer-Software, wiederkehrende Muster in Daten aufzuspüren. Er sagte, all das stecke noch in den Kinderschuhen, aber auch das, was jetzt schon mit maschinellem Lernen geleistet werden könne, sei absolut verblüffend. Es übersteige sein Vorstellungsvermögen, was demnächst sonst noch alles möglich sein werde. Diese grüne Brotdose sei verdammt cool, meinte ich. Und dann ging mir auf, dass die grüne Dose wahrscheinlich auch mich gehört hatte und irgendwo in der Datenmenge dieses Kästchens unsere aufgezeichnete Unterhaltung konserviert war. Vielleicht würde irgendwann in der Zukunft ein Forscher die Algorithmen darauf abrichten, aus all den Waldaufnahmen der vergangenen Jahrzehnte menschliches Sprechen herauszufiltern, und der Algorithmus des maschinellen Lernens würde diese Audiosequenz markieren und meine Unterhaltung mit Pat hörbar machen – und vielleicht würde ich sogar viele Jahre später in Schwierigkeiten geraten, weil ich das Kästchen mit einem hässlichen Wort bedacht hatte.

In dem Moment mischte sich Andre ein und berichtete, dass momentan jeder Doktorandenjob als Suche nach Biologen mit Erfahrung in maschinellem Lernen ausgeschrieben sei. Darauf meinte ich zu Andre, so sehe wohl die Zukunft aus: Maschinen würden als Biologen eingesetzt werden. Dabei machte er ein trauriges Gesicht. «Ob wir dann überhaupt noch rausgehen und wissenschaftlich forschen können?», fragte er niedergedrückt. «Ich hoffe sehr. Das ist es doch, was wir Biologen wollen.» Da standen wir nun im Nieselregen und sahen zu, wie der reizende kleine ‹i›iwi’ tschirpend von einer roten Zylinderputzerblüte zur nächsten hüpfte. Andre hatte auf etwas Entscheidendes hingewiesen. Ein Computer konnte die Szene beobachten, aber er konnte sie bis jetzt noch nicht wertschätzen.

Pat unterbrach mich in meinen Gedanken und erzählte mir von einer jungen Frau namens Esther, einer seiner Studentinnen, die einem Computer beigebracht hatte, aus der Waldkakophonie die Gesänge von Amakihikleidervögeln herauszufiltern, eine Fähigkeit, für deren Erlernen Menschen viele Tage brauchten. Es sparte in mehrfacher Hinsicht Zeit: Biologen konnten sich mit Computereinsatz an einem einzigen Tag bestätigen lassen, dass ein Vogel in einem bestimmten Waldstück vorkam, während Menschen normalerweise Wochen gebraucht hätten. Wenn einem nicht mehr so viel Zeit bleibt, Tiere zu schützen, könnten diese Maschinen Arten retten. *Arten retten!* Wenn die Informationen und die Codes des Algorithmus ins Netz gestellt werden, «kann jeder sie benutzen», hatte Esther gegenüber den *University of Hawai'i News* erklärt. Der Algorithmus könnte so eingestellt werden, dass er *jede* Tierart erkennt.

Bäm.

Nur wenn Sie sich Tag um Tag in einem feuchten, rutschigen Wald den Hals ausgerenkt haben, todmüde und unsicher,

43 **Ein ‹i›iwi'-Vogel (Liwikleidervogel) hockt in einer Zylinderputzerblüte.**

ob das, was Sie hören, auch das ist, was Sie denken, voller Sorge, Sie hätten versagt, Ihre Zeit verplempert und schreckliche Daten gesammelt, und immer im Bewusstsein, dass das Fenster zur Rettung der Arten, die Sie aufspüren wollen, sich bald schließt –, nur dann begreifen Sie vielleicht, was für eine große Sache das ist. Für mich war es in der Tat eine große Sache. Und nicht nur wegen der Rettung von Arten, sondern auch als Möglichkeit, ihre Kommunikation zu verstehen. Wenn die Maschinen gelernt hätten, verschiedene Arten zu unterscheiden, erklärte Pat, könnten sie auch feinste Unterschiede zwischen den einzelnen Vögeln markieren. Mit seinen AudioMoths hatte Pat festgestellt, dass die Vögel, die er beobachtete, an unterschiedlichen Orten unterschiedliche Akzente und Dialekte[6] benutzten und dass einzelne Vögel über verschiedene Stimmen verfügten und ihren Gesang jeweils an die entsprechende Situation anpassten. Wenn Biologen bis dahin höchstens hatten sagen können: «Dieser Vogel war hier», konnten wir jetzt mithilfe der Maschinen erkennen, dass jeder Vogel einzigartig war, dass ihre Rufe sich im Laufe ihres Lebens veränderten, dass sie sich entsprechend ihrer jeweiligen Umwelt entwickelten. Weil ihre Gesänge aufgenommen wurden, konnten sie verglichen und analysiert werden. Und im Laufe der Zeit ergaben sich Muster an Klang- und Ortsveränderungen. Ich fragte Pat, ob er gelegentlich darüber nachdenke, was wohl verloren gegangen war – all die Gesangskulturen der Vögel, die es gegeben haben musste, als die Koa-Akazien, die wir hier vor uns sahen, noch winzige Schösslinge und die Wälder noch nicht gerodet worden waren, als die Vögel zur Zeit von Kapitän Cooks Landung noch die ganze Insel bevölkerten. Er blickte zu Boden. «Ja», sagte er. «So vieles ist verloren gegangen.» Wir kehrten zurück zur Station und überließen das kleine Kästchen am Baum seiner Aufgabe zu horchen, zu warten und zu sortieren.

Ich kann mich noch lebhaft daran erinnern, wie ich zum ersten Mal auf Hawaii schwimmen war. Ich befand mich an einem Sandstrand und lief in die Brandung hinaus. Als die nächste Welle anrollte und sich brach, tauchte ich unter ihr weg und schwamm eine Weile unter Wasser. Und sofort hörte ich die Wale. Ich war so überrascht, dass ich mich fragte, ob mein Verstand mir einen Streich spielte. Die mir vertraute Unterwassergeräuschlandschaft bestand aus berstenden Brechern und Schiffsmotoren und meinem eigenen Atmen im Schnorchel – laute, undifferenzierte, chaotische Geräusche. Dies hier war etwas anderes. Ich konnte mehrere Wale hören, deren Gesänge einander überlagerten. Manche waren laut, andere leise. Es wurde gegrunzt, gequietscht, gestöhnt, gebellt und lang und klagend geheult. Als ich den Kopf aus dem Wasser hob und in die Luft hielt, waren die Geräusche verschwunden, und ich konnte wieder die Menschen am Strand hören, die schrien und spielten, völlig ahnungslos. Es war, als hätte ich einem heimlichen Konzert im Meer beigewohnt.

Mit dem LOHE machte mich ein Walbiologe namens Marc Lammers bekannt. Er benutzte fest im Meeresboden installierte Abhörgeräte, ähnlich wie die AudioMoths, die sich EARS

(Ecological Acoustic Recorders) nannten (deutsch: OHREN, ökologische akustische Aufnahmegeräte), mit denen er die Walgesänge abhörte und die Buckelwale verfolgte, die sich in der hawaiianischen Inselwelt aufhielten. Bis vor wenigen Jahren waren Menschen, die mit Fernglas und Notizblock in Liegestühlen auf Hügeln saßen, das Hauptwerkzeug zum Zählen von Buckelwalen gewesen. Natürlich ist diese Methode immer noch hilfreich und wird weiter praktiziert, aber Marcs Technik war eine bahnbrechende Neuerung, die es den Menschen erlaubte, sehr genau die Wale zu zählen, die jedes Jahr erschienen. Um die Veränderung seiner Arbeit durch diese Technik zu beschreiben, sagte er, es sei, als «sähe man anstatt durch ein Schlüsselloch durch ein Bullauge».

Schon lange waren viele Bewohner der Inseln in diese klagenden, geheimnisvollen Laute verliebt. 2003 hatten einige technologisch Versiertere nach einer Methode gesucht, sie festzuhalten und zu übertragen, damit jeder sie überall auf der Welt in Echtzeit hören konnte. Sie gründeten eine gemeinnützige Einrichtung, die Jupiter Research Foundation (JRF), und nannten das Ganze das «whale-o-phone» (Waltelefon). Doch die Küsten Hawaiis sind laute Unterwassergeräuschlandschaften, und um den Hintergrundlärm von sich brechenden Wellen und mit ihren Scheren knallenden Pistolenkrebsen loszuwerden, bauten die JRF-Leute mehrere Modellstationen, von denen aus Hydrophone fern der Küste ins Wasser gelassen werden konnten. Eins führte zum anderen, und im Handumdrehen hatten sie einen solarbetriebenen Meeresroboter mit Wellenpropeller entworfen, der Wale belauschen konnte; sie nannten ihn Wave Glider.

Wale werden zum Teil aus ähnlichen Gründen abgehört wie Vögel: Ebenso wie im dichten Wald kann man im Meer nicht besonders gut sehen. Und weil sowohl Wale als auch Vögel vorwiegend über Geräusche kommunizieren, bleibt oft als einzige Möglichkeit, ihnen zuzuhören. Allerdings wandern Wale, an-

44 **Die Europa und Beth in der JRF.**

ders als Waldvögel, die auf einer Insel wohnen, Tausende Kilometer weit an Orte, wohin Aufnahmegeräte ihnen nicht folgen können. Die Wave Glider erlaubten es den Biologen nun, einen Schritt weiter zu gehen und Roboterohren dorthin zu schicken, wo Menschen nicht so leicht hingelangen. Und kürzlich hörte ich, dass die Entwicklung gerade einen weiteren kleinen Schritt gemacht hatte. Wave Glider waren nämlich zur Erklärung eines dringenden Wal-Problems angefordert worden: Marcs EARS, die überall vor den Küsten der hawaiianischen Hauptinseln zum Zählen von Buckelwalen verteilt waren, hatten zuletzt nur noch schockierendes Schweigen registriert. Fast alle Wale waren verschwunden. Und das war auch der Grund, weshalb ich von der JRF eingeladen wurde: Ich sollte einen Roboter namens Europa kennenlernen.

Die Europa ist ein sogenanntes autonomes oder unbemanntes Oberflächenfahrzeug. Es ist wie ein «Floß mit Kiel» konstruiert und kann dem Meer sowohl Informationen als auch Energie entnehmen. Über der Wasseroberfläche befinden sich Sonnenkollektoren, eine Kommando- und Kontrollanlage sowie Sendemasten mit einer fröhlichen Fahne, die Schiffen in der Nähe, die eine Gefahr darstellen könnten, seine Anwesenheit signalisiert. Acht Meter unter der Wasserlinie liegt ein Unterseeteil, das Wellenkraft einfängt und ein Hydrophon beherbergt, das ununterbrochen Geräusche aufnimmt. Mit diesen Forschungsinstrumenten gleitet die Europa über die Meeresoberfläche, wobei ihre Schraube sie mit 1,5 Knoten (3 km/h) vorantreibt. Sie kann monatelang ununterbrochen vierundzwanzig Stunden am Tag aufnehmen, tief unter den sich brechenden Wellen, fern von Wind, Regen und anderem Oberflächenlärm. Die Europa kann ihre Position melden, Fotos vom Leben an Bord und außerhalb übermitteln (Seevögel, die auf dem Floß hocken, und exhibitionistische Fischer, die für die Kamera posieren), aber eben auch die Gesänge der Buckelwale dort aufnehmen, wohin sich monatelang kein Schiff verirrt. Beth Goodwin, die mithalf, Wave Glider wie die Europa zu entwickeln, leitet das Buckelwalprogramm bei der JRF. Beth, eine sportliche Frau Anfang sechzig mit nackenlangem rotbraunem Haar, in Jeans-Shorts und einem blauen T-Shirt, auf dem «whale detective» steht, ist seit jeher fasziniert von Waltieren. Sie erzählte mir, ihr erstes Wort, das sie als Kind sprechen konnte, sei «Delfin» gewesen, in ihrem ersten Job habe sie Delfine im Themenpark Six Flags Over Texas trainiert, und ihre Examensarbeit hätte ihre Arbeit im Delfin-Aquarium in Steinhart zur Grundlage gehabt.

Als Leistungsschwimmerin nahm sie gern ihren Neoprenanzug mit, um nachts im Delfinbecken ihre Bahnen zu ziehen. Sie fand es beeindruckend, was die Tiere alles von ihr lernten, sie ahmten ihre Wenderolle an den Beckenrändern nach und kopierten ihren Salto, wenn sie hineinsprang. Als Beth Jahre später das Aquarium besuchte, begannen die Delfine, sobald sie sie entdeckten, Wenderollen vorzuführen. Der überraschte Tierpfleger erklärte Beth, das hätten sie noch nie getan; aber Beth wusste, dass das nicht stimmte, dass die Tiere sich an sie erinnerten.

Sie war ausgebildete Meeresbiologin und hatte früher ein Walbeobachtungsunternehmen auf Hawaii geführt. Jetzt leitete sie nicht nur die hawaiianischen Operationen für Jupiter, sondern war auch Kapitänin ihres Forschungsschiffs, der *May Maru*. Beth hatte mich eingeladen, sie beim Aufbruch eines Wave Gliders zu einer neuen Expedition zu begleiten. Ich fuhr zur Westküste; als ich dann draußen vor der Station auf dem Gelände eines großen Hauses hielt, wehte ein Wind mit 100 km/h – Anzeichen für ein gewaltiges Unwetter, das sich der Großen Insel näherte. Auf dem Weg hierher hatte ich schon gesehen, wie eine heftige Bö die Metallschaufel von der Ladefläche eines fahrenden Lastwagens fegte. Und es wurden auch die ersten Menschen aus dem in weißschäumende Wut gepeitschten Meer gerettet. Misstrauisch beäugte ich die Palmen mit ihren Kokosnüssen in meiner Nähe. Die Europa stand vor einer großen Garage neben der *May Maru*. Kupferbeschichtet, mit Solarpaneelen an Deck und einer Art Rollwagen darunter, in dem die verschiedenen Kabel und Ruder, die auf See im Wasser hängen würden, untergebracht waren, sah sie ein wenig aus wie eine flach gelegte abgerundete Plastiktür. (Eines dieser Kabel sollte später bei einem küstennahen Testversuch von einem Hai zerkaut werden.) Oben befand sich die Halterung für eine knapp drei Meter lange, mit Kameras und ihrer großen roten Flagge bestückten Antenne mit Gummispitze.

Als ich mir den Wave Glider anschaute, war ich seltsam besorgt, ob er der stürmischen offenen See auch gewachsen war, doch Beth beruhigte mich; er sei absolut seetüchtig konstruiert worden und könne Unwettern standhalten, die kein bemanntes Schiff überleben würde. Sie zeigte mir Karten von den früheren Reisen der Europa: Fahrten quer über den halben Pazifik bis zur fast tausend Kilometer entfernten Baja California; dort hatte sie singende Wale aufgenommen, die noch nie ein Schiff an diesem Ort dokumentiert hatte. Bei einer weiteren Reise zu den Marshallinseln war es zu einer teilweisen Fehlfunktion der Europa gekommen. Beth hatte ausrücken, Boote anheuern und das offene Meer nach ihrem ausgebüchsten mechanischen Sprössling absuchen müssen, bevor sie ihren Roboter sicher nach Hause bringen konnte. Als Beth diese Such- und Rettungsaktion schilderte, kam es mir vor, als beschreibe sie die Rettung eines Lebewesens und nicht die eines Werkzeugs. Es war offensichtlich, dass diese Maschine ihr sehr viel bedeutete.

Ihre jetzige Mission würde die Europa in den Nordwesten der hawaiianischen Inseln führen, zu einer fernen Kette aus unbewohnten Inseln und Unterseebergen, wohin Menschen sich so selten verirrten, dass die einheimische Tierwelt kaum bekannt war. Die Mission war von höchster Dringlichkeit. Denn in den wenigen letzten Jahren waren 40 bis 60 Prozent der acht- bis zwölftausend Buckelwale Hawaiis, die normalerweise auf ihrer Wanderung dort Station machten, vollständig verschwunden,[7] und die Wale, die überhaupt noch kamen, erschienen immer später. Wenn das hieß, dass die anderen Wale tot waren, wäre das ein verheerender Verlust. Hawaii ist der Brutplatz für einen großen Teil sämtlicher Buckelwale der nördlichen Hemisphäre; und Wale aus Teilpopulationen, deren Futterstrecken von Russland im Westen bis nach Alaska und Kanada im Osten reichen, schwimmen allesamt jeden Winter in diese günstigen Gewässer. Wohin waren sie verschwunden? Die Europa würde als mobile passive Abhörstation fungieren, deren Aufgabe es war, die Wale aufzuspüren, indem sie deren Gesänge nutzte.

Am Tag nach meinem Besuch war das Unwetter weitergezogen, und die Europa brach sofort vom nahe gelegenen Hafen auf. Binnen einer Woche war sie langsam, aber unaufhaltsam zu den Nordwestlichen Hawaii-Inseln gefahren und hatte unterwegs Fragmente von Buckel- und Zwergwalgesängen ausgesandt – Stimmen, die von weit entfernten Robotern in den Tiefen des Meeres aufgenommen und hergeschickt worden waren. Der Wave Glider bekam dann so viele Rückmeldungen auf die Gesänge, dass Beth und ihr Team daraus schlossen, die Wale seien nicht tot, sondern hätten vermutlich ihre Wanderstrecken geändert. Als einen möglichen Grund für diese Kursänderung vermuteten sie, die Wale hätten auf einen durch die Erwärmung der Meere verursachten gigantischen Temperaturanstieg in ihren arktischen Futterplätzen reagiert. Dieser Bereich mit extrem warmem Wasser, der «The Blob», also Klecks oder Fleck, genannt wird, enthält viel weniger Sauerstoff.[8] Und sehr viele Pflanzen und Tiere am Ende der Nahrungskette waren dort verendet und sorgten ihrerseits für den Tod von Millionen Seevögeln, Robben und anderen Meerestieren. Die Befürchtung, Tausende Wale seien gestorben, hatte sich insofern als unbegründet erwiesen, als die Buckelwale seitdem in großer Anzahl zu den Hauptinseln zurückgekehrt waren. Doch der Blob schien ihre Routine unterbrochen zu haben – und wenn der Klimawandel sich weiter dermaßen beschleunigen wird und immer mehr Blobs auftauchen, steht zu befürchten, dass die Wale vermehrte Störungen nicht mehr überstehen können.

Ich fragte Beth, wie sie eigentlich mit ihren Daten verfuhr. Auf einer anderen Reise, diesmal von Hawaii nach Osten über den halben Pazifik bis zur Baja California, hatte die Europa an die fünftausend Stunden Audiodaten gesammelt und außerdem Hunderte Fotos über und unter dem Wasser gemacht. Zu meiner Überraschung erklärte Beth, ihr Team und sie seien die Dateien eigenhändig durchgegangen, die visuellen ebenso wie die akustischen; insgesamt dreimal hätten sie alles durchforstet. Und zu viert hatten sie sechs Wochen mit jeweils acht Stunden pro Tag gebraucht, um fünftausend Rufe von Buckelwalen und anderen Waltieren manuell aus anderen Geräuschen herauszufiltern. Ich fragte, ob diese Arbeit sie nicht verrückt gemacht habe. «Doch», erwiderte sie. «Man fängt an, seltsame Sachen zu hören und zu sehen.» Inzwischen hoffte Beth, die Wale mithilfe von maschinell lernenden Algorithmen automatisch in den Dateien aufspüren zu können.

Auf dem Rückweg von Beth in mein Hotel schwirrte mir der Kopf von all dem, was ich gesehen und gehört hatte: Tief im Meer installierte Mikrofone und ganze Wälder zum Horchen ausstaffiert. Roboter, die, angetrieben durch Wellen und Sonne, absolut solo gewaltige Ozeane überquerten und in der Lage waren, Schiffe zu meiden, Stürme abzuwettern, im Wasser Proben zu nehmen und ihre Funde ununterbrochen nach Hause zu schicken. Mir wollte nichts einfallen, das besser zu Brautigans poetischem Traum passte – die gefährdeten Vögel und Wale und ihre Lauschmaschinen «der liebenden Gnade».

In der folgenden Nacht legte sich der Sturm. Und am nächsten Tag sahen meine Frau Annie und ich uns abends den Sonnenuntergang an. Touristen posierten für Selfies, während wir draußen auf dem Ozean, unbemerkt von ihnen allen, zwei spritzende Wale zu sehen glaubten. Sie hielten etwa 700 Meter Abstand voneinander und bewegten sich gen Norden, vorbei am Hafen bei Kawaihae unterhalb des hawaiianischen Kriegstempels von Pu'ukoholā Heau («Tempel auf dem Walhügel»), wo König Kamehamehā vor zweihundert Jahren die Leichen seiner ermordeten Rivalen seinen eigenen Göttern geweiht hatte, bevor er sich daranmachte, den Rest der Inseln in Besitz zu nehmen. Es berührte mich sehr merkwürdig, dass man etwas so Intimes wie ein atmendes Tier aus solcher Entfernung wahrnehmen konnte.

All diese leistungsfähigen neuen Instrumente waren innerhalb des letzten Jahrzehnts erfunden worden. Sie folgten den Menschen, die mit deren Massen von Aufnahmen Schritt zu halten versuchten. Beth hatte gestanden, dass es sie ziemlich überfordert habe, all die Aufnahmen der verschiedenen Reisen ihrer Maschine abzuhören. Es waren zu große Datenmengen. Überall in den Meeren und den Wäldern der Welt würden immer weitere dieser Maschinen mit immer neuen Aufzeichnungsfähigkeiten deponiert. Auch mir war es unvorstellbar, dass Menschen diese Berge von Informationen durcharbeiten sollten – doch Pats Bemerkung über unsere Fähigkeit, Maschinen beizubringen, dass sie diese Daten durchkämmten, brachte mich auf eine interessante Frage, auf die ich nur zu gern die Antwort erfahren hätte. Es war eine Sache, den Ruf eines Wals aufzunehmen und zu analysieren. Etwas ganz anderes wäre es, eine Maschine so zu trainieren, dass sie selbsttätig versucht, in diesen Rufen irgendeinen Sinn zu entdecken. Ließ sich das vielleicht auch bewerkstelligen?

Könnten diese Maschinen zum Aufdecken von Mustern das sein, was wir benötigten, um die Geheimnisse der Tierkommunikation zu entschlüsseln?

9

TIERISCHE ALGORITHMEN

Maschinen überraschen mich mit großer Häufigkeit.[1]

Alan Turing

Wenn in dem Zeitraum zwischen dem Big Bang und 1877 irgendetwas ein Geräusch machte, so hörte man es oder hörte es nicht. Aber dann fand Thomas Edison heraus, dass man ein Geräusch – da es selbst aus Schwingungen in der Luft bestand – als eine Serie von Vertiefungen in ein Stück Stanniolfolie eingravieren kann.[2] Man konnte von dem Geräusch einen dauerhaften Abdruck erstellen. Anschließend konnte man eine Nadel diese Rillen entlangfahren lassen, die die Schwingungen wieder zum Leben erweckte. Damals nahmen die Menschen anfangs einfach nur andere Menschen auf, doch bald begannen manche, auch die Natur aufzunehmen. Am 18. Mai 1929 machte Arthur Allen, Ornithologe an der Cornell University, sich auf zum Renwick Park am Ufer des Cayuaga-Sees in Ithaca, New York. Techniker von der Fox-Case Movietone Corporation begleiteten ihn. Sie brachten ferngesteuerte Mikrofone in der Nähe eines Asts an, von dem Allen wusste, dass eine Singammer sich dort gern zum Singen hinsetzte, und dann warteten sie. Die Ammer kam, sie sang, und die Männer machten eine einzigartige Aufnahme.[3] Es ist eine der ersten jemals aufgenommenen nichtmenschlichen Stimmen. Wenige Jahre später leitete Allen eine Expedition, die in Louisiana nach Elfenbeinspechten[4] suchen sollte, und es gelang ihm, ihre Rufe aufzuzeichnen. Später verschwanden diese Spechte,

45 **J. J. Kuhn, ein einheimischer Führer, und Peter Paul Kellogg, Cornell University, machen Tonaufnahmen eines Elfenbeinspechts im sogenannten Sängerbereich, Louisiana, 1935.**

schienen ausgestorben zu sein, aber ihre Stimmen blieben erhalten.

Als die Aufzeichnungsgeräte damals erfunden wurden, konnte man die Aufnahmen noch nicht richtig vergleichen, sondern ihnen nur zuhören. Aber in den 1950ern wurden Methoden entwickelt, mit denen sich Bilder der Schwingungen produzieren ließen. Diese Bilder nannte man Spektrogramme. Ein solches Spektrogramm stellt, wie eine Partitur, von links nach rechts den zeitlichen Verlauf und vertikal die Frequenz (oder Tonhöhe) dar; die Farbe oder Leuchtdichte der Linien zeigt die Signalstärke an. Das ist sichtbar gemachter Ton. Jetzt konnte man die eigenen Aufnahmen, eingefroren in der Zeit, nicht nur, so oft man wollte, abhören, sondern auch selbst sehen, ob und wie zwei oder mehrere Töne variierten, und es messen. Wir Menschen können nicht besonders gut zwei Geräusche gleichzeitig hören, aber unsere Augen sind echt gut darin, Unterschiede zu entdecken, zu vergleichen und zu messen. Mit der Verwandlung von Geräuschen in Bilder wurde es für die Wissenschaft, die nach Mustern in diesen Geräuschen suchte,

46 **Aufgenommen von dem Biologen Jörg Rychen; es war der Gewinner des IBAC-Wettbewerbs «Verrücktestes Spektrogramm» 2019.**

um einiges leichter. Hier sehen Sie das Spektrogramm einer Herde Orcas oder Schwertwale, die alle zur selben Zeit rufen. Es sieht einigermaßen verrückt aus. All die Linien bilden die unterschiedlichen Pfeif- und Summtöne der einzelnen Wale ab, die sie bei ihrer Unterhaltung ausstießen.

Als es später tragbare Aufnahmegeräte gab, war es Naturforschern möglich, sich Geräusche vom gesamten Globus zu besorgen: die Rufe von Gibbons, Großen Paradiesvögeln, Zikaden und Walen. Wir konnten jetzt lebendige Rufe archivieren, analysieren und vergleichen. Wir konnten sie verstärken, den Tieren erneut vorspielen und schauen, wie sie darauf reagierten. Wir konnten mit Synthesizern neue Geräusche generieren und Mikrofone konstruieren, die Töne aufnehmen, die wir nicht hören können – die tiefen Infraschallgeräusche von Elefanten etwa oder das sehr hohe Fiepen von Fledermäusen. Wir entwickelten Abhörgeräte (Hydrophone), die im Wasser funktionieren, wo das veränderte Verhalten von Geräuschen unsere Ohren irritiert. Diese Erfindungen eröffneten uns ein neues Feld der Wissenschaft, die Bioakustik, die uns hilft, die Geräusche des Lebens zu erforschen. Jetzt konnten wir sogar Tonaufnahmegeräte an Orte schicken, zu denen wir selbst nicht gelangen – ins Bermudadreieck, wo Roger Paynes singende Buckelwale zuerst entdeckt worden waren, und in die Becken in Dianas Delfinarium oder unter Beths autonome Meeresfahrzeuge gehängt

47 **Ein frühes maschinengestütztes Abhörgerät.**

und an Bäume in Pats Waldschutzgebiet geklemmt. Für alle, die davon träumten, Tierkommunikation zu verstehen, war es ein Riesenschritt nach vorn, dass sie ihre Stimmen aufnehmen konnten. Doch ich begriff allmählich, dass dieser Fortschritt etwas von einer Büchse der Pandora hatte. Denn was würde man mit all diesen neuen Aufnahmegeräten als Nächstes anstellen? Pat hatte erwähnt, Computer ließen sich darauf trainieren, sie selbsttätig zu durchforsten; er erhalte auf diese Weise zum Beispiel überlebenswichtige Informationen darüber, welche Vögel wann und wo singen. Doch ich hatte auch von Forschern gehört, die KI benutzten, um andere Muster in akustischen Daten zu finden – und die dabei waren, nicht nur zu entschlüsseln, wer da sprach, sondern auch, was womöglich gesprochen wurde.

1969 wurde in Dänemark die International Bioacustic Society (IBAC) mit dem Ziel gegründet, alle möglichen Menschen, von Archivaren bis zu Tierverhaltensforschern, in «informellen Runden»[5] zusammenzubringen, damit sie ihre Entdeckungen und Ideen austauschen konnten. Im August 2019 erfuhr ich zu meiner Freude, dass ihre jährliche Konferenz in meiner Nähe stattfinden würde, und zwar an der University of Sussex, und ich meldete mich an, um bei dem Spaß dabei zu sein. Ich fuhr durch den Universitäts-Campus auf der Suche nach dem Gebäudekomplex, wo die Konferenz stattfinden sollte. Es war Spätsommer, und alles wirkte ziemlich verlassen. Seemöwen kreischten, und Krähenschwärme sausten über Wege und Rasenflächen und zwischen den Glas-und-Ziegel-Bauten hindurch. Ich checkte ein und erhielt eine Tasche, einen Becher und das Tagungsprogramm. Letzterem entnahm ich, dass die «informellen Runden» unter anderem folgende Veranstaltungen umfassen würden: fünf thematisch ausgerichtete Pub-Besuche, die Besichtigung eines Herrenhauses plus Wildpark, ein audiovisuelles DJ-Konzert mit Tiergeräuschaufnahmen, ein Galadinner und die Vorführung von Morris-Tänzen, einer Art Volkstanz. Es gab Preise für Poster, für die Präsentationen und für die «coolste Tierlaute-Imitation» (diese Leute verstanden sich wahrhaftig darauf, tierischen Lärm zu produzieren). Es gab immer abwechselnd Wein, Bier, Käse und Kaffee. Doch vor allem traten Leute, die Tierlaute aufnehmen und analysieren, sechs Tage lang, jeweils von neun Uhr früh bis sechs Uhr abends, im Amphitheater auf und führten im Zwanzig-Minuten-Takt diese Tierlaute vor und sprachen darüber, was die wohl bedeuten könnten.

Während der folgenden Tage erfuhr ich zu meiner Verblüffung, dass Menschen auf der ganzen Welt in Laboren, auf Farmen, in staubigen Ebenen und tropischen Sümpfen die Geräte zur Aufzeichnung und Bearbeitung von Tiergeräuschen einsetzten,[6] um Hunden das Wimmern unglücklicher Babys und Menschen das Wimmern unglücklicher Hunde vorzuspielen, um Ratten aufzunehmen, denen MDMA (psychoaktive Chemikalien, auch bekannt als Ecstasy) verabreicht worden war und die vor «Glückseligkeit» quiekten, sowie das Grunzen von Ferkeln, die darauf warteten, wieder mit ihren Kumpeln vereint zu sein. Oder sie hatten einen trompetenden Elefanten über gigantische Basslautsprecher anderen Elefanten vorgespielt, um sie glauben zu machen, da sei noch ein weiterer großer Elefant. In umwerfenden audiovisuellen Balzauftritten tanzten winzige Springspinnen und erzeugten dabei Töne mit ihren vibrierenden Körpern. In Schweden wiederum hatte eine Wissenschaftlergruppe Katzen mit Mikrofonen bestückt und folgte ihnen mit Kameras auf dem eigenen Kopf, filmte Katzen, die Futter verlangten, durch Türen zu kommen versuchten, nicht aufgehoben werden wollten oder sich hochzufrieden streicheln ließen, um herauszufinden, ob die Unterschiede beim Miauen und Schnurren vielleicht ihre Gefühle und Absichten signalisierten.

Ich lernte alles übers Weinen und über Stimmen und dass die Form des Kehlkopfs, ähnlich wie beim Fingerabdruck, jedem einzelnen Säugetier seinen speziellen, identifizierbaren Stimmabdruck verleiht. Dieser akustische Fingerabdruck bedeutet, dass man nicht seinen Namen nennen muss, damit die anderen wissen, wer da spricht. Man entwickelt seinen Stimmabdruck, sobald man seine Stimme benutzt – und zwei Tage nach der Geburt können viele Mütter – seien es Seebären oder Menschen – ihren Nachwuchs allein an der Stimme erkennen. Inzwischen haben das auch Computer gelernt. So wunderbar die IBAC war, es gab auch, muss ich gestehen, einige seltsame Momente. Als ich einmal in der Pause in einer WC-Kabine saß und in sämtlichen Kabinen neben mir die aufmerksamsten analytischen Profizuhörer des Planeten wusste, war ich wie gelähmt. Was würden sie wohl allein aus meiner Toilettenmelodie heraushören? Ich hatte mich noch nie akustisch so entblößt gefühlt.

Was mir auf der Konferenz übrigens als Erstes auffiel, waren sowohl die große Vielfalt und Komplexität in der Welt der Tiergeräusche als auch die Tatsache, wie sehr wir uns in vielen unserer Annahmen getäuscht hatten. Überall, wo wir unsere mechanischen Ohren hinhielten, konnten wir neue unbekannte Verhaltensmuster in der Tierkommunikation entdecken. So hatte eine Frau in den Seen und Flüssen Frankreichs 271 Arten entdeckt, die unter Wasser Geräusche erzeugten, wo kein Mensch sie zuvor vernommen hatte. Sie sprach von der Entstehung eines neuen Forschungsfelds, der «Ökoakustik», bei der man auf die Biophonie achtet, das heißt, nicht auf das Geräusch eines einzelnen Tiers, sondern auf das Miteinander und Ineinander der Geräusche eines ganzen lebendigen Ökosystems, von Aras über Frösche bis zu Käfern. Die Komplexität der Tiergeräusche hat selbst die, die sie aufgespürt hatten, überrascht. Wellensittiche benutzten zum Beispiel «Vokale» und «Konsonanten». Katzen verfügten über ein breites «Vokabular» an unterschiedlichen Rufen. Die Schreie von Schweinen konnten uns mitteilen, wie sie sich fühlten, und Maschinen waren in der Lage, automatisch den Status ihrer Zufriedenheit zu verfolgen, indem sie ihren Stimmen lauschten.

Alte wissenschaftliche Annahmen wurden verworfen, und ein schlagendes Beispiel dafür ist der Gesang der Vögel. Viele Vögel sind fantastische Sänger. Wie wahrscheinlich auch Sie hatte ich bisher gedacht, hauptsächlich würden männliche Vögel singen; so hatten es Darwin und die meisten Naturforscher gesehen. Man muss aber nur einer Menge unterschiedlicher Vögel zuhören, um festzustellen, dass das nicht stimmt. Auf der Konferenz stellte ein Team der Universität von Leiden unter der Führung von Katharina Riebel seine außerordentlichen Ergebnisse vor: Bei der Analyse sämtlicher Singvögel fanden sie heraus, dass bei 71 Prozent der Arten auch die Weibchen singen, und das in der gesamten Vogelwelt.[7] Ihre Entdeckung habe sie «sprachlos» gemacht, sagte Katharina. Die einzige sinnvolle Schlussfolgerung sei gewesen, dass weibliche Vögel heute und ihre Vorfahren früher Sänger waren. Wieso waren wir dann aber davon ausgegangen, Singen sei eine männliche Angelegenheit?

Inzwischen hat sich herausgestellt, dass in der moderaten

nördlichen Hemisphäre, aus der Darwin und viele der frühen Ornithologen stammten, die Männchen singen, während die Weibchen gewöhnlich stumm und unauffällig sind. Und man glaubte nun, das sei überall in der Welt und bei sämtlichen Vögeln der Fall; Singen galt als eine weitgehend männliche Beschäftigung. Als die westlichen Ornithologen dann in alle Ecken der Welt vordrangen, nahmen sie ihr Vorurteil mit, und wenn sie in den Tropen manchmal ein singendes Weibchen aufnahmen, hielten sie das für einen absoluten Ausreißer. Nun, da (hauptsächlich weibliche) Wissenschaftler endlich begonnen haben, den weiblichen Vogelgesang systematisch zu erforschen, entdecken sie, dass die Weibchen durchaus auch in der nördlichen Hemisphäre singen – nur eben leiser und nicht so häufig. Das war leicht zu übersehen gewesen, besonders, wenn man nicht eigens darauf achtete. Wie Dr. Evangeline Rose, eine Biologin der University of Maryland, die weiblichen Gesang studiert, der Zeitschrift *Psychology Today* erklärte: «Der männliche Gesang wird schon seit fast anderthalb Jahrhunderten erforscht, während eine ernsthafte Untersuchung des weiblichen Gesangs erst in den 1980ern begann.»[8] Sie ist der Meinung, dass wir den Gesang der Weibchen vielleicht auch deshalb übersehen haben, weil er eine größere Anzahl unterschiedlicher Funktionen hat und eine komplexere Geschichte erzählt als der Gesang der Männchen.

Das verblüffte mich. Wenn etwas so Grundlegendes in der Welt der Vögel, die wir doch wahrlich ausgiebig erforscht haben, falsch verstanden wird, was war dann noch alles zu entdecken? Was könnte dieser Irrtum zum Beispiel für den Gesang der Buckelwale bedeuten? Was dessen Funktion betraf, hatten wir uns einfach an unsere Vorstellungen vom Vogelgesang gehalten und angenommen, männliche Buckelwale würden sich mit ihrem Gesang vor möglichen Partnerinnen in Szene setzen, um Eindruck zu schinden. Aber war das vielleicht nur Teil eines komplexeren Vorgangs? Wenn es doch schon schwer genug ist, festzustellen, welcher Wal gerade singt, ganz zu schweigen davon, sein Geschlecht zu bestimmen (versuchen Sie mal, einen Blick auf ihre Genitalien zu werfen, falls Sie neugierig sind). Wenn man einen Buckelwal singen hört, geht man gewöhnlich davon aus, dass es sich um ein männliches Tier handelt; aber was wäre, wenn das nicht überall und nicht immer zutrifft? Doch was mochten ihre Gesänge dann bedeuten?

Ich musste daran denken, dass die lautesten Walgeräusche eher von den Männchen stammen, dass es aber eher Weibchen sind, die die kooperativsten und langlebigsten sozialen Gruppen bilden. Entgingen uns womöglich die interessantesten Unterhaltungen, wenn wir uns nur aufs Brüllen konzentrierten? Der Pilzbiologe Merlin Sheldrake hat darauf hingewiesen, wie hilfreich die Queer-Theorie, die den nicht-binären Umgang mit Identität erforscht, für Biologen sein kann.[9] «Wenn Sie nicht vorgeben, schon zu wissen, um was für einen Organismus es sich handelt, bevor Sie überhaupt anfangen, ihn zu untersuchen – falls also der Kern seines Wesens infrage steht –, dann stoßen Sie auf ein paar interessante Perspektiven.»

Als Zweites – und das hatte mich schon auf Hawaii beschäftigt – wurde mir während der Konferenz sehr klar, dass diese neue Möglichkeit, endlose Mengen von Geräuschen aufzunehmen, angesichts der begrenzten Lebensspanne von uns Menschen allmählich ein Problem darstellte. Auf der Konferenz hatte ich erlebt, wie ein Wissenschaftler nach dem anderen seine aufgenommenen Geräusche vorspielte und anschließend die entsprechenden Spektrogramme und deren statistische Analysen zeigte. Um diese Analysen durchzuführen, hatten sie mit schwerfälligen Computerprogrammen ihre Geräusche durchforsten und jeweils kennzeichnen müssen, wo ein bestimmtes begann und endete. Geräusch um Geräusch ordneten sie dann einzeln dem einen oder anderen Typ zu, speicherten sie, «reinigten» sie in einem neuen Durchlauf, fassten sie in Dateien zusammen, etikettierten sie und ordneten sie systematisch. Die Programme, die sie benutzten, funktionierten nicht intuitiv und waren unschön. Und die Arbeit war eine Schinderei.

Big Data ist der Traum vieler Computerwissenschaftler – je mehr Daten es gibt, desto mehr Muster kann man in ihnen orten und desto besser lassen sich die Algorithmen darauf trainieren, Daten zu finden, zu klassifizieren, zu kopieren oder sonst wie auszubeuten. Doch Big Animal Data (die großen Tierdatenbanken) waren für all die armen Biologen längst zu groß; viele von ihnen steckten halbwegs fest im Segmentieren (dem Markieren von Anfang und Ende eines Geräuschs), Etikettieren, Organisieren, Reinigen, Darstellen und Analysieren ihrer Aufnahmen. Kurzum, ich fragte mich, ob ich jemals genug Zeit haben würde, das zu tun, was Roger gemacht hatte, als er sich einfach hinlegte, die Augen schloss und zuhörte.

Doch zum Glück konnten Computer beim Sortieren ihres überreichlichen digitalen Ausstoßes helfen. Ein junger Mann, ein unerschütterlicher Kiwi namens Wesley Webb mit flammendem Rotschopf und Ziegenbärtchen, war offenbar dermaßen genervt gewesen von dieser ermüdenden Verwaltung seiner abertausend Aufnahmen neuseeländischer Maori-Glockenhonigfresser, dass er sich mit einem Datenwissenschaftler namens Yukio Fukuzawa zusammengetan hatte, der ein Programm entwerfen und die Arbeit für ihn erledigen sollte.[10] Sein Programm «Koe» kann automatisch ganze Berge von Geräuschen in einem einzigen Durchgang nach ihren akustischen Eigenschaften sortieren und in einer gigantischen visuellen Cloud aus einzelnen Geräuschen zusammenstellen.[11] Man kann dann jedes Geräusch einzeln hören, ganze Gruppen auswählen und etikettieren, die Cloud bitten, sie neu zu ordnen und gruppenweise farbig zu kennzeichnen, anschließend zu sortieren und wieder neu zu sortieren. Das Programm kann die Daten auch für Sie analysieren. Normalerweise muss man die einzelnen Geräuschdateien ja nacheinander bearbeiten, doch Koe ist ein intuitives, webbasiertes Programm, was bedeutet, dass gleichzeitig jede Menge Leute in der ganzen Welt ohne Vorkenntnisse mit derselben Datenbank arbeiten können. Sie sei für alle frei benutzbar, erklärte Wesley den Konferenzteilnehmern und stellte dann die Forschungsergebnisse für seine Dissertation über die Gesangskulturen von neuseeländischen Laubenvögeln vor. Er erläuterte, Koe habe das Klassifizieren und Messen der 21500 Gesangseinheiten in den Aufnahmen enorm beschleunigt und ihm Monate an Arbeit erspart. Als er Koe zur Mittagessenszeit vorführte, war der Saal brechend voll; die Wissenschaftler wollten wissen, ob Koe auch bei Fledermäusen, Fröschen oder Hunden funktionieren würde (ja, ja und ja). Wes gewann später den Preis für die beste Präsentation. Und ich hatte den Eindruck, dass ein größeres Flaschenhalsproblem gelöst war: Unzählige Stunden menschlicher Arbeitszeit wurden uns erspart. Doch es fand auch noch etwas anderes statt. Wenn man Berge von Aufnahmen hat und viele von ihnen sind schon geordnet und etikettiert worden, dann lernt man nicht nur selbst etwas über das Tier, das man aufgenommen hat, sondern die Maschine, der man das Sortieren und Bearbeiten beibringt, kann ebenfalls lernen. Das war auch der Grund, weswegen ich an der Konferenz hatte teilnehmen wollen. Künstliche Intelligenz hatte auf meiner Reise schon vorher eine Rolle gespielt, und ich ahnte, dass sie einen entscheidenden Anstoß geben würde bei dem, was als Nächstes kam.

Erlauben Sie mir, zum Anfang dieser Geschichte zurückzukehren. Als jener Buckelwal, dessen Leben sich so dramatisch mit meinem überkreuzt hatte, sich aus dem Meer katapultierte und, wie Abermillionen seiner Ahnen vor ihm, ins Licht der Sonne brach, wurde er, was keinem seiner Vorgänger jemals widerfahren war, unsterblich: Seine Flugbahn wurde von einem Mann namens Larry Plants mit seinem Smartphone aufgenommen und auch von einer Frau, die vom Ufer aus filmte, sowie von einem Schiffskapitän, der Schnappschüsse machte. Alle waren sie Amateur-Walbeobachter. Sie stellten ihr Filmmaterial danach ins Netz, wo ich es finden konnte. Ihre GPS-Positionen (und von daher auch die des Wals) waren automatisch aufgezeichnet worden, und der Zeitpunkt des Auftauchens wurde automatisch auf die Videos und Fotos gedruckt. Und als er sich herabstürzte, hinterließ er einen unauslöschlichen digitalen Fußabdruck. Denn tief unten auf dem Meeresboden zeichnete ein Unterwassermikrofon, das wenige Wochen vorher installiert worden war, das Geräusch des Krachs beim Landen auf. Von hoch oben wiederum machten Satelliten unendlich viele Fotos, registrierten Wetterlage und Temperatur der Wasseroberfläche sowie sonstige Messwerte.

An jenem Tag waren, wie an jedem Tag, in der Monterey Bay Tausende Fotos auf dem Wasser geschossen worden: Urlaubsschnappschüsse von Walbeobachtern und den Schiffsmannschaften. Normalerweise würden sie alle in privaten Sammlungen der Fotografen landen und nie mehr angeschaut werden. Aber ein glücklicher Zufall hatte es gewollt, dass ausgerechnet zwei Wochen vor jenem eindrücklichen Morgen ein Walforscher namens Ted Cheeseman eine Website mit dem Titel Happywhale eingerichtet hatte. Ted, ein schlanker Naturbursche mit kurz geschnittenem dunklem Haar und einem ungestümen jungen Hund, hatte begriffen, dass Walbeobachter ein riesengroßes, freies, globales Walüberwachungsnetzwerk bildeten. Er schenkte ihnen eine Plattform, wo sie ihre Bilder einstellen konnten – vor allem ihre Bilder von Wal-Schwanzflossen. Denn die Schwanzflosse oder Fluke ist unabdingbar, wenn man etwas über einen bestimmten Wal erfahren möchte.

Also, technisch gesehen, sind es keine «Schwänze». Der lange, muskulöse hintere Rumpf, der einen Buckelwal antreibt, wird eigentlich Schwanzstiel (Pedunculus) genannt. So breit wie eine alte Eiche, dort wo er aus dem Becken des Wals tritt, verjüngt er sich dann und verbindet sich mit einem riesigen doppelseitigen Paddel, das Fluke heißt. Jede Walfluke ist anders. Die gefleckten Muster aus hellen und dunklen Pigmenten unterscheiden sich farblich bei den verschiedenen Walsippen zwischen Antarktis und Arktis, zwischen Tasmanien und Neufundland. Und in dieser Leinwand aus Fleisch ist die Lebensgeschichte der einzelnen Wale eingraviert,[12] so wie die Narben auf den Händen eines Kochs von Schälmessern und Backofentüren zeugen. Schwertwale versuchen Babybuckelwale zu ertränken, indem sie sie an ihren Fluken nach unten ziehen, weshalb viele Buckelwale Reißwunden von Schwertwalzähnen davontragen, und die Narben dehnen sich, wenn die Wale größer werden. Seepocken hinterlassen kreisrunde Narben, Zigarrenhaie beißen regelrechte Löcher ins Fleisch, Schiffsschrauben ritzen sichelförmige Muster, und verhedderte Angelschnüre schneiden verräterische Scheiben wie mit Käsedraht ab. Ein Schwanz ist beides, Fingerabdruck und Flagge. Wenn ein Buckelwal taucht, streckt er häufig seine Fluke aus dem Wasser, was jedes Mal menschliche Bewunderungsseufzer und das Klacken digitaler Kameraverschlüsse auslöst. Jahrzehntelang haben Wissenschaftler Wale an ihren Schwanzfluken identifiziert und am Ende einer saisonalen Walexpedition Abertausende von Stunden damit verbracht, auf Berge von Fotos zu starren und sie zu Stapeln mit ähnlichen Fluken zu ordnen; auf diese Weise versuchten sie herauszufinden, zu wem sie gehörten, wohin und mit wem die fotografierten Wale gewandert waren, was sie so trieben, wen sie geboren hatten und wie alt sie sein mochten. Das war eine zermürbende Arbeit, die höchste Konzentration auf Details verlangte und häufig zu Fehlern führte.

Ted hatte mehr als 150000 Fotos von Buckelwalfluken geschickt bekommen; inzwischen besitzt er mehr als eine halbe Million. Indem er diese Fotos von Bürgern in die existierenden Fluken-Bibliotheken integrierte, erweiterte er die wissenschaftlichen Datenbanken in erheblichem Maße – ähnlich wie Interpol, wenn sie die Fingerabdrücke von Tatorten auf der ganzen Welt zusammenführen.

Auf Happywhale rüstete Ted sein System auf: von biologischen Flukensortierern – Menschen – auf Computer. Mit seinem Team stellte er 28000 etikettierte Fotos und 5000 Fotos von unidentifizierten Walen ins Netz, und mit einem von Google gesponserten Preisgeld von 25000 Dollar forderte er Interessierte auf, ein Computerprogramm zu schreiben, das die unidentifizierten Wale zuordnen konnte.[13] Eine überwältigende Menge von 2100 Teams beteiligte sich. Einer der Gewinner des Wettbewerbs war Jinmo Park, ein Computerwissenschaftler aus Südkorea. Dieser Mann, der noch nie zuvor einen Wal gesehen hatte, trainierte ein KI-basiertes Computervisionsprogramm (Densely Connected Neural Network genannt), für das er die von Ted zur Verfügung gestellten Fotos benutzte. Neuronale Netzwerke sind informationsverarbeitende Software-Tools, die dem neuronalen Netzwerk im menschlichen Gehirn nachgebildet sind. Sie sind sehr gut darin, Muster in Daten aufzufinden, und die Grundlage für jenen KI-Bereich, der sich maschinelles Lernen nennt.

Der Algorithmus für maschinelles Lernen, den Jinmo Park schrieb, bearbeitete die 5000 Fotos von unbekannten Walen und identifizierte 90 Prozent von ihnen korrekt. Ted und der Programmierer von Happywhale, Ken Southerland, übernahmen Parks Algorithmus und begannen, ihn mit Bildern von anderen Walen zu füttern, die weder er noch andere menschliche Walidentifizierer hatten erkennen können – es waren tückische Fotos, wie zum Beispiel solche von Walen mit nur schwarzen oder nur weißen Schwänzen oder von Walen auf verschwommenen Fotos. Ted erklärte mir, er glaube nicht, dass das eine große Sache sein werde, und wie sich herausstellte, sollte sie zu einem der bedeutendsten Momente in seinem Leben führen. Der Computer erkannte Wale, die kein Mensch bis dahin hatte zuordnen können. Ted wollte es nicht glauben. Also prüfte er mit eigenen Augen nach und schaute sich Fotos an, die er selbst nie zugeordnet hätte, bis ihm schließlich doch bestimmte Ähnlichkeiten auffielen. Der Algorithmus hatte recht gehabt.

Jede Woche ergänzte Ted die Happywhale-Seite um Tausende von Bildern, nachdem Daten aus der ganzen Welt in sein «voll automatisiertes, hoch präzises Foto-Zuordnungssystem»[14] geschickt worden waren. Mithilfe eines Zugriffs auf Terabytes von Buckelwaldaten verglichen die Algorithmen in übermenschlicher Konzentration und lernten und fanden neue Muster – vor allem solche, die die Menschen übersehen hatten. Neu digitalisierte Bestände von jahrzehntealten Schwarzweißfotos von Kälbern konnten noch lebenden Walen mittleren Alters zugeordnet werden und deren Lebensgeschichte ergänzen. Auch Gemeinschaften wurden entdeckt. Die Algorithmen fanden heraus, dass manche Wale ständig mit bestimmten anderen Walen zusammen gesichtet wurden und Jahr um Jahr immer wieder gemeinsam von einem Meer ins andere zogen. Es waren also befreundete Wale, sie wanderten Tausende Kilometer gemeinsam, fraßen miteinander und sangen miteinander. Es wurden Familien kartografiert und Routen abgesteckt; die Algorithmen erkannten Verbindungen zwischen Sichtungen identischer Wale über ganze Ozeane hinweg und verbanden Wale in Japan mit Sichtungen in Russland, solche auf Hawaii mit denen in Alaska und antarktische mit australischen.

Für all jene, die ihre Schnappschüsse hochluden und die Tiere, die sie gesehen hatten, jetzt identifizieren konnten, waren diese Geschöpfe keine anonymen Meereswesen mehr, sondern wurden zu Individuen mit Neigungen, Freundschaften und einer Geschichte; die Algorithmen verhalfen ihnen zu einer Art Lebensgeschichte. Und je mehr die Walbeobachter von ihren gesichteten Walen erfuhren, desto stärker fühlten sie sich den Tieren verbunden; sie warteten jedes Mal angespannt auf die Rückkehr ihrer Lieblinge aus den Brutgebieten. Ich lernte zum Beispiel einen Mann kennen, dessen Frau gestorben war;

48 **Das ist der Wal.**

49 **Und das ist sein Schwanz (aus einem wenige Minuten vor dem Sprung gemachten Foto, mit unserem anrückenden Kajak!).**

daraufhin hatten befreundete Walbeobachter einen der Wale nach ihr benannt, und nun fuhr der Mann mehrmals in der Woche hinaus, über hundert Tage im Jahr, um zu schauen, ob «sie» zurückkehrte. Er verfolgte sie auf Happywhale. Er erzählte mir, eines Tages sei sie heil und gesund mit einem neuen Kalb aus den Brutgewässern zurückgekehrt. Sie sei gesprungen, und er habe ihr Auge gesehen, sagte er mit Tränen in den Augen.

Drei Jahre nach unserem Beinahe-Tod fragte ich also Ted, ob er die Videos und Fotos, die Walbeobachter an jenem bewussten Tag in der Monterey Bay gemacht hatten, auswerten und mit ihrer Hilfe den Wal identifizieren könne, der auf uns gesprungen war. Und das tat er. Oder genauer, er und sein Algorithmus taten es.

Seine Nummer war CRC-12564. Jetzt verfolgte Ted seine Geschichte und suchte nach anderen Sichtungen.[15] Und so erfuhr ich, dass er sieben Jahre vor seiner Landung auf uns in den Gewässern Zentralamerikas geboren worden und wer seine Mutter war. Auf Fotos in Teds Datenbank war er beim Fressen, in Gesellschaft anderer Wale und beim Springen in kalifornischen und mexikanischen Meeren zu sehen. Detaillierte Fotos von seinem Körper zeigten eine bestimmte Art Wunden, die verrieten, dass er sich in Fischernetzen verfangen hatte und ihnen entkommen war, andere Narben deuteten an, dass er männlich sein könnte. Nach seinem Sprung auf uns war er jeden Sommer nach Monterey zurückgekehrt, doch seit einem Jahr nicht mehr gesehen worden. Ich trug mich ein für eine «Verfolgung» des Wals (Ted hatte ihn den «Hauptverdächtigen» getauft), und wenige Monate später bekam ich eine automatische E-Mail zugeschickt, in der es hieß, er sei (von einem menschlichen Fotografen und einem maschinellen Erkennungsprogramm) erneut eindeutig gesichtet worden. Je mehr ich über diesen Wal erfuhr, desto weniger war er einfach «ein Wal»; er wurde ein Individuum. Ich fühlte mich ihm verbunden. Ich wollte, dass es ihm gut ging.

Und ich war total baff. Ein Wal landet auf dir und verschwindet. Ende der Geschichte. Aber dank all der Menschen, die gerne Wale beobachten, und dank ihrer intelligenten Maschinen war es ganz und gar nicht das Ende der Geschichte.

Maschinelles Lernen und andere Zweige der KI beeinflussen unser tägliches Leben in tausenderlei Hinsicht. So hat zum Beispiel ein Algorithmus Hunderte Stunden mit Interviews, die ich geführt hatte, transkribiert und damit zur Entstehung dieses Buchs beigetragen. Andere Algorithmen haben meine Rechtschreibung überprüft und meine Sätze beendet, noch während ich sie schrieb. Googles effiziente Vorwegnahme in meinen E-Mail-Antworten hat mir klargemacht, wie vorhersehbar viele meiner schriftlichen Äußerungen sind (entschuldigen Sie, die Sie dies lesen), und in weiterem Sinne ist womöglich alles menschliche Sprechen vorhersehbar. Mir hat es immerhin jede Menge Zeit gespart, und das hat schließlich dazu geführt, dass ich in dieser Zeit getrödelt, d.h. auf mein Smartphone, auf Nachrichten- und Shoppingseiten und in die sozialen Medien schaute, die allesamt großartig konzipiert und mit KI vollgepumpt sind, da es ihr Interesse ist, meine Zeit, mein Geld und meine Daten zu stehlen.

KI wird auch auf der Suche nach Tumoren durch MRT eingesetzt; sie wird von Ingenieuren benutzt, die das Überlandleitungsnetz überprüfen und den Stromverlauf steuern; sie testet die Grenzen des menschlichen Scharfsinns aus, indem sie gegen Menschen Schach und Go spielt und gewinnt, auch bei Videospielen. KI hat diejenigen meiner Tiervideos untersucht, die ich unter schlechten Bedingungen aufgenommen hatte, und sie verbessert. KI durchforstet unseren digitalen Auftritt und unsere Bankauszüge und bestimmt unsere Kreditwürdigkeit, KI scannt Dokumente auf Chinesisch oder Englisch und übersetzt zwischen diesen Sprachen. Diese KI-Funktionen sind, wie überhaupt alle, die wir bis jetzt entwickelt haben, «eng», was bedeutet, dass sie jeweils nur eine oder wenige spezielle Aufgaben erfüllen. Natürlich haben sie keine Vorstellung davon, *was* sie da eigentlich tun. Sie wissen nicht, dass Brustkrebs schlimm ist, dass es einen Triumph darstellt, ein Schachspiel zu gewinnen, dass ein Bild schön ist, dass ich, wenn ich dieses Haus kaufe, im Garten Gemüse anbauen kann, dass das Ende dieses Satzes mir wichtig ist. Aber sie können all diese Dinge längst schneller und häufig besser leisten als wir.

In der Biologie hat man mithilfe von KI herausgefunden, dass männliche Mäuse beim Balzen anders vokalisieren[16] und dass sie je spezielle Rufe ausstoßen, wenn sie spielen, wenn sie sich auf leckeres Fressen freuen und wenn sie erregt sind. Ein anderes Team benutzte Computervision, um die wechselnde Mimik von Mäusen zu analysieren, und verband sie mit ihren Gefühlen, was dazu führte, dass bei Mäusen mindestens «sechs Grundgefühle»[17] entdeckt wurden.

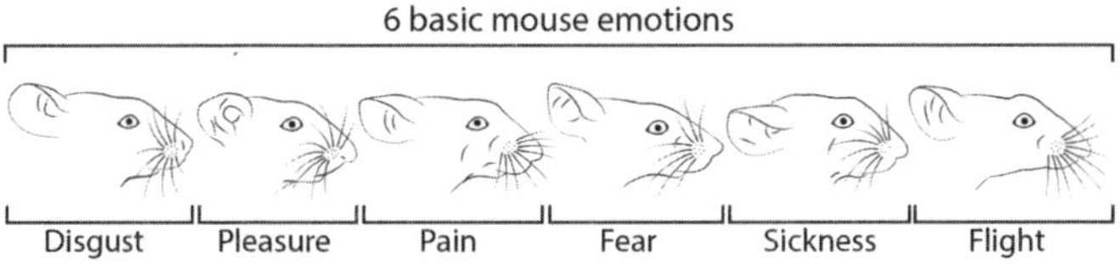

50 **Die sechs «Grundgefühle von Mäusen», die durch KI entdeckt wurden.**

Flugzeuge, die die Arktis überqueren, benutzen die KI ihrer Kamerasysteme, um schlafende Polarbären unter dem Schnee aufzuspüren.[18] Einige Wissenschaftler haben mittels KI herausgefunden, dass Streit zwischen Nilflughunden an Futterplätzen anders klang als an Ruheorten;[19] KI hat Satellitenfotos durchforstet und Hunderte Millionen Bäume in der Saharawüste entdeckt, wo man sie bis dahin nicht für möglich gehalten hatte,[20] und sie hat Vulkanausbrüche um Tage schneller vorausgesagt, als wir Menschen es könnten.[21] Als ich Ted kennenlernte, identifizierte Happywhale noch ausschließlich Buckelwale, doch inzwischen können Individuen von mehr als zwanzig Walarten identifiziert werden, und zwar nicht nur anhand ihrer Fluken, sondern auch mit Fotos von anderen Körperteilen.

Computervision wird mittlerweile von Biologen auf der ganzen Welt eingesetzt. So hat das gemeinnützige KI-Programm WILDME Open-Source-Plattformen für dreiundfünfzig andere Arten und deren Zählung entwickelt:[22] für Teufelsrochen, Pazifik-Riesenbarsche, Stinktiere und Seedrachen (Fetzenfische). Und immer weitere Daten strömen herein – im Monterey Bay Aquarium Research Institute ist man dabei, eine Tiefsee-Datenbank namens FathomNet[23] mit 26000 Tiefseevideos, einer Million Bilder und 6,5 Millionen menschlichen Kommentaren der Öffentlichkeit zugänglich zu machen. Maschinen können ebenfalls lernen, Muster in den Arbeiten anderer Wissenschaftler zu entdecken. So wurde 2021 mithilfe von KI eine Meta-Analyse von 100000 Studien zum Klimawandel durchgeführt[24] – eine wichtige Arbeit, die die menschliche Leistungsfähigkeit überstiegen hätte.

Im November 2020 wurde die Welt der Biochemie durch etwas aufgeschreckt, was sich AlphaFold nannte.[25] Es handelt sich um den Namen für eine Deep-Learning-Software, die DeepMind entwickelt hatte, das Google/Alphabet gehörende KI-Unternehmen, dessen Auftrag es laut eigener Aussage ist, «das Problem der Intelligenz zu lösen und dann alles andere zu lösen».[26] AlphaFold machte, was die Zeitschrift *Nature* einen «gewaltigen Sprung»[27] hin zur Lösung lange anstehender Probleme der Biochemie nannte – denn AlphaFold fand heraus, wie Protein sich faltet. Sie setzten sich in einem alle zwei Jahre stattfindenden Wettbewerb gegen rund hundert konkurrierende Teams durch und lösten Strukturprobleme dreimal genauer und wesentlich schneller als der Sieger von 2014. Ihr Programm ist so gut, dass Mohammed AlQuraishi, ein Forscher der Columbia University, voraussagte, viele Chemiker würden demnächst nicht mehr im Bereich der Vorhersage von Proteinstrukturen arbeiten, weil «das Grundproblem wohl gelöst ist».[28] Die Lösung dieses Problems ist aber unabdingbar, wenn wir verstehen wollen, wie unsere Zellen arbeiten, und sie wird Auswirkungen auf unser Leben haben – etwa bei der Herstellung von Medikamenten oder beim Verständnis von Alterungsprozessen und in der Biotechnik. «Es handelt sich um einen Durchbruch»,[29] sagte Dr. Andrei Lupas, der Direktor des Fachbereichs Protein-Entwicklungsgeschichte am Max-Planck-Institut für Entwicklungsbiologie. Und da maschinelles Lernen so universell einsetzbar ist, können viele Tools, die in einem Bereich entwickelt wurden, oft leicht für einen anderen Bereich angepasst werden.

Wenn Sie sich nun fragen, *wie* die das machen, dann stellen Sie sich KI-Techniken am besten wie Kinder vor: Sie haben Hunger auf Informationen. Wenn Sie einem Kind Sprechen beibringen, dann setzen Sie es nicht mit einem Buch über Syntax und Grammatik an den Tisch. Sie sprechen mit ihm, und zwar sehr viel. Das kleine Wesen imitiert Sie, bildet die Daten, die Sie ihm gegeben haben, nach. Es «spricht zurück», und wenn es etwas auf falsche oder unpassende Weise sagt, erklären Sie ihm nicht die allgemeinen Prinzipien der Sprache, Sie sagen ihm, wie der Satz in der entsprechenden Situation richtig lauten sollte, und dann warten Sie, ob es ihn korrekt und angemessen wiederholen kann. Das nennt sich Verstärkung. Und das Gehirn des Kindes leistet den Rest: Es merkt sich die Situation und versucht es beim nächsten Mal erneut, vielleicht mit einer anderen Variante, und das so lange, bis der formulierte Satz korrekt ist.

Das ist natürlich eine starke Vereinfachung, und in den obigen Beispielen werden viele verschiedene Arten von KI-Techniken eingesetzt. Doch ganz gleich, welcher Typ zum Einsatz kommt und wie oft das Computergehirn trainiert wurde, wenn es für eine bestimmte Aufgabe programmiert worden ist, kann es sie Tag und Nacht ausführen, sehr viel schneller als ein menschliches Gehirn, immer wieder, bis in alle Ewigkeit. Fragt man ein kleines Kind, woher es denn weiß, wie es ein Wort richtig benutzen soll, wird es ihm schwerfallen, das zu erklären. Bei KI ist es ganz ähnlich; wie sie genau funktioniert, mag unergründlich wirken, aber irgendwie hat sie tatsächlich gelernt,

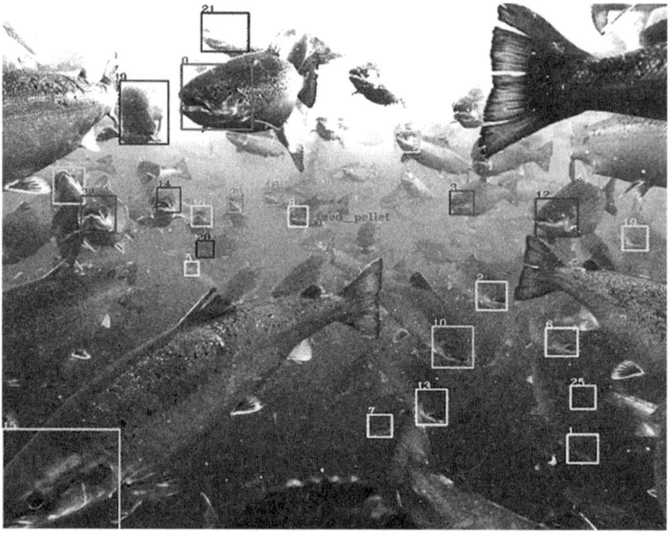

51 **Tidals KI-System zur Erkennung von Fischverhalten (eingesetzt zur Identifikation von Krankheit und Fressverhalten bei Fischen).**

und wenn man sie gut trainiert und mit vielen Daten füttert, kann sie zu guten Lösungen kommen. Und wenn sie die Dinge erst einmal gut hinkriegt, kann man ihr riesige Datensätze, die kein Mensch jemals bewältigen würde, zum Bearbeiten geben. Mit den Worten meines Freunds, des KI-Experten Ian Hogarth: Diese Technik ist ein «Kräfte-Vervielfältiger».[30]

Und was können maschinelles Lernen und andere Formen von KI nun in den Äußerungen von Waltieren entdecken?

Am letzten Tag der Konferenz war der ganze Morgen der Diskussion über Wale und Delfine gewidmet. Wie ich inzwischen gelernt hatte, scheinen Waltiere so etwas wie Namen zu benutzen, und die Analyse von Pott- und Schwertwalen lässt vermuten, dass sie vielleicht auch Laute für ihre jeweilige Gruppenzugehörigkeit haben. Wenn Wissenschaftler Signaturpfeiftöne von Delfinen erforschen wollen, müssen sie Tonaufnahmen von kommunizierenden Delfinen durchforsten und die Spektrogramme ihrer Funde nach auffälligen Formen durchsuchen. Solche Signale zu finden, ist allerdings wirklich mühsam: Delfine sind Plaudertaschen, und sie stoßen in der Gruppe gern allesamt zur selben Zeit massenweise Pfiffe und andere Töne aus. Der Wissenschaftler Jack Fearey spielte uns die Aufnahme von wilden Kapdelfinen vor der Küste Südafrikas vor, die in einer Gruppe von tausend vokalisierten. Wenn solche riesigen Herden sich gemeinsam schnell fortbewegen, nennt man das eine Stampede. Und das Geräusch unter Wasser war ein erstaunlicher Wall aus ununterscheidbarem Zischen, Pfeifen und Gebrumm; er sprach von «einer Delfin-Cocktailparty». Bei den Aufzeichnungen einer so gewaltigen Versammlung ist es für Menschen sehr schwierig und arbeitsintensiv, herauszuhören, wann die Delfine ihren eigenen «Namen» und wann den eines anderen rufen. Aber Jack hatte sich trotzdem darangemacht und alle Spektrogramme mit eigenen Augen durchsucht, um solche herauszufinden, die die Struktur von Signaturpfiffen zu haben schienen. Er fand 497 Pfiffe in den Aufnahmen, und 29 von ihnen sahen aus wie Signaturpfiffe.[31] Mit einer Computeranalyse kam er erfreulicherweise zum selben Ergebnis. Nun, da er wusste, dass die Computeranalyse funktionierte, wurde er ehrgeiziger und machte sich an die Aufzeichnung riesiger Datensätze, die kein Mensch je mit dem Auge würde durchkämmen können, um sie nach Signaturpfiffen zu durchsuchen. Jack verkündete, als Nächstes habe er vor, den namibischen Meeresboden zu «verwanzen» und über Jahre hinweg kontinuierlich Tonaufnahmen machen zu lassen, um die Namen aller an der Party beteiligten Delfine herauszukriegen. Allerdings wurden beide Analysen, die menschliche wie die durch Computer, durch ein Problem behindert: In einer «akustisch chaotischen Umgebung» wie einer Delfinstampede (oder einer menschlichen Cocktailparty) sind riesige Mengen von Signaturpfiffen und anderen Lauten wegen durcheinanderredender Tiere nicht zu identifizieren.

Am gespanntesten war ich auf die Rede von Julie Oswald, einer etwa vierzigjährigen Kanadierin mit kurzem braunem Haar, die an der Universität St Andrews forscht. Aufgewachsen war sie in Kitchener in der Nähe von Toronto, «weit weg von jedem Delfin», und hatte anfangs als Krankenschwester gearbeitet – doch es zog sie zu den Delfinen. Sie entschied sich für die Bioakustik, weil es sie frustrierte, dass sich ansonsten kaum etwas in der Verhaltenswissenschaft ordentlich messen ließ. Hier schien es immerhin etwas Quantitatives zu geben; man konnte es in ein Diagramm eintragen und dann vergleichen! Signaturpfiffe waren eine logische erste Entdeckung, ein «Wort», das ein bestimmter Delfin äußert und das immer gleich klingt. (Und wenn wir nun, überlegte ich, den Delfinpfiff für «Mensch» herausfänden und ihn mit Zeigen verbänden, könnten wir dann nicht die erste winzige, womöglich sinnvolle artenübergreifende Unterhaltung führen? «Ich, Mensch – du, Delfin»?)

Julies Auftritt war der letzte der Konferenz, und das Warten hatte sich gelohnt. Sie erklärte, Delfine gäben jede Menge anderer Geräusche neben ihrer Echoortung und den leicht zu erkennenden Signaturpfiffen von sich. Sie würden auch andere Pfeiftöne und «Knallimpulse», d.h. eine Serie schneller Klicks, produzieren. Vieles davon sei unhörbar für Menschen, weshalb sich manche Delfinkommunikationen auch erst seit Kurzem aufspüren ließen. Wir würden noch nicht sämtliche Laute kennen, die ein Delfin von sich gibt, und auch nicht wissen, ob oder wie sie sich im Laufe eines Delfinlebens verändern, ganz zu schweigen davon, ob sich die Vokalisierungen von Delfinen auch innerhalb einer Art unterscheiden oder nur zwischen verschiedenen Arten. Also hatte Julie begonnen, diese neue akustische Welt zu erforschen und Muster herauszufinden. Dafür nahm sie eine Gruppe von dreizehn in einem spanischen Ozeanarium lebenden Delfinen auf, und zwar zwei Monate lang vierundzwanzig Stunden am Tag.[32] Dann organisierte sie die Daten dieser rund 1500 Stunden, das heißt, sie ließ sie zuerst durch ein Programm laufen, das die Pfiffe aus den anderen Geräuschen herausfiltern konnte; anschließend bereinigte sie ein anderes Programm – ein dynamisches Zeitverzerrungsprogramm, das die Pfiffe für einen leichteren Vergleich auf die gleiche Dauer brachte. Schließlich ließ sie das Ganze durch ein «unüberwachtes neuronales Netzwerk» laufen, das herausfinden sollte, wie viele Pfiffe die Aufnahmen enthielten. Es handelt sich dabei um ein maschinelles Lerntool, das wie viele andere Tools auf künstlichen neuronalen Netzwerken basiert. Ted benutzte zum Beispiel neuronale Netzwerke bei Happywhale, um Buckelwalschwänze zu vergleichen. Julies neuronale Netzwerke funktionieren aber, ohne dass der Computer beim Durchforsten und Etikettieren der erhaltenen Daten auf menschliche Hilfe angewiesen ist (von daher «unüberwacht»). Insofern unterschied sich Julies Vorgehen sehr von den bis dahin vorgenommenen Analysen von Tiergeräuschen. Vorbei waren die Zeiten, als man Aufnahmen von ein paar Delfinen machte, die Spektrogramme ihrer Geräusche ausdruckte, sie mit eigenen Augen durchsuchte und mit der Hand die Passagen markierte, von denen man glaubte, sie sähen anders aus.

Julies KI fand 2662 einzelne Pfiffe, die sich 342 bestimmten Typen zuordnen ließen.[33] Das war eine enorme Bandbreite verschiedener Sorten von Geräuschen. Jetzt wollte sie wissen, wie viele weitere Signalsorten sie gefunden hätte, wenn sie länger aufgenommen hätte. Wenn Sie Leuten beim Sprechen zuhören und die Anzahl der Wörter, die sie benutzen, zählen würden, wären die Wörter, die Sie zu Beginn hören, völlig neu. Wenn Sie nun die Anzahl der neuen Wörter in einem Diagramm mit der Gesamtzahl von Wörtern über einen bestimmten Zeitraum hinweg vergleichen würden, hätten bestimmte Wörter anzahlmäßig Spitzenwerte: Namen, Verbindungswörter wie *und* und *der, die, das* sowie viel benutzte Wörter wie *bitte* und *danke*. Dann würde die Kurve langsam abflachen mit seltener benutzten Wörtern wie *Baum* oder *Frühstück*, um schließlich nur noch hier und da ein neues Wort aufzuweisen, das kaum je benutzt wird, etwa *Beerdigung* oder *Bikini*. Am Ende ihrer zweimonatigen Untersuchung der Delfinlaute kam Julie dann auch nur noch auf etwa einen neuen Pfiff pro Tag. Daraus extrapolierte sie, dass die Delfine ein Repertoire aus etwa 565 verschiedenen Pfeiftypen besaßen.

Ich konnte nicht glauben, was ich da hörte. Delfine können tatsächlich ein Repertoire von mehr als fünfhundert Pfeiftönen haben! Julies Aufnahmen von frei lebenden Delfinen hatten zu ähnlich eindrucksvollen Ergebnissen geführt. Wenn ein akustisches Signal sinnvoll sein soll, muss es, wie ein gesprochenes Menschenwort, beständig sein. Wir könnten einander nicht verstehen, wenn wir die Wörter, die wir benutzen, dauernd änderten. Also wollte Julie überprüfen, wie die unterschiedlichen Pfeiftöne über einen längeren Zeitraum hinweg benutzt wurden, d.h., ob das Pfeifrepertoire der Delfine stabil war, so wie unsere Wörter. Was jedoch nicht heißen soll, dass Delfine über Wörter verfügen. Was diese akustischen Einheiten, die sie entdeckte hatte, bedeuten bzw. ob überhaupt etwas, ist bis jetzt völlig ungewiss. Aber wenn Sie kommunizierende Menschen aufnähmen und die akustischen Einheiten in verschiedene Typen einteilen würden, ergäbe sich ein sehr ähnliches Spektrogramm wie das von Julie. Allein hätte Julie all dies allerdings nicht leisten können. Computer hatten Delfinpfeiftöne, die kein Mensch hören kann, aufgespürt, aufgenommen, dargestellt, organisiert, bereinigt, zusammengestellt und analysiert; und sie hatten in den Daten Muster entdeckt, was kein Mensch gekonnt hätte. Ich fragte Julie später, ob sich ihre Untersuchungsergebnisse als Delfinvokabular bezeichnen ließen. Sie verneinte und sagte, wenn man den Begriff «Vokabular» anstatt «Repertoire» benutzt, würde das unterstellen, dass die Pfeiftöne Bedeutung und Syntax enthielten. Aber wenn irgendwann der erste entschlüsselte Pfeifton tatsächlich eine Bedeutung hätte, sagte sie, dann könnten wir eines Tages vielleicht tatsächlich von Vokabular sprechen.

Ich hätte schrecklich gern zu diesem Tag vorgespult.

Einer unserer Ausflüge während der Konferenz führte zu dem nahe gelegenen Herrenhaus Petworth House. Zusammen mit gut hundert Bioakustikforschern durchstreifte ich das historische Gelände mitsamt Prachtbau. Nachdem wir ein holzgetäfeltes Vorzimmer durchquert hatten, begannen zwei Wissenschaftler, verschiedene Töne zu singen, weil sie wissen wollten, welche Frequenz im Saal vorherrschte. Heinrich VIII. und andere Angehörige des Hauses Tudor blickten von den Wänden hinunter auf Menschen, die aus Ländern gekommen waren, von denen die Tudors noch nie gehört hatten. In einem abgelegeneren Raum entdeckte ich dann einen uralten Globus, eine der frühesten Erdkugeln, die je geschaffen wurden. Sie war 1592 von Emery Molyneux konstruiert worden, und suchende Finger hatten England über die Jahrhunderte nahezu vollkommen weggerieben. Sorgfältige mathematische Gespinste überzogen bekannte Kontinente, auch die erst jüngst entdeckten, und folgten den Reisen von Francis Drake sowie den Umrissen eines Orts, der sich Kalifornien nannte. Als diese Weltkarte gezeichnet wurde, waren die Europäer noch nicht auf den Kontinent Australasien gestoßen, hatten allerdings schon begonnen, die Oberfläche der Erde zu taxieren, und ahnten deshalb, dass da draußen irgendetwas sein musste. Molyneux hatte dort übrigens ein furchterregendes Walmonster hingezeichnet, um die Lücke auf der Karte zu füllen.

Drake und seine abenteuerlustigen Landsleute hatten keine Ahnung, dass sich an dieser Leerstelle ein Kontinent befand und dass darauf Menschen mit unterschiedlichen, verwirrenden Kulturen lebten, die schon sehr viel länger dort existierten,

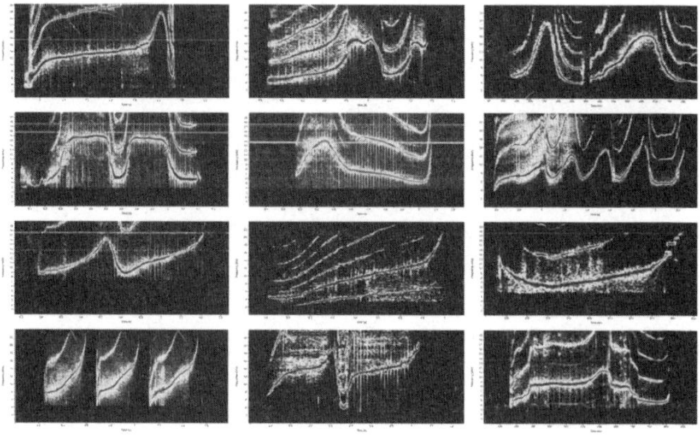

52 **Ein kleines Beispiel der vielen Hundert verschiedenen Pfeiftontypen von Delfinen. Hier handelt es sich um die Pfiffe von Großen Tümmlern (zur Verfügung gestellt von Vincent Janik, University of St Andrews).**

als Menschen in England lebten. Ich musste daran denken, wie unglaublich jung unsere bruchstückhafte Kartografierung der Geräusche von einer einzigen Delfinart ist, und ich dachte an die Hunderte von Pfeiftönen, die Julies Algorithmen vor Kurzem aufgefunden hatten, und an die Terra nova der Kommunikation, die ihrer Entdeckung harrte.

Ein Teil der Waltier-Karte ist inzwischen ausgefüllt. Wie die meisten anderen Menschen halte auch ich Wale nicht mehr für große, blöde Fische, die nur zum industriellen Abschlachten taugen. Wir haben gelernt, dass Waltiere Säugetiere sind wie wir. Sie werden sehr alt, leben in komplexen Gemeinschaften und benutzen zum Umgang miteinander Lautkommunikation. Es gibt bei ihnen Clans und Kulturen, die durch die Art, wie sie sprechen, gekennzeichnet sind. Ich hatte zu begreifen gelernt, wie virtuos ihre Fähigkeit ist, Geräusche zu produzieren, zu formen, zu übermitteln sowie sie zu empfangen. Ich habe ihr Gehirn mit seinen verschiedenen Merkmalen gesehen, die in der Kombination auf «höhere» Fähigkeiten wie die unsrigen hinweisen könnten, und habe erfahren, dass Experimente mit in Gefangenschaft lebenden Tieren einige von ihnen schon bestätigen konnten, und zwar Experimente mit kleinen Waltieren wie Delfinen, die einige kognitive Fähigkeiten unserer nahen Verwandten auf dem Land – den Menschenaffen – übertrafen. Sie taten Dinge, die wir tun, kopierten Bewegungen und ahmten Laute nach, folgten Blicken, spielten miteinander, erkannten sich im Spiegel. Sie verbündeten sich mit ihren Freunden, indem sie einander mit ihren Brustfinnen berührten,[34] so wie wir uns an den Händen halten. Sie sangen, sie lernten, sie variierten. Sie taten Dinge, die wir für altruistisch halten, halfen zum Beispiel anderen, die in Not waren, taten aber auch Dinge, die wir für böse halten, vergewaltigten zum Beispiel oder töteten junge Tiere. Sie interessierten sich für Neues und für uns. Sie waren komplexe Wesen. Wie viel wissen wir inzwischen, wenn man bedenkt, dass wir vor gar nicht so langer Zeit gedacht hatten, sie könnten nicht denken und nicht kommunizieren? Was würden wir noch alles über sie herausfinden? Unsere Sinne, unser Körper und unser Gehirn setzen uns leider Grenzen, doch mittlerweile werden unsere Möglichkeiten durch Maschinen erweitert und verbessert; sie können reisen, zuhören und das Leben dieser Tiere nach und nach für uns entschlüsseln.

Ich hatte aber noch etwas gelernt: Auch wenn die Aussichten auf das, was wir noch alles über die Kommunikation anderer Arten würden entdecken können, nicht nur mich, sondern sehr viele Menschen faszinierten, war es offensichtlich nicht von vorrangigem Interesse. Wissenschaftler berichteten mir, ihre Institutionen hätten nicht die nötige Schlagkraft, den nötigen Durchsetzungswillen oder das nötige Geld, um ganz zweckfrei scheinbar obskuren Fragen nachzugehen. Fördermittel hatten für den eindeutigen Schutz der Tiere, die Regulierung des Fischereisektors oder zum Beispiel für Maßnahmen verwendet zu werden, die verhinderten, dass die Marine zu viele Wale tötete. Ted Cheeseman von Happywhale beschrieb Biologen als Menschen, die immer «einen Tag zu spät sind und einen Dollar zu wenig haben».[35] Viele wagten nicht, ein Forschungsvorhaben in diesem Bereich vorzuschlagen, weil sie fürchteten, sich lächerlich zu machen und ihre Karriere oder weitere Fördermittel zu riskieren. Andere gingen einfach davon aus, dass da ohnehin nichts zu finden sei. Doch weil die Frist für viele Lebewesen auf der Erde langsam abläuft, machte ich mir Sorgen, dass unsere Tonaufnahmen von Walen womöglich irgendwann alles waren, was von der einzigartigen Kultur dieser Tiere übrig bleiben würde, ein Haufen digitaler Geister. Die Erforschung der Kommunikation von Waltieren ist außerordentlich vielschichtig und wird kaum gefördert; zudem stellt sie hohe Anforderungen an das Leben der Forscher. Allmählich empfand ich einerseits große Achtung für die schwierige Arbeit, die hinter dem stand, was wir jetzt gelernt hatten, und andererseits fragte ich mich, ob wir überhaupt die Aussicht hatten, jemals mit Walen zu sprechen.

Wie sollten wir dann aber weiter vorankommen und schneller? Es schien so, als sei dafür etwas sehr viel Größeres gefordert. Ein Wechsel der Gangart.

10

MASCHINEN DER LIEBENDEN GNADE

«Sich vorwärtsbewegen heißt neue Denkmuster entwickeln.»[1]

E. O. Wilson

Als van Leeuwenhoek in das Wasser eines Teichs blickte, entdeckte er einen Mikrokosmos von «animalcules»: Rädertierchen, Süßwasserpolypen, Protisten und Bakterien. Unter den Personen, die ihn aufsuchten, um diese winzige Welt selbst zu sehen, war auch der Astronom Christiaan Huygens, der Linsen nach oben gerichtet und mit seinen Teleskopen die Ringe des Saturn und dessen Mond Titan entdeckt hatte.[2] Das niederländische Imperium, in dem er lebte, gibt es längst nicht mehr, doch die unsichtbare Welt, die er entdeckte, ist immer faszinierender und komplexer geworden. Weit entfernt von den Niederlanden und drei Jahrhunderte später, genau gesagt 1995, war Bob Williams Direktor des Space Telescope Science Institute in Baltimore, Maryland. In dieser Funktion konnte Bob entscheiden, womit das Hubble Space Telescope zehn Prozent seiner Betriebszeit des Weltraumteleskops Hubble verbringen wollte. Es hatte zwei Milliarden Dollar gekostet, das leistungsfähige Teleskop zu konstruieren und in den Weltraum zu schicken. Und es verschlang viel Zeit, wenn man der Maschine befahl, sich in eine bestimmte Richtung zu drehen, um etwas anzuschauen, und die Daten dann zurück zur Erde zu schicken; und Hubble-Zeit war eines der teuersten Handelsgüter des Planeten. Williams beschloss, ein Risiko einzugehen: Er würde das Teleskop auf eine wenig bemerkenswerte Stelle des Weltraums richten. Überzeugt, dass da nichts war und dass es eine Verschwendung von Zeit und Geld wäre, versuchten seine Kollegen, ihn davon abzuhalten. Er würde sich lächerlich machen und seinen Posten verlieren. «Wissenschaftliche Entdeckungen erfordern Risikobereitschaft», erklärte dagegen Williams.[3] «Ich war an einem Punkt meiner Karriere angelangt, wo ich mir sagte: ‹Wenn es so schlimm ist, werde ich zurücktreten. Ich werde die Verantwortung übernehmen.›»

Das Teleskop, das sich oberhalb der Atmosphäre im Orbit befand, drehte seinen riesigen Spiegel in die scheinbar leere Region des Weltraums, die Bob ausgesucht hatte. Und es begann zu scannen; es fing die blassesten Lichtquellen ein, nahm in über hundert Stunden 342 Bilder auf und schickte sie nach und nach langsam zur Erde hinunter.[4] Das Gesamtbild, das sich auf diese Weise allmählich zusammensetzte, wird heute «Hubble Deep Field» genannt. Und wie sich herausstellte, war die Region nicht leer. Sie enthielt dreitausend Galaxien. Einige waren sehr alt, mehr als 12 Milliarden Jahre alt – und manche andere waren seltsamer als alle bisher gesehenen. Ein «kosmischer Zoo»[5] aus Galaxien: elliptische, spiralförmige, andere mit «wirbelnden» Armen, verschwommenem Lichthof oder heller, zentraler Ausbuchtung («Bulge»). Damit stieg die Anzahl der geschätzten Galaxien im Universum um den Faktor fünf und erledigte die Idee, es gäbe so etwas wie einen unbedeutenden Punkt im Weltraum.

Bob hatte nicht gewusst, dass dort etwas war, doch er fand, er sollte nachschauen. Er besaß ein Werkzeug, das zum Nachschauen konstruiert worden war, und er beschloss, es auf irgendetwas Neues anzusetzen. Wie van Leeuwenhoeks «animalcules» waren die Galaxien, die Bobs Bild enthüllte, immer schon dagewesen, sie hatten bis zu jenem Moment nur nicht für *uns* existiert. Ich liebe diese Geschichte. Was für Galaxien

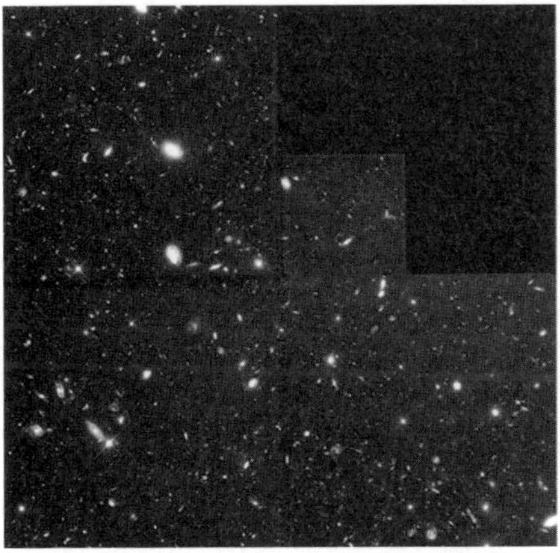

53 **Das Hubble Deep Field voller Galaxien.**

von Tierverhalten könnten wir wohl entdecken, wenn wir unsere teuersten und edelsten Werkzeuge auf die unerforschte, übersehene lebendige Welt richten würden? Manchmal braucht es nur jemanden, der den Mumm und die Lust hat, sich nicht um das zu scheren, was alle anderen sagen, und denkt: «Scheiß drauf, ich probiere es einfach.»

Drei Jahre nach Beginn meiner Reise traf ich mich mit zwei kühnen, ungewöhnlichen Männern, Neulingen in der Biologie. Beide waren in ihren Dreißigern: Aza Raskin, mit dunklem Bart und einer Miene, die zwischen Staunen und Besorgnis wechselte; Britt Selvitelle, mit krausem braunem Haar, Gründer einer der ersten Silicon-Valley-Giganten, wirkte dagegen eher wie ein freundlicher Freiwilliger auf einem Biohof. Azas Vater Jef war eines der Gehirne hinter Apples Macintosh. Aza selbst hatte die Familienbegeisterung für Mensch-Computer-Schnittstellen weiter vorangetrieben, vor allem als einer der Architekten des Open-Source-Browsers Firefox; eine seiner Erfindungen war die Funktion des unendlichen Scrollens,[6] mit der man die endlosen Tiefen seiner Nachrichten und Social-Media-Einträge ausloten kann. Britt war Computerwissenschaftler und Ingenieur im Gründungsteam von Twitter.

Beide hatten große Erfolge in ihren Berufen gefeiert, waren jedoch zunehmend entsetzt über die Schäden, die die «Aufmerksamkeitsökonomie», an der sie selbst beteiligt waren, der Gesellschaft zufügte. Aza erzählte mir, er habe «eine große Portion [seiner] Lebenskraft»[7] dem Versuch gewidmet, diese Probleme zu bearbeiten; so habe er ein gemeinnütziges Unternehmen mit Namen Center for Humane Technology gegründet, arbeite mit Regierungen zusammen an Reformen und versuche, das Interesse auf das Problem zu lenken, das in dem preisgekrönten Dokumentarfilm *The Social Dilemma* thematisiert werde. Bei den meisten dieser Aktionen, das sei ihm durchaus klar, handele es sich lediglich um Schadensbegrenzung.

Als Technologen und ausgesprochene Naturliebhaber überlegten sie nun, wie sie KI für etwas Gutes einsetzen könnten. Was wäre, fragten sie sich, wenn wir maschinelles Lernen benutzten, um Tierkommunikationen zu erforschen? Wenn die entschlüsselt werden könnten, würden die Menschen sich den Arten, die wir so gnadenlos ausrotten, vielleicht eher verbunden fühlen. Und wie man es eben macht, wenn man jung und Herr des Universums ist und in einer Kultur lebt, in der Abbruch und Erneuerung Könige sind und, wer scheitert, noch ambitionierter neu startet, beschlossen die beiden, sich nicht als Studenten der Biologie einzuschreiben, um diese Frage theoretisch zu bearbeiten, sondern ein gemeinnütziges Start-up zu gründen und selbst zu handeln.

Also hatten sie sich in die Forschung gestürzt, hatten Wissenschaftler und Linguisten befragt, die im Fachbereich Tierkommunikation auf dem neuesten Stand waren, und Ingenieure, die mit der neuesten Mustererkennungstechnologie arbeiteten. Sie reisten in die Dschungel Zentralafrikas, um zu beobachten, wie frei lebende Elefanten miteinander umgingen, und lernten dabei aus erster Hand die Schwierigkeiten biologischer Feldarbeit kennen. In dieser Phase ihrer Reise begegnete ich ihnen zum ersten Mal. Die Idee ihres Projekts gefiel mir sehr, aber ich fragte mich, ob sie sich nicht vielleicht einfach zum eigenen Vergnügen ein aufregendes Abenteuer gönnten, nachdem sie jahrelang vor Computern gehockt hatten – bis sie dann wenige Monate später auf mich zu kamen und erklärten, sie hätten einen Plan.

Das absolute Mekka für Walbeobachtungen, die Monterey Bay, liegt nur eine kurze Autostrecke von San Francisco und dem Silicon Valley entfernt, den Epizentren des Informationszeitalters. Im Sommer 2018, drei Jahre nach meiner ersten schicksalsträchtigen Fahrt dorthin, arbeitete ich quasi um die Ecke von Britt und Aza. Sie besuchten mich in dem Haus, wo ich mit meiner Crew während eines Drehs wohnte. Außerdem hatte ich noch Dr. John Ryan eingeladen, einen Wissenschaftler am Monterey Bay Aquarium Research Institute; er war ein zurückhaltender Mann Mitte fünfzig und hatte ein Faible für Skateboarding und Achterbahnen. John glaubte bereits fest an KI als Helfer bei der Erforschung von Walgesängen. Nun ist die Monterey Bay aber kalt; ein Futterplatz. Eigentlich dachte man, die Buckelwale sängen hauptsächlich weit weg, in ihren tropischen Brutgebieten. Aber John hatte eine Tiefseeabhörstation, die mit seinem Büro verbunden war, und er beschloss, die Aufnahmen durchzuforsten. Es dauerte Hunderte von Stunden. Zu seiner Überraschung entdeckte er die Gesänge von vielen Hundert Tieren.[8] John und seine Kollegen hatten sich schon früh mit KI vertraut gemacht, was das Durcharbeiten von sechs Jahren Tonaufnahmen zu einem kurzen Vergnügen machte und ihre Abhörtechniken um Blau- und Finnwale ergänzte. Und sie fanden heraus, dass Buckelwale neun Monate im Jahr in der Monterey Bay sangen. Manchmal vibrierten die kalten Gewässer geradezu vom Walgesang, und das mehr als zwanzig Stunden am Tag. Johns Tonaufnahmen umfassten auch die Zeit, als der «Hauptverdächtige» in Monterey gewesen war. Er meinte, er würde wetten, dass die Stimme unseres Wals irgendwo in seinen Bändern versteckt sei. Und da saßen wir nun zwischen Stapeln unserer Rettungswesten, Gyroskop-Kameras, Batterien und surrenden Festplatten, aßen Fajitas und hörten konzentriert zu, während Aza und Britt den Plan erläuterten, den sie ausgeheckt hatten. Sie würden die unvorstellbar große Computerpower der Tech-Unternehmen, die hinter Google Translate steckten, auf die Entschlüsselung von Tierkommunikationen anwenden.

Damit wir überhaupt begriffen, was zum Teufel das hieß, mussten Aza und Britt John und mir erst einmal eine kleine Lektion über die revolutionierende Leistung der KI beim Übersetzen erteilen. Schon seit Jahrzehnten benutzte man Computer, um Sprache zu übersetzen und zu analysieren; dieser Bereich nennt sich «natural language processing», auf Deutsch «Natürlichsprachliche Datenverarbeitung». Noch bis vor Kurzem musste man der Maschine jedoch mühsam beibringen, wie sie eine menschliche Sprache in eine andere zu verwandeln hatte. Die Computerprogramme mussten mit Entscheidungsbäumen arbeiten, wenn sie einen Text in einer bestimmten Sprache vor sich hatten, und in jeder einzelnen Situation angewiesen werden, was sie zu tun hatten: Sie benötigten zweisprachige Lexika, mussten Grammatikregeln lernen und so weiter. Es war also sehr zeitaufwendig, diese Programme zu schreiben, und die Ergebnisse waren wenig befriedigend. Denn natürlich traten immer wieder Situationen auf, mit denen die Programmierer nicht gerechnet hatten und die das Programm zum Absturz brachten, wie etwa die Unfähigkeit der Computer, mit Rechtschreibfehlern umzugehen.

Doch dann gab es zwei Weiterentwicklungen: Die erste betraf den Boom neuer KI-Werkzeuge wie die künstlichen neuronalen Netzwerke – genau die Computerprogramme, die auf der Struktur des menschlichen Gehirns gründeten und mit denen

Julie die einzelnen Delfinpfeiftöne herauspräpariert hatte. Besonders effizient in dieser Hinsicht waren neuronale Netzwerke, die in mehreren sich überlagernden Schichten aufgebaut waren und Deep Neural Networks (DNNs) heißen. Die zweite Entwicklung ergab sich aus der Neuerung, dass das Internet enorme Mengen übersetzter Textdateien frei zur Verfügung gestellt hatte – Wikipedia, Untertitel von Filmen, die Protokolle von Kongressen der EU und der UN, Millionen von Dokumenten, die sorgfältig in viele Sprachen übersetzt worden waren.

Diese Texte waren das ideale Futter für DNNs.[9] Ingenieure konnten die Algorithmen mit beiden Hälften der Übersetzungen füttern und die DNN auffordern, sie ihrerseits zu übersetzen, *aber ohne irgendwelche existierenden Sprachregeln zu benutzen.* Stattdessen sollten die DNNs jetzt ihre eigenen aufstellen. Sie konnten versuchen, auf lauter verschiedenen Wegen von einer Sprache zu der korrekten Übersetzung in eine andere zu gelangen. Und sie konnten mit Wahrscheinlichkeiten herumspielen, immer und immer wieder. Sie konnten die Muster für ein korrektes Übersetzen erlernen. Wenn es funktionierte, merkte die DNN es sich und probierte aus, ob es bei einem anderen Text ebenfalls funktionierte. Die Maschinen lernten auf ziemlich dieselbe Weise, wie Jinmo Parks Computervisionsprogramm gelernt hatte, die Walschwanzfluken für Happywhale einander zuzuordnen. Jinmo musste seinem Programm nicht beibringen, was ein Wal ist oder wie Menschen die eine Schwanzfluke einer anderen zuordnen. Er benötigte einfach nur jede Menge etikettierte und genügend weitere unetikettierte Datenbeispiele, die seine Algorithmen immer wieder durcharbeiten mussten, bis sie herausfanden, wie man Muster zuordnet.

Die ersten Sprachübersetzungsmaschinen, die DNNs einsetzten, funktionierten schon recht anständig, waren aber noch weit entfernt davon, menschliche Kompetenz zu erreichen. Am problematischsten war, dass sie immer noch unsere Überwachung erforderten: Wir mussten ihnen Übersetzungsbeispiele geben, damit sie arbeiten konnten. Doch dann kam es zu einer sehr unkonventionellen Entwicklung. 2013 führten Tomas Mikolov, ein Computerwissenschaftler bei Google, und seine Kollegen vor, wie man eine andere Art von neuronalem Netzwerk mit großen Textmengen füttern und es dann auffordern kann, darin nach Mustern in den Beziehungen zwischen den Wörtern einer Sprache zu suchen. Ähnliche oder eng miteinander verknüpfte Wörter würden dann dicht beieinanderstehen, unähnliche und weniger verbundene weiter weg. Aza zitierte den Linguisten J.R. Firth: «Sie verstehen ein Wort anhand der Wörter in seiner Umgebung.»[10]

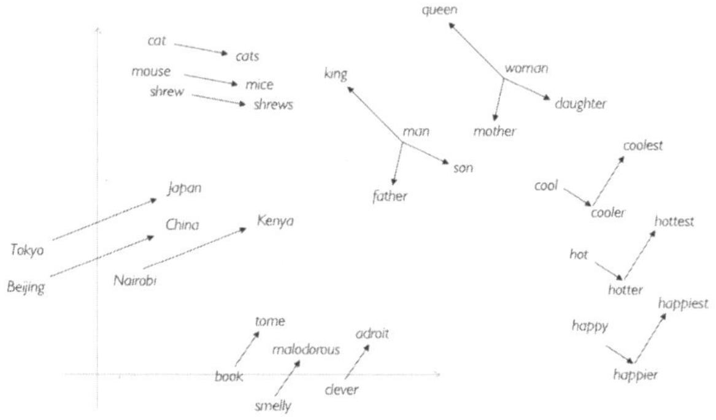

54 **Ein Beispiel für Wortverknüpfungen im Englischen.**

Er verdeutlichte es an einem Beispiel:[11] *Eis* kommt häufig in der Nähe von *kalt* vor, aber selten in der Nähe von *Stuhl*. Das gibt dem Computer den Hinweis, dass *Eis* und *kalt* auf eine Weise semantisch verbunden sind, wie *Eis* und *Stuhl* es nicht sind. Indem das neuronale Netzwerk geschriebene Sprache benutzt, um solche Verbindungsmuster zu finden, könne es jedes Wort in eine Karte «einbetten», die die Verbindungen aller Wörter einer Sprache erfasst. Ich stellte mir diese Karte wie eine Sternenkarte vor, bei der jeder Stern ein Wort ist und jedes Sternbild dieser Sprachgalaxie darstellt, wie diese Wörter in Verbindung zueinander benutzt werden. Im Moment ist es noch unmöglich, diese «Galaxien» visuell zu veranschaulichen, weil die Anzahl von Wörtern und ihrer Myriaden von Beziehungen zueinander bedeuten würde, dass sie Hunderte von Dimensionen haben müssten. Aber hier sehen Sie jetzt Britts und Azas Beispiel der 10000 am meisten mündlich benutzten englischen Wörter, komprimiert zu einem 3D-Bild:

55 **Jeder Punkt bezeichnet eines der 10000 gebräuchlichsten gesprochenen Wörter im Englischen, dargestellt als eine Galaxie der Verknüpfungen.**

Was Mikolov und seine Kollegen als Nächstes entdeckten, war atemberaubend: Man kann mit Sprache rechnen! Britt und Aza stellten es uns vereinfacht dar: Wenn man das Programm auffordert, es solle – hier als deutsche Variante – *König* nehmen, davon *Mann* subtrahieren und *Frau* addieren und das nächstgelegene Wort in der Wolke nennen, ist die Antwort *Königin*. Das Programm wusste nicht, was ein König oder eine Königin ist, aber es «wusste», dass ein weiblicher König eine Königin ist. Obwohl es nicht weiß, was eine Sprache ist, konnte es eine Karte von ihr erstellen und sie dann analysieren.

Ich war baff. Für mich waren Wörter, war Sprache etwas Emotionales, Unscharfes, Unbeständiges; und doch lag hier strukturiertes Englisch vor, automatisch von einer Maschine aus Milliarden bereitgestellter Beispiele zu Verknüpfungsmustern von Wörtern geordnet, die wir, ohne darüber nachzudenken, in unseren Köpfen beherbergen – die Ernte unserer eigenen neuronalen Netzwerke aus den Big Data unseres eigenen Lebens: den Büchern, Unterhaltungen, Filmen und anderen Informationen, mit denen unser Gehirn gefüttert worden ist und die es ohne unser bewusstes Zutun gesammelt hat.

Diese Entdeckung war zwar nützlich, wenn man Beziehungen *innerhalb* einer Sprache suchte, aber was hatte sie mit Übersetzen zu tun? Und jetzt kommt der richtig tolle Teil. 2017 geschah etwas Bahnbrechendes – etwas, das Britt und Aza überzeugt hatte, dass diese Techniken bei Tierkommunikation tatsächlich hilfreich sein könnten. Mikel Artetxe, ein junger Forscher an der Universität des Baskenlands, fand nämlich heraus, dass er ein KI-Programm auffordern konnte, die Wörtergalaxien verschiedener Sprachen durcheinanderzumischen, d.h. die eine über die andere zu legen.[12] Und als hantiere man mit einem absurd komplexen Tetris-Spiel, passten ihre Strukturen irgendwann zueinander, die Plätze der Wörter ordneten sich, und wenn man z.B. in der deutschen Wörtergalaxie an der Stelle nachschaute, wo in der englischen *king* saß, fand man dort *König*.

Damit das funktionierte, waren keine Übersetzungsbeispiele und keine sonstigen Kenntnisse der beiden Sprachen erforderlich.[13] Es handelte sich um automatisches Übersetzen ohne Lexikon und menschliches Zutun. Wie Britt und Aza es formulierten: «Stellt euch vor, ihr habt zwei vollkommen unbekannte Sprachen, und nur indem ihr jede der beiden lange genug analysiert, könnt ihr entdecken, wie sich die eine in die andere übersetzen lässt.»[14] Es war eine Weiterentwicklung der natürlichsprachlichen Datenverarbeitung.

Und dann kamen weitere Tools hinzu. Unüberwachte Lerntechniken, die Strukturen akustisch, in Aufnahmen von unbearbeitetem menschlichen Sprachmaterial, identifizieren und dabei automatisch erkennen, welche der Geräusche sinnvolle Einheiten, also Wörter sind. Andere Tools konnten aus der Verknüpfung von Worteinheiten folgern, wie sie zu Ausdrücken und Sätzen konstruiert waren – erkannten also die Syntax. Diese Computerprogramme waren von den Schaltkreisen unseres menschlichen Gehirns inspiriert und konnten Muster in unseren Sprachen entdecken und miteinander verknüpfen; auf diese Weise arbeiten heute unsere modernen Übersetzungsmaschinen, wie Google Translate. Und sie arbeiten unglaublich gut, können Sätze aus dem Englischen ins Mandarin oder Urdu übersetzen, und zwar blitzschnell und mit akzeptabler Genauigkeit. Aber wie sollten sie Muster in der Kommunikation anderer Tiere erkennen können?

Seit Jahrzehnten versuchen Menschen, Tierkommunikationssysteme zu dekodieren, immer in der Hoffnung auf einen Rosettastein – eine Art Schlüssel, der sie aufsperrt – einen Weg ins Unbekannte. Wir begannen mit den kleinsten Einheiten, den simpelsten und eindeutigsten Vokalisierungen, wie etwa Alarmrufen und Signalpfiffen; anhand von ihnen versuchten wir ein Signal zu identifizieren, das vielleicht für ein Tier eine Bedeutung hatte, und es dann mit einem entsprechenden Verhalten zu verknüpfen und so zu entschlüsseln. Einen anderen Weg gab es nicht, denn wir hatten keine Ahnung, was all die anderen Geräusche, die die Tiere von sich gaben, bedeuteten – ob sie überhaupt irgendeine Bedeutung hatten. Und da gab es nun dieses neue Computer-Tool, *unüberwachte maschinelle Übersetzung*, das höchst erfolgreich arbeitete, obwohl ihm nicht beigebracht worden war, was irgendeine der menschlichen Sprachen, die es übersetzen sollte, überhaupt bedeutete. Britt und Aza brauchten keine automatische Übersetzungsmaschine, um meine Miene zu interpretieren, als sie mir das erzählten:

Heilige Scheiße! Und das würde auch bei Tieren funktionieren?, fragte ich sie. Konnte man tatsächlich wagen, Tier-«Sprachen» zu untersuchen, indem man sämtliche Vokalisierungen, die eine Art produziert, in einer Galaxie kartografiert und die Muster in ihr mit den Mustern anderer Arten vergleicht? Ja, erwiderten sie. Das sei der Plan.

Meine Gedanken rasten. Wenn ich es richtig verstanden hatte, konnten wir Tierkommunikationssysteme aufzeichnen, was uns bis jetzt nicht gelungen war. Wir konnten beginnen, sie systematisch zu erforschen, indem wir sie miteinander verglichen. Wir konnten beobachten, wie die Kommunikationsgalaxien sich über die Zeit veränderten und weiterentwickelten. Wir konnten uns schrittweise vorarbeiten – von Kommunikationssystemen, die einander ähnlich sind, hin zu solchen, die kaum Ähnlichkeiten haben; konnten tatsächlich verschiedene Familien fischfressender Schwertwale mit Schwertwalen vergleichen, die Meeressäuger fressen, oder mit Pilotwalen, Großen Tümmlern, Blauwalen, Elefanten, Afrikanischen Graupapageien, Gibbons und Menschen. Falls – und das ist ein großes Falls – unsere automatischen Analysetools für die menschliche Sprache auch dann funktionieren, wenn es um das Auffinden von Mustern in den Kommunikationssystemen anderer Arten geht, könnten sie uns helfen, einen Kontext für *alle* Tierkommunikationen zu erstellen. Der würde uns eine Vorstellung von der Anzahl und der Verschiedenheit der Galaxien im Kommunikationsuniversum verschaffen und auch von unserem eigenen Platz darin.

Natürlich könnten die Vokalisierungen von Walen, Delfinen und anderen nichtmenschlichen Wesen nur emotionaler Krach ohne jede Bedeutung, ohne Tiefenstruktur oder Syntax sein. In dem Fall wäre das Einfüttern ihrer Kommunikation in diese Algorithmen so, als würde man eine Gesichtserkennungs-App einsetzen, um eine Pizza zu scannen. Aber nach allem, was ich bisher erfahren hatte, war das eher unwahrscheinlich. Und selbst wenn die Waltiere so etwas wie eine natürliche Sprache besäßen, könnten diese Techniken aus anderen Gründen immer noch fehlschlagen.

Eine mögliche Theorie, warum maschinelle Übersetzungen natürlicher Sprachen so gut funktionieren, lautet, dass unsere sämtlichen Sprachen im Grunde die gleichen Informationen einsammeln. Menschen in der Mongolei und in Uganda führen ein ähnliches Leben, insofern sie ähnliche Welten wahrnehmen, mit ähnlichen Objekten und Akteuren und ähnlichen Beziehungsstrukturen, allesamt zusammengehalten durch eine ähnliche Physik. Wenn also die gleichen Dinge in diesen weit voneinander entfernten Welten möglich sind, haben auch ihre Sprachen ähnliche Verknüpfungsstrukturen entwickelt, sodass wir das Suahelische ins Mongolische übersetzen können.

Die Art, wie Wale und Delfine ihre Welt erleben, unterscheidet sich sehr von der unseren, und *falls* sie ihr Weltmodell in einer Sprache eingefangen haben, wird auch sie sich höchstwahrscheinlich sehr von der unseren unterscheiden. Es ist gut möglich, dass es keinerlei Ähnlichkeit zwischen den Verknüpfungsmustern von Buckelwalspracheinheiten und denen des Englischen gibt; doch allein, das zu wissen, wäre schon erhellend. Wenn man interessante, komplexe Strukturen und Verknüpfungen in nichtmenschlichen Kommunikationssystemen entdecken könnte, die keine Ähnlichkeit mit denen der menschlichen Sprache haben, wäre das an sich schon eine Offenbarung, da es auf eine völlig andere Weltauffassung von Tieren hinweisen würde, die wir erkunden könnten. Es ist Sprache, Jim, aber keine, wie wir sie kennen.

Für Britt und Aza ist modernes maschinelles Lernen ein «fundamental neues Tool», mit dem sich Muster sowohl innerhalb einer bestimmten Sprache als auch zwischen verschiedenen Sprachen entdecken lassen. Es ist ein Werkzeug, das es uns, mit Azas Worten, erlauben würde, «unsere menschliche Brille abzunehmen». Ich dachte an Bob Williams und das Hubble-Teleskop. Auch diese Idee war auf jeden Fall einen Versuch wert.

Während Britt und Aza beim Abendessen ihren Plan erläuterten, hörte John Ryan die ganze Zeit aufmerksam zu. Was sie jetzt bräuchten, erklärten die beiden, seien Daten, mit denen sie die Algorithmen füttern konnten. Und, siehe da, John hatte eine Festplatte mitgebracht, die Tausende Stunden mit Buckelwalvokalisierungen enthielt. Und so wechselte ein unauffälliger kleiner Kasten den Besitzer, mitsamt den Früchten jahrelanger Tonaufnahmen, die ein anderer Kasten tief unten im Meer gemacht hatte. Ein Kasten voller Walstimmen, die in einen anderen Kasten voller intelligenter Programme eingestöpselt werden würde, weil man wissen wollte, welche Muster sich in seinen inneren Geheimnissen entdecken ließen.

Britt und Aza nannten ihr gemeinnütziges Projekt *The Earth Species Project* (*ESP*). Ich blieb während der folgenden Jahre in Kontakt mit ihnen. Wir sprachen übers Netz miteinander, als Buschfeuer in der Nähe ihrer Häuser wüteten, und während der Covid-19-Pandemie, als unser Haar und unsere Bärte wucherten. Die beiden gründeten Dutzende von Partnerschaften. In Alaska mit der Buckelwalforscherin Michelle Fournet; in Kanada mit Valeria Vergara, die die Mutter-Kalb-Kommunikation bei Belugawalen (Weißwalen) erforscht. Diana Reiss und Laela Sayigh boten ihnen Tausende von Stunden mit Tonaufnahmen von Delfinen an. Und das betrifft nur die Waltiere. Es gab auch Elefantenwissenschaftler, Datenbanken mit Aufnahmen von Flughunden, Riesenottern, Zebrafinken, Makaken und anderen. Die Cornell-Universität begann, ebenso wie die Universität von Oxford, ihre riesigen Sammlungen mit akustischem Material weiterzureichen. Auf der Suche nach Überschneidungen von Sprachen im Meer und im Weltraum arbeiteten sie mit dem SETI (Search For Extra Terrestrial Intelligence – Suche nach außerirdischer Intelligenz) zusammen, und sie erforschten menschliche Pfeifsprachen, wie das Silbo Gomero (die Pfeifsprache auf der spanischen Insel La Gomera). Ihre Idee dahinter war: Wenn es ihnen gelänge, trainierte Computer menschliche Pfiffe, die eine Bedeutung hatten, übersetzen zu lassen, könnten diese Tools vielleicht auch Delfinpfiffe analysieren. Und indem sie Partnerschaften mit Wissenschaftlern für lauter verschiedene Arten bildeten, dachten sie, ließe sich das, was sie von der einen Art gelernt hatten, in Tools für andere umformen.

Die Geschichte des Teilens von Computerprogrammen und ihrer Codes ist lang: Man reichte sie weiter – ebenso wie die eigenen Datensätze –, damit alle anderen sie auch sehen und von ihnen lernen und sie verbessern konnten. Das nennt sich *open source* (quelloffene Software). Aza zitierte eine Redensart aus der Open-Source-Welt: «Egal wo du arbeitest, die meisten der schlauesten Leute arbeiten woanders.»[15] Auch wenn die Open-Source-Bewegung zum Teil schon in der traditionellen akademischen Welt Fuß gefasst hat, zögern viele Biologen und ihre Institutionen immer noch, ihre hart erarbeiteten Daten zu teilen, ihre Werkzeuge und Erfindungen weiterzugeben, und Zeitschriften verlangen immer noch horrende Summen für den Zugang zu ihren Veröffentlichungen.

Für Aza und Britt waren das Flaschenhälse, Verhaltensweisen, die mögliche Entdeckungen abwürgten. Also richteten sie ihr Biologie-Unternehmen nach dem Modell ein, das in der Computerwissenschaft gut funktionierte. Vorhandene Aufnahmen wurden bereinigt und neu etikettiert und in der ESP-Bibliothek – einer frei zugänglichen Lagerstätte für Tierkommunikationen – online gestellt, sodass *jeder* sie erkunden konnte. Auf diese Weise konnten auch Menschen, die nichts mit dem Meer am Hut hatten, sondern eher mit der Entwicklung von Computerspielen oder von Software, die Verbraucherentscheidungen erfasst, vertraut waren – Leute also, die nicht im Traum daran gedacht hätten, jemals einen Wal zu sehen –, bei dem Wettrennen um die Entdeckung der Walsprache mitmachen.

Ende 2021 meldeten Aza und Britt sich sehr aufgeregt bei mir. Beim Durchforsten ihres Schatzes an Tonaufnahmen waren sie auf ein Hindernis gestoßen, das auch Jack Fearey bei seinen Aufnahmen der Delfin-Stampeden gehabt hatte: das «Cocktail-Party-Problem».[16] Es ist unmöglich, eine Unterhaltung bzw. das, was ein an der Unterhaltung beteiligter Sprecher sagt, zu entschlüsseln, wenn alle durcheinanderreden. Im Meer, wo von allen Seiten Lärm auf einen eindringt, verschärft sich das Problem noch. Und Waltiere öffnen nicht ihr Maul oder geben sonst irgendein sichtbares Zeichen, wenn sie vokalisieren, so wie wir. Die Entscheidung, welcher Delfin gerade etwas sagte, war, als wollte man bei einem Bauchrednerkongress heraushören, wer da den eigenen Namen gerufen hatte. Wenn die Wissenschaftler das jeweils sprechende Tier in ihren Aufnahmen nicht identifizieren konnten, waren diese Aufnahmen wertlos, und so verschwanden manche der interessantesten «Unterhaltungsdaten» von Tieren im Müll. Wie das ESP es formulierte: «Wir können Sprache erst entschlüsseln, wenn wir Unterhaltungen entwirrt haben.»

Das ESP hatte inzwischen sechs Vollzeit-KI-Experten und ein Budget von mehreren Millionen Dollar. Man konstruierte ein Tool zum Auffinden von Mustern, das aus dem überlappenden Geplapper von Flughunden, Großen Tümmlern und Affen entwickelt worden war. Es konnte einzelne Tierstimmen aus einem Meer von Geräuschen heraushören – ein Dämpfungsinstrument für Cocktailpartys und ein möglicher erster Schritt zum Entsperren «einer ganzen neuen Welt von Daten geselliger Kommunikation»; ein Tool vor allem, das bei sämtlichen Tieren, die vokalisierten, angewendet werden konnte. Der Code stand schon auf ihrer Open-Source-Seite, bevor die Ergebnisse veröffentlicht wurden.[17]

Britt verglich den enormen Ausstoß an Computertools, die sich aus dem maschinellen Lernen entwickelten, mit der Explosion im Kambrium – jenem Zeitraum vor etwa 540 Millionen

Jahren, als plötzlich eine große Vielfalt an komplexen Lebensformen entstand. Ich finde es verblüffend, mir Computerprogramme in der Metaphorik der Evolutionsbiologie vorzustellen. Aber wenn man sich entschließt, die Geschichte des Lebens auf der Erde als eine Erzählung vom Entstehen immer komplexerer lebendiger Strukturen und einer immer größeren Vielfalt von Information austauschenden Wesen zu betrachten, dann war dieser Vergleich vielleicht gar nicht so verkehrt.

Doch trotz der Vermehrung von Tools, die Vokalisierungen entwirren und nach Mustern durchsuchen sollten, sah sich das Projekt «Wie lerne ich die Walsprache» immer noch vor ein gewaltiges Problem gestellt. Um zu verstehen, was diese Vokalisierungen vielleicht bedeuten mochten, mussten wir dringend untersuchen, auf welche Weise sie mit dem Verhalten der Wale und Delfine verbunden waren, die diese Äußerungen taten. Dabei war das Leben der Waltiere in freier Wildbahn großenteils immer noch ein Mysterium.

Im Meer gibt es keine Pfade, keine Bäume und keine Wasserlöcher, die als Versteck dienen könnten. Wer Waltiere studieren will, muss losziehen und sich auf die Suche machen. Man muss in einem seetüchtigen Gefährt bis auf wenige hundert Meter an die Forschungsgegenstände heranfahren; und die sind äußerst schwer auszumachen, solange sie nicht hochkommen, um zu atmen. Außerdem sind sie ständig in Bewegung, manche legen am Tag Strecken von weit über hundert Kilometern[18] zurück. Und dann ist da noch der Ozean, tief und dunkel und launisch. Die Anzahl von Häfen, Schiffen und Kapitänen ist begrenzt. Salz und Sonne zerstören empfindliche Geräte. Es ist schwer, Waltiere durch die glitzernde Oberfläche des Meeres zu erkennen, und manchmal genauso schwer, wenn man im Wasser ist. Menschen werden seekrank, und die finanziellen Mittel sind knapp. Wenn das Wetter sich verschlechtert, kehren die Biologen ans Ufer zurück, und viele Forschungsschiffe arbeiten nicht bei Nacht. Außerdem gibt es manche Arten, die wir immer noch nur tot oder von zufälligen kurzen Sichtungen kennen. Kurzum, Waltiere gehören zu den Tieren, von denen sich am schwersten Tonaufnahmen machen lassen. Doch seit Kurzem ist es möglich, sich ihnen auf andere Weise zu nähern: Biologen können direkt von Bord aus Wale abhören.

Im Sommer 2018, etwa einen Monat nachdem ich Britt und Aza kennengelernt hatte, durfte ich ein umfangreiches, monatelanges Forschungsprojekt an der kalifornischen Küste begleiten, zu dem auch der Walbiologe Professor Ari Friedlaender gehörte, ein Mann, der von mehreren begeisterten jungen Wissenschaftlern, die ich kannte, als «Rockstar» bezeichnet wurde – eine Beschreibung, die offenbar auch Ari selbst erschreckte. Stets in Sandalen, bärtig und mit langen, wehenden Haaren, kommt Ari innerhalb der Meeressäuger-Wissenschaft dem «Dude» in *The Big Lebowski* am nächsten. Er ist einer der Pioniere der Walmarkierung. Eine Walmarke ist ein Kästchen mit Minisensoren wie Kameras, Mikrofonen, Beschleunigungsmessern und Thermometern – im Grunde also eine Art Wanze; die meisten der Instrumente haben Sie auch in Ihrer Tasche, in Ihrem Smartphone – aber diese hier sitzen in stromlinienförmigen, stabilen, wasserdichten Gehäusen. Wale werfen ständig ihre Haut ab und ersetzen sie (viele hundertmal schneller als Menschen), weshalb die Marken oder Wanzen mit Saugnäpfen befestigt werden. Das ist Aris Job. Und er lud mich ein, ihm bei der Arbeit zuzusehen.

Wieder einmal fand ich mich in aller Frühe in Moss Landing ein, von wo Charlotte und ich an jenem denkwürdigen Morgen vor drei Jahren losgepaddelt waren, um Wale aufzuspüren. Drei größere Boote fungierten als Mutterschiffe, auf denen lauter mit Ferngläsern bewaffnete Doktoranden den Horizont nach Walen absuchten, während Ari und die Markierungs-Teams sich in drei kleineren, wendigeren aufblasbaren Hartschalenbooten (RHIBs) umschauten – schaukelnden niedrigen Fahr-

56 **Ari Friedlaender vor der antarktischen Halbinsel, wie er gerade dabei ist, einen Buckelwal mit einer «Customized Animal Tracking Solutions (CATS)»-Marke zu bestücken (zugelassenes Forschungsprojekt von NMFS, ACA und IACUC).**

zeugen ohne Kiel, mit denen man gut manövrieren kann, ohne die Gefahr, Wale zu rammen. Sobald sie ihre Beute, einen Blauwal, erblickten, setzte heftiger Funkverkehr ein, und Aris RHIB machte sich auf den Weg.

Es gab drei Drohnen-Teams, die Aris Markierungsboot über ihre Fluggeräte lenkten. Ich schaute ihnen über die Schulter, während sie Ari führten, und bekam eine annähernde Vorstellung von den ehrfurchteinflößenden Ausmaßen eines Blauwals, des größten Tiers, das jemals gelebt hat; ich durfte zusehen, wie die Liliputaner in ihrem winzigen Boot sich dem schwimmenden Meeres-Gulliver näherten. Wie so vieles in der modernen Technologie waren auch Drohnen vom Militär entwickelt worden, um bald darauf unterm Weihnachtsbaum als Geschenk für Kinder aufzutauchen und uns mit erstaunlichen Perspektiven zu bereichern, aber auch in unserer Privatsphäre zu belästigen. Für Waltier-Biologen haben sich Drohnen allerdings als bahnbrechend erwiesen, da sie im Handumdrehen kilometerweite Entfernungen bewältigen. Sie können aus der Luft tief ins Wasser hineinsehen und Wale entdecken, die, wenn man von einem Boot aus schaut, unsichtbar bleiben. Sie können von hoch oben das Miteinander von Walherden aufzeichnen oder direkt über der Wasseroberfläche schweben, um Proben von Walschnodder zu nehmen, wenn einer ausatmet. Anders als Hubschrauber sind sie nicht teuer, scheinen die Wale nicht zu stören, und niemand stirbt, wenn sie abstürzen.

Die Drohne über Ari maß den Wal, der jetzt direkt unter der Wasseroberfläche schwamm, fotografierte ihn (Umriss, Speckschichten, sichtbare Narben und andere mögliche Erkennungszeichen) und funkte dem Team dann, wann der Wal atmen würde. Ari stand vorn im Boot, wo eine Bugreling aus Metallstangen errichtet war. Als der Wal auftauchte, setzte das RHIB sich an seine Seite, Ari verhakte seine Füße in der Reling und hielt mit beiden Händen eine 5,50 Meter lange Carbonstange fest, an deren Ende sich die Wanze befand. Als der blaugraue Rücken des Wals aus dem Wasser glitt und seine Hydranten-Nasenlöcher Luft ausstießen, beugte Ari sich ganz weit vor, schwang mit exzellentem Timing die Stange und knallte die kleine Wanze in den Rücken des vorbeiziehenden Tiers – eine Bewegung so sicher und kunstvoll, dass sie Melvilles Harpunier Queequeg stolz gemacht hätte. Der Saugnapf hielt, ging mit auf die Reise und würde alles aufzeichnen. Im selben Moment, in dem die Marke aufgebracht wurde, schoss der Bootsführer mit einer Armbrust einen hohlen Bolzen in den Wal, der sich mit einer Art Wurst aus Haut und Speck füllte und wieder vom Tier abprallte. Das Ganze schien den Wal nicht groß zu irritieren. Sobald das Zeug gesichert war, würde man eine DNA-Probe entnehmen, die den Wissenschaftlern weitere Geheimnisse des Wals verriet – wer er war, woher er kam, was er fraß, mit wem er verbandelt war, wie sein Gesundheitszustand aussah und welches Geschlecht er hatte. Diese Männer in ihren winzigen Booten, der eine, der die Sonde anbrachte, der andere, der mit der Armbrust in den Rücken der Wale schoss, sahen den Fotos von frühen Walfängern so ähnlich, dass ich plötzlich dachte, Ari hätte gut ein Walfänger sein können, wenn er vor hundert Jahren geboren worden wäre. Natürlich liebte er diese Tiere sehr, aber damals gab es keine andere

57 **Blick aus einer auf einem Buckelwal angebrachten CATS-Bewegungsfühler-Video-Wanze über seine erstaunlich schuppige Haut, als gerade ein Kalifornischer Seelöwe an seiner Nase vorbeischwimmt (Forschungsprojekt von NMFS und IACUC).**

Möglichkeit für solch ein Abenteuer mit gigantischen Meeresmonstern.

Wenige Stunden später fingen die Funkgeräte auf dem Mutterschiff an zu piepen und signalisierten, dass die Wanze abgefallen war. Das Piepen führte die Wissenschaftler zu dem im Wasser treibenden Teil mit den darin befindlichen Daten. Das Videomaterial der an jenem Tag angebrachten Wanze eröffnete uns, dass ein zweiter Blauwal, den wir nicht bemerkt hatten, neben unserem Tier her geschwommen war. Und eine Weltneuheit: Die Instrumente hatten den Puls des Wals gemessen, indem sie ein Elektrokardiogramm eines Herzens von der Größe eines Kleinwagens gemacht hatten, das einen Herzschlag ergeben hatte, der sich zwischen zwei Schlägen in der Minute (*zwei Schläge in der Minute!*) bis zu 37 Schlägen in der Minute bewegte.

Als wir am späten Nachmittag wieder an Land zurückkehrten, begleitete ich Ari in sein Büro an der University of California in Santa Cruz. Es war ein herrlicher Abend; das Walskelett an der Seite der Laborgebäude warf lange Schatten im orangefarbenen Licht. Ari zeigte mir die Früchte aus den vielen Jahren,

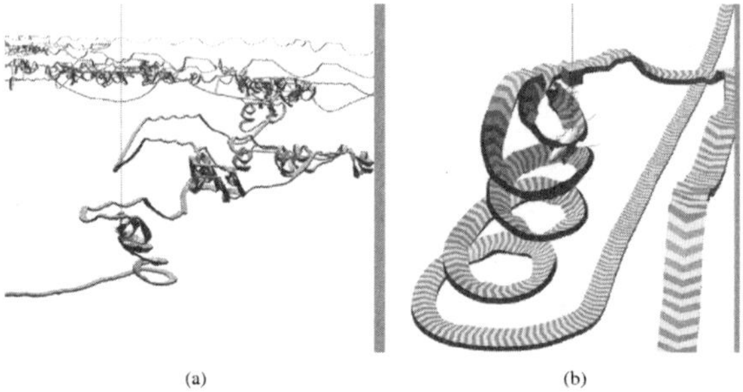

58 **Die zurückgelegte Strecke eines verwanzten Buckelwals. Die Spirale ist das Wal-Blasennetz zur Futterbeschaffung (aus David Wiley et al., 2019).[20]**

in denen er Wale verwanzt hatte, darunter auch die Flugbahnen von Buckelwalen, die mit «Blasennetzen» jagten; diese eng koordinierte Jagd sieht so aus, dass sich zwei bis vier Buckelwale zu einem Team zusammentun, um einen ganzen Fischschwarm zu fangen: Sie kreisen sie mit Wänden aus Luft ein und treiben sie gleichzeitig aus der Tiefe hoch. Aris Wanzen enthüllten diese außerordentliche Unterwasserakrobatik und zeigten die aufsteigenden Spiralen, in denen die Wale die Fische kreisend umschwammen.[19] Die Luftblasen-Helices trieben die Fische in kompakten Klumpen an die Oberfläche, wo das gesamte Walteam sich schließlich vereint daran machte, seine Beute in Tausendermengen zu verschlingen.

Ari erforscht Wale seit Jahrzehnten. Ich fragte ihn, welche neuen Kenntnisse die Wanzen denn erbracht hätten. «Wir haben schlicht keine Ahnung vom Leben dieser Tiere», erwiderte er. Fast jedes Video habe ihm etwas Neues offenbart, und viele hätten geltendes Wissen über den Haufen geworfen. Er habe jedes Mal dagesessen, hingeschaut und jede Minute von jeder der zwei bis fünf Stunden langen Aufnahmen in einer einzigen Sitzung abgehört und alles um sich herum vergessen, völlig hypnotisiert von den vorbeigleitenden arktischen Meeren und den

Geräuschen plaudernder Orcas (oder Schwertwale). Sie hätten auf die nahenden Schiffe und den Knall, mit dem die Wanze sich anheftete, doch leicht gestört reagiert, räumte er ein. Es sei aber trotzdem ein Fortschritt gegenüber dem Vorgehen früherer Walwissenschaftler, die sich, um die Wege der Wale zu verfolgen, nicht anders zu helfen wussten, als Eisenpfeile in ihre Körper zu schießen, den Ort zu notieren und eine Belohnung für jeden Walfänger auszusetzen, der einen gekennzeichneten Wal getötet hatte und das Aufzeichnungsgerät mitsamt Details über den Fundort zurückbrachte.

Drei Jahre, nachdem ich Ari kennengelernt hatte, erfuhr ich, dass er sich Britts und Azas ESP angeschlossen hatte; sie arbeiteten gemeinsam daran, die Tools zum Auffinden von Mustern bei seinen Am-Körper-Aufnahmen von Buckel- und Minkwalen, Orcas und Großen Tümmlern anzuwenden. Buckelwale vollführen exquisit koordinierte Gruppenbewegungen und stoßen dabei gemeinschaftsbezogene Geräusche aus. Das ESP trainierte jetzt Maschinen darauf, in den Walbewegungen Muster zu entdecken; danach wollte man diese mit Maschinen verbinden, die die Muster in ihren Vokalisierungen finden sollten. Wenn es gelänge, das, was die Wale sagen, mit dem zu verbinden, was sie tun und wann, wäre das Goldstaub für jemanden, der herauszufinden versucht, worum es sich bei einer Walsprache überhaupt handeln könnte. Es gab aber noch weitere aufregende Aussichten. Für große Waltiere, die in enger Formation manövrieren und einander unter Wasser hin und wieder berühren, sind Buckelwale ungewöhnlich wendig. Konnte ihre Kommunikation also außer Geräuschen womöglich auch körpersprachliche und taktile Elemente enthalten? Auch wenn sie sich mit ihrer Zusammenarbeit erst in einem frühen Stadium befänden, sagte Ari, «entsteht da doch schon eine wirklich beachtliche Partnerschaft»,[21] eine, bei der «Fach- und andere Grenzen überschritten werden und sich echte Möglichkeiten für Entdeckungen auftun».

Seit Britt und Aza sich 2018 nach ihrem Besuch bei uns verabschiedeten, sind sie von Träumern zu Handelnden geworden und haben damit viele überrascht – besonders mich. Noch erfreulicher allerdings als ihr eigenes Abenteuer war vielleicht die Tatsache, dass sie es nicht allein unternahmen. Auf den Bahamas zum Beispiel hat Denise Herzing vom Wild Dolphin Project ein Computersystem entwickelt, das Taucher tragen können.[22] Wenn Delfine in ihrer Nähe vokalisieren, kann der Computer dem Taucher in Echtzeit übersetzen, welcher Delfin gerade «spricht», mit wem er spricht und ob er vielleicht um einen der Gegenstände bittet, die der Taucher bei sich hat und für den die Delfine Pfeiftöne gelernt haben. Geschenkeaustausch gehört zu den Ritualen eines ersten Menschenkontakts; der Taucher kann dem Delfin dann das erbetene Objekt überreichen. Bei einem weiteren Projekt ging es um die außergewöhnliche Partnerschaft zwischen Diana Reiss, dem Musiker Peter Gabriel, Vint Cerf, dem Vizepräsidenten von Google und sogenannten «Vater des Internets», sowie dem MIT-Professor Neil Gershenfeld. Gemeinsam bildeten sie einen Thinktank namens «The Interspecies Internet» (das artenübergreifende Netz),[23] ein Projekt, bei dem es darum ging, nichtmenschliche Arten miteinander zu verbinden, indem mittels KI und maschineller Sprache Signale von einer Art zur anderen «übermittelt» werden. Unterdessen ist ein interdisziplinäres Schweizer Team in den frostigen Gewässern von Skjervoy, Norwegen, dabei, den Prototyp eines «Interaktionsverfahrens»[24] zu testen, der es ihnen ermöglicht, die Laute von Buckel- und Schwertwalen nachzuahmen und die stimmlichen Antworten der Wale auf die menschlichen Stimmen in Echtzeit zu analysieren. «Das ist vielversprechend, äußerst vielversprechend», sagte mir der Neuroinformatiker Dr. Jörg Rychen.

Doch alles, was ich bisher gesehen hatte, krankte an einem gemeinsamen Problem. All diese Projekte arbeiteten mit Fragmenten. Wenn man herauszufinden versucht, was ein Wal vielleicht gerade sagt, aber nur Tonaufnahmen von ein paar Minuten oder Stunden hat und eigentlich nicht weiß, wer da gerade spricht und was er dabei macht, dann ist das, als wollte man Teile eines Manuskripts entschlüsseln, das in kleine Stücke zerrissen ist und bei dem alle Namen geschwärzt sind. Ein großer Teil dieser Arbeit bestand darin, das Beste aus vorhandenen Datensätzen und flüchtigen Begegnungen zu machen. Um die Mühlen des maschinellen Lernens richtig in Schwung zu bringen, brauchten wir aber große Datenmengen. *Große Wal-Datenmengen.* Aber wie kamen wir an die?

Rechter Bühnenrand, Auftritt unseres alten Freunds, Dr. Roger Payne.

Was wäre, wenn man ganz von vorn anfinge und ein Projekt zur Aufzeichnung von Datensätzen mit Walkommunikationen entwerfen würde, das perfekt auf die neuesten Tools für maschinelles Lernen und Sprachverarbeitung ausgerichtet ist? Und es entstünden Aufnahmen in einer Größenordnung, die alles bisher Erfasste um Grade überstiege? Was, wenn man nicht nur *eine* ganze Unterhaltung erfassen könnte, sondern Hunderttausende von ihnen, und zwar von jeder Menge verschiedener Wale, mit insgesamt Millionen, vielleicht Milliarden von Vokalisierungseinheiten? Gäbe es dann vielleicht die Chance, die Walsprache zu verstehen? Genau das ist der Plan der Cetacean Translation Initiative CETI (Waltier-Übersetzungsinitiative). Am Weihnachtsabend 2021 rief Roger Payne mich an, um zu berichten, die Arbeit daran habe schon begonnen.

CETI ist ein gewaltiges Monstrum; zu ihm gehören ein interdisziplinäres A-Team aus krassen Wissenschaftlern, Spezialisten für Meeresroboter, Waltierbiologen, KI-Hexenmeister, Experten für Linguistik und Kryptografie und Datenspezialisten. Zusammengebracht worden waren all diese Personen 2019 bei einem Treffen von Akademikern in Harvard, das von David Gruber geleitet wurde. Gruber ist ein Meeresbiologe und

59 **David Gruber wird in seinem Einmann-U-Boot-Exosuit ins Meer hinabgelassen.**

Erfinder, der Kameras entwickelt hat, die das Leuchten von Meeresschildkröten einfangen können,[25] und außerdem weiche Robotergreifer, die hochempfindliche Tiefseetiere sanft anfassen.[26] Er ähnelt einem etwas verwegeneren Egon Spengler aus *Ghostbusters*. Roger fungiert als «Hauptberater für Walbiologie». Das Team ist riesengroß und besteht aus Wissenschaftlern vom Imperial College, dem MIT, den Universitäten von Lugano, Berkeley, Haifa, Carleton, Aarhus und Harvard, unterstützt von Twitter und Google Research und Fördergeldern vom TED Audacious Fund, der National Geographic Society und den Amazon Web Services.[27] Ihr Ziel, erklärte mir Roger, sei es, «wenigstens so gut mit einem Wal kommunizieren zu lernen, dass man Ideen und Erfahrungen austauschen kann».[28] Und sie vergeuden keine Zeit.

Der kühne Plan der CETI sah folgendermaßen aus: Sie würden eine Pottwal-Population vor der Insel Dominica in der Karibik mit allem beschallen, was sie hatten – Laserfokustechnik würde es ihnen, so David, ermöglichen, «von small data zu big data»[29] zu gelangen. Die besagte Population war durch den Waltierbiologen Shane Gero schon gut erforscht; er hatte Hunderte Pottwale mitsamt ihren Vokalisierungen einzeln identifiziert. Stellen Sie sich vor, Sie erhalten eine alte Schachtel mit Familienfotos und sollen sich jetzt da durchfinden; Sie werden sofort begreifen, wie wertvoll es ist, das Leben und die Beziehungen der fotografierten Menschen untereinander schon zu kennen. Mit den Ergebnissen seines jahrzehntelangen aufmerksamen Zuhörens und Identifizierens wird Gero entscheidendes Referenzmaterial für die Aufnahmen der CETI liefern[30] – und sie werden eine Menge aufnehmen.

Roger erzählte mir, er forsche nun schon seit sechzig Jahren, und ebenso lange träume er von einer Chance wie dieser. Als er den Umfang des Projekts beschrieb, blieb mir die Spucke weg. Die CETI wird also den Meeresboden mit zahlreichen Abhörstationen bestücken und weitere, mit Leinen verbundene, von der Wasseroberfläche aus bedienen. Es wird schwimmende Stationen geben, die alle Hundert Meter weitere Abhörgeräte bis in einen Kilometer Tiefe senken. Sie werden eine Fläche von 20 Quadratkilometern abdecken, und das wird dann die «Zentrale Wal-Abhörstation»[31] sein, die täglich 24 Stunden lang aufnimmt, was die Wale so treiben. Mit Hydrophonen ausgestattete Drohnen werden in Formation über Gruppen aktiver Wale fliegen, sie einkreisen, den Motor drosseln und die Hydrophone, sobald sie in Position gebracht sind, ins Wasser bringen. Wenn die Walherde weiterzieht, werden die Drohnen erneut in Bewegung gesetzt und das Ganze wiederholt. Inmitten der Wale werden «weiche Roboterfische»[32] schwimmen, die mit Audio- und Video-Aufzeichnungsgeräten ausgestattet sind und sich zwischen den Walen bewegen können, ohne sie zu stören. Allermodernste Abhör-Wanzen mit frisch designten Gehäusen und einem Haftmechanismus, der Oktopustentakeln abgeguckt ist, werden zum Einsatz kommen und können tage- oder sogar wochenlang aufnehmen, anstatt nur ein paar Stunden. Und, was ganz wichtig ist, sie bleiben an den Walen haften, wenn diese tief tauchen, und fangen ihre Vokalisierungen ein, sogar die jeweilige Blickrichtung, trotz schwärzester Nacht. Auf diese Weise werden die Wale in einem Abhör-Panoptikum leben;[33] ihre Klick-Codas und all die anderen Geräusche, aus denen ihre morse-ähnliche Kommunikation besteht, werden aufgezeichnet und können analysiert werden.

Pottwalherden bestehen meist aus um die fünfzehn Mitgliedern, und jede Herde hat ihre eigene Art zu sprechen. Diese Unterschiedlichkeit der Geräusche möchte die CETI später darstellen und hofft deshalb, Mütter, Großmütter, Teenager und große Bullen verschiedener Herden mit Wanzen bestücken zu können. Außerdem wird es Daten von Wettersensoren und andere situationsbezogene Daten geben; und die Wissenschaftler werden dann die Vokalisierungen mit dem Verhalten und allem, was sie von jedem einzelnen Wal wissen, koppeln: War er hungrig oder schwanger, fischte oder paarte er sich gerade? Sprach er mit seiner Mutter oder einem Rivalen? Herrschte ein Unwetter? Gab es reichlich Tintenfische zu fressen? Bedrohten Räuber die Wale? Mit all den gesammelten Informationen werden die Forscher in der Lage sein, die einzelnen Wale über einen längeren Zeitraum hinweg in ihren «sozialen Netzwerken»[34] zu verfolgen; es werden Skizzen ihres Lebens entstehen, und die werden die Forscher mit den entsprechenden Vokalisierungen zu verknüpfen versuchen. Kurzum, die Aufnahmen werden in ihrer Gesamtheit nicht nur den größten und vollständigsten Pottwal-Datensatz darstellen, wahrscheinlich wird er auch «der größte jemals gesammelte Datensatz»[35] über Tierverhalten überhaupt sein. Für irgendeine nichtmenschliche Art.

Diese Daten werden ein Zuhause brauchen. Und genau wie Naturforscher des neunzehnten Jahrhunderts Kisten mit Pro-

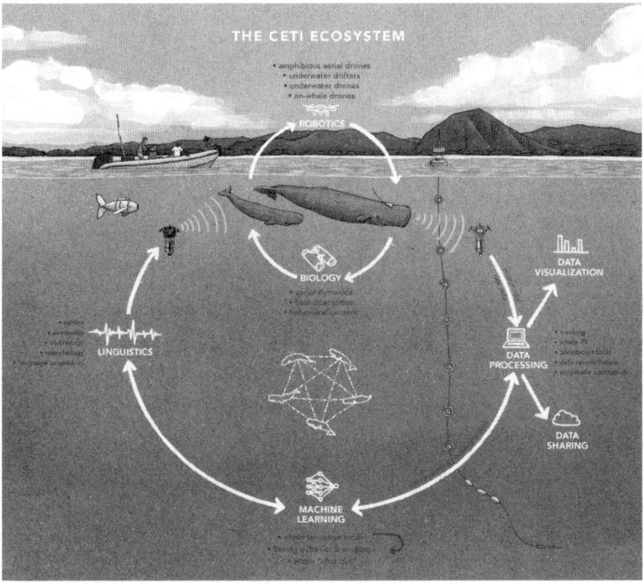

60 **Wie die CETI arbeiten wird.**

ben nach Hause schickten – konservierte Fische und tote Käfer, ausgestopfte Vögel und Gipsabdrücke von Tigertatzen, alle gedacht für Museen, wo sie in Glasvitrinen betrachtet und studiert werden würden –, wird diese reiche Ernte an biologischen Informationen physisch in summenden klimatisierten Datenzentren untergebracht werden. Diese Daten werden systematisch gespeichert und durchgearbeitet werden müssen; «automatisierte Pipelines für maschinelles Lernen»[36] werden dabei die Beschriftung übernehmen, die normalerweise von Hand erledigt wird, aber angesichts des gewaltigen Umfangs von keinem Menschen zu bewältigen wäre. Und all diese Daten werden dann der Open-Source-Gemeinde zur Verfügung stehen, sodass sich jeder, der möchte, in «den ungeheuerlichen Versuch eines sinnvollen Dialogs mit einer nichtmenschlichen Art»[37] versenken kann.

Erst dann werden die eigentlichen KI-Tools auf sie losgelassen. Sie werden die Pottwalvokalisierungen aus den Aufnahmen herausfiltern, dann die einzelnen Klicks zur Echoortung von kombinierten Klickmustern (Codas) trennen, die von den Walen zur Kommunikation benutzt werden. Die KI-Tools werden die Codas analysieren und solche einzelner Wale von jenen unterschiedlicher Clans unterscheiden.[38] Sie werden die Strukturen innerhalb dieser Codas analysieren und nach Bausteinen des Kommunikationssystems suchen. Dieses Repertoire wird erfasst und nach Beziehungen zwischen akustischen Einheiten durchforstet werden, wobei nach Grammatik und Satzbauregeln, aber auch nach übergreifenden Syntaxstrukturen, die für verschiedene Codas gelten, gesucht wird. In unerhörter Detailliertheit werden KI-Tools die kommunikative Pottwalgalaxie kartografieren.[39]

Indem sie zuhören, wie Babywale sprechen lernen, werden die Maschinen und die Menschen, die sie anleiten, selber die Walsprache erlernen. Das Team wird nicht nur untersuchen, wie ein Wal etwas sagt, sondern auch, wie die Redestruktur funktioniert – wie die Wale ihre Kommunikation einsetzen. Wechseln sie sich ab oder sprechen sie gleichzeitig? Wiederholen sie Äußerungen von anderen? Dann werden die Forscher die Sprechlaute der Wale mit dem verbinden, was sie jeweils zu derselben Zeit gemacht haben, und feststellen, welcher Wal gesprochen hat und wer darauf antwortete – und was beide danach machten.

Aber das ist noch nicht alles. Sämtliche Tools zum maschinellen Lernen werden nach Mustern suchen, die helfen, «den Raum für Hypothesen zu verringern»[40] (ihre Theorien einzugrenzen), und Linguisten und andere Teammitglieder werden versuchen, mit den entdeckten Mustern ein Arbeitsmodell des Kommunikationssystems der Pottwale zu erstellen. Sie werden Pottwal-«Chatbots» (künstliche Dialogsysteme) konstruieren, um dieses System zu testen. Und um zu beurteilen, ob ihre

61 **Ein MIT-Wissenschaftler testet einen SoFi (einen weichen Roboterfisch).**

Sprachmodelle auch korrekt sind, werden die Forscher testen, ob sie vorhersagen können, was ein Wal als Nächstes sagen wird, weil sie wissen, um welchen Wal genau es sich handelt, und seine Gesprächsverläufe und sein Verhalten kennen. Anschließend werden sie Letztere mit Playback-Experimenten testen, um zu sehen, ob die Wale wie erwartet reagieren werden, wenn sie ihnen Walsprache vorspielen.

Zum Schluss werden sie eine «bidirektionale Kommunikation wagen» – das heißt, sie werden einen Dialog mit den Walen versuchen. Was sie denn wohl sagen würden, fragte ich David. «Wichtig für mich ist, ihnen deutlich zu machen, dass wir interessiert sind», sagte er, «dass wir zuhören. Ich möchte diesen anderen herrlichen Lebensformen begreiflich machen, dass wir sie wahrnehmen.»[41]

Das CETI hofft, all das bis 2026 fertig zu bekommen. Und auch wenn es nach Science-Fiction klingt, hat das Ganze doch schon begonnen. Während ich dies hier schreibe, kehrt das Team gerade mit den neuesten Walwanzen zurück nach Dominica, jede mit drei in verschiedene Richtungen weisenden Hydrophonen bestückt. Die Zentrale Wal-Abhörstation mit ihren achtundzwanzig Hydrophonen wird in der Heimatregion von fünfundzwanzig ansässigen Pottwalfamilien installiert werden;[42] inzwischen ist das Team dabei, Drohnen, die die Wanzen an Walen anbringen können, sowie die weichen Roboterfische, die sich zwischen ihnen tummeln werden, zu testen. *Wenn alles nach Plan läuft, wird, wenn Sie dieses Buch in Händen halten, das gesamte komplexe System in Betrieb sein.* Und sämtliche Wale werden von Maschinen der liebenden Gnade überwacht werden.

Während meiner Gespräche mit dem CETI-Team konnte ich nicht umhin, mich an etwas zu erinnern, das Aza gesagt hatte. «Die KI-Tools sind gewissermaßen die Erfindung des Teleskops, und die neuen Datensätze wären dann der Nachthimmel. Sie sind genau in dem Moment bei uns aufgetaucht, als wir das Teleskop nach oben richteten. Und jetzt stellen Sie sich vor, was wir entdecken werden.»[43] Wenn die CETI kein Tiermuster entdeckendes Hubble ist, dann weiß ich nicht, was sonst. Es kam mir schon fast unheimlich vor: All die zukunftsweisenden Techniken und Technologien, die mir auf meiner Reise begegnet waren, werden jetzt erwachsen, werden zusammengeschlossen und treten in Aktion. Abhörtechnologien, Wanzen, Drohnen, autonome Fahrzeuge, maschinelles Lernen und natürlichsprachliche Datenverarbeitung – und alles über Open Source zugänglich. Es würde sich um eine wahrlich interdisziplinäre Zusammenarbeit handeln, die zu einem «datenzentrierten Paradigmenwechsel in der Tierforschung»[44] führen würde, wie ein Wissenschaftler es formulierte. Ganz gleich, ob die CETI erfolgreich sein wird oder nicht – das Silicon Valley ist mit seinen Technologien, seinem Geld und seinem Ehrgeiz mit eingestiegen und hat das Spiel für immer verändert.

Möglich geworden sind diese Entwicklungen nur, weil Menschen in den vergangenen fünfzig Jahren mit unermüdlichem Einsatz das komplexe Leben der Waltiere erforscht und dokumentiert haben. Innerhalb eines halben Jahrhunderts sind aus vermeintlich stummen Pottwalen Kommunikatoren geworden, die offenbar zu den raffiniertesten der Welt gehören. Es war derselbe Zeitraum, in dem einerseits auf entsetzliche Weise Wale vernichtet und unsere Ozeane zerstört wurden und andererseits eine Bewegung von Menschen entstand, die die Tiere und die Meere schützen wollen. Roger ist jetzt 87, und er hat alles selbst miterlebt. Er sagte zu mir, wenn die CETI Erfolg habe und wir mit anderen Arten kommunizieren könnten, dann werde das «unser Verhältnis zu dem übrigen Leben auf der Erde völlig verändern – will heißen: komplett, total, absolut, auf schockierende, verblüffende, unerwartete Weise.»[45] Und dieser Wandel, so hofft er, könnte uns davor bewahren, dass wir die Natur und uns selbst zerstören. Er hat die vergangenen zwei Jahre der COVID-19-Pandemie getrennt von seiner geliebten Frau Lisa verbringen müssen, weil sie Neuseeland nicht verlassen durfte. Es waren Jahre mit verheerenden Waldbränden, dem großflächigen Abschmelzen des arktischen Eises und irreversiblen Schäden am Amazonas-Regenwald. Und als er mir von der CETI erzählte, fragte ich mich, ob dieses Projekt ihm nicht vielleicht dabei geholfen hatte, in der für ihn so harten Zeit durchzuhalten.

Was aber würden diese Wissenschaftler und Tech-Experten entdecken können, das uns dazu bewegen würde, unsere Beziehung zu diesen Geschöpfen zu überdenken? Ist es ein zu großer Sprung zu glauben, wir könnten eines Tages den Pottwal-Klick für *Mutter* entschlüsseln? Für *Schmerzen*? Für *Hallo*? Die Antwort lautet natürlich, dass wir es erst wissen werden, wenn wir es versuchen. Und ich finde, wir leben in einer aufregenden Zeit, in der es Leute gibt, die es völlig in Ordnung finden, quasi auf gut Glück leistungsstarke Werkzeuge auf verborgene Bereiche anzusetzen, in der Überzeugung, dass dies womöglich die wichtigste Aufgabe auf der Welt sei. Wie Jane Goodall schrieb, als die ESP ihr von ihrem Plan berichtete: «Ich habe schon als Kind davon geträumt, zu verstehen, was Tiere sagen. Wie wunderbar, dass das jetzt zu einer realen Möglichkeit wird.»[46]

Und die Wale sind nur der Anfang.

Im Frühling 2021 war ich einmal mit meinem Freund Tristram und seiner siebenjährigen Tochter Adi in ihrem Garten. Er war gerade dabei, der kleinen Adi die Namen von Insekten und Wildblumen beizubringen, aber bei einigen musste er passen. Er sagte, es erinnere ihn an seinen verstorbenen Vater, einen ausgebildeten Naturforscher. «Leider guckt er mir nicht mehr über die Schulter und erklärt mir die Dinge; ich vermisse ihn sehr.» Jetzt hatte Tristram in seiner Tasche ein Käfer- und Insekten-Bestimmungsbuch. «Es kann mir das zweite Nymphenstadium dieses Käfers nennen, und seitdem fühlt sich mein Leben *so gut* an.» Ich wiederum kenne jetzt die Namen der Bäume in unserem Park dank meiner KI-gesteuerten Baumerkennungs-App PictureThis. Und wenn ich heute einen Vogel höre, den ich nicht kenne, hole ich mein Smartphone heraus und rufe meine Vogelgesang-App Merlin auf (eine Art Vogel-Shazam)! Auf Instagram wurde mir daraufhin eine App namens Blossom angepriesen, die nicht nur Pflanzen identifiziert und erklärt, wie man sie pflegt, sondern auch mithilfe von Computervision feststellt, ob meine Pflanzen krank sind, zu viel gegossen werden oder zu stark der Sonne ausgesetzt sind. Eine andere Instagram-Werbung blendete mir ein Bild von «my.bird.buddy» ein – einen Futterspender, der automatisch Fotos und Videos von den anfliegenden Vögeln macht und sie anhand ihrer Laute und ihres Aussehens identifiziert. Angeblich kann sie tausend Arten erkennen, was zehn Prozent aller Vögel auf der Welt wären. Die gewonnenen Informationen schickt sie an eine Open-Source-Plattform, was es Wissenschaftlern ermöglicht, Wanderungen und Artenzahlen zu verfolgen. Sie kostet 150 Dollar. Und sie wurde nicht in einem Labor oder einer großen Tierbedarfsfirma entwickelt, sondern von ein paar Freunden auf der Crowd-Funding-Plattform Kickstarter. Es handelt sich also um einen bürgerfinanzierten, massenmarkttauglichen, KI-gesteuerten, Social-Media-optimierten, naturschutzorientierten Vogelfutterspender.

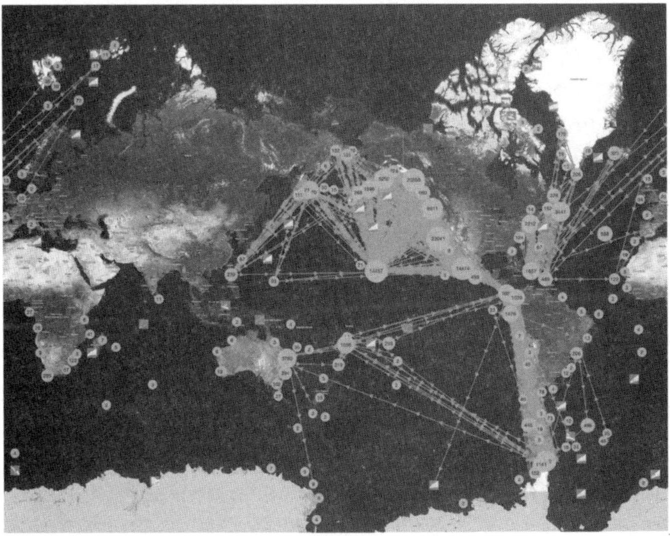

62 **Teds Happywhale-Karte mit allen identifizierten Buckelwalen und ihren Bewegungen.**

Diese Technologien stellen eine Revolution in unserem Umgang mit der Natur dar. Der Schriftsteller Alexander Pschera glaubt sogar, dass es unsere neue Technologie ist, die uns die Natur – die Bewegungen, das Aussehen und das Leben von Tieren und anderen lebendigen Wesen sowie das Wissen über sie – noch näher bringt, und behauptet: «Das Tier-Internet hat das Potenzial, die Beziehung von Mensch und Tier neu zu beleben.»[47] Die klobigen Werkzeuge der Biologen, die ich noch kannte, sind verfeinert und intuitiv gemacht worden und haben ihren Weg in meine Tasche gefunden. Und all dies passiert so schnell.

Ted Cheeseman von Happywhale schickte mir neulich per E-Mail die Nachricht, dass sein System inzwischen fast *jeden einzelnen lebenden Buckelwal* im Nordpazifik kennt.

«Was als ‹Na, mal gucken, ob ich das hinkriege› begann», schreibt er, «ist jetzt eine KI-gestützte Ozeane und Jahrzehnte überspannende Zusammenarbeit, und zwar in einer Art und Weise, von der ich kaum glauben kann, dass sie funktioniert.»[48]

Und jetzt, mit all dem im Hinterkopf, was ich erfahren hatte – über Hinweise auf «sprachähnliche» Fähigkeiten bei Tieren, die außerordentlichen Körper, Gehirne und Verhaltensweisen der Wale, die Revolution in den Technologien für Ortung, Aufnahme und Analyse sowie über die internationalen, kapitalkräftigen, historisch bedeutsamen Gemeinschaftsprojekte und ihre hochgesteckten Ziele –, jetzt würden wir also zwangsläufig herausfinden, was Wale und andere Arten kommunizieren, falls überhaupt etwas? Ich war immer noch unsicher, auf seltsame Weise hin und her gerissen. Die Wissenschaftler, die ich auf meiner Erkundungsreise getroffen hatte, sprachen alle darüber, man müsse lernen, genauer zuzuhören. Das hinterließ jedoch bei mir eine Frage, die ich nicht loswurde: Sind wir überhaupt bereit zuzuhören?

63 **Der Beluga oder Weißwal Hvaldimir.**

11

ANTHROPOLEUGNUNG

Tiere sind nicht dafür da, uns Dinge beizubringen, doch das tun sie seit jeher, und das meiste, was sie uns lehren, ist etwas, das wir von uns selbst zu wissen glauben.[1]

Helen Macdonald, *Abendflüge*

1856 gruben Arbeiter in einem Steinbruch im Neandertal bei Düsseldorf ein Schädelfragment und Gliedmaßen aus, die von einem menschenähnlichen Tier mit großer Nase, kräftiger Stirn und kürzerem, gedrungenerem Rumpf zu stammen schienen. Es wurden noch weitere Knochen gefunden, die zu anderen solchen Wesen gehörten. Diese neuen Hominiden wurden nach dem Tal Neandertaler genannt. Seitdem wurden Tausende ihrer Fossilien und weitere Hinterlassenschaften gefunden. Wir lernten, dass sie vor ungefähr 400 000 Jahren auftauchten und vor ungefähr 40 000 Jahren verschwanden.[2] Sie lebten überall in Europa, von Portugal und Wales im Westen bis zum sibirischen Altaigebirge im Osten. Bevor wir überhaupt Genaueres wussten, beschlossen wir, dass sie uns und unseren menschlichen Vorfahren unterlegen seien. Menschliche Wesen werden *Homo sapiens* genannt, «denkender Mensch». Als wissenschaftlicher Name für die Neandertaler wurde unter anderem *Homo stupidus* vorgeschlagen.

Doch wir irrten uns. Inzwischen haben wir entdeckt, dass die Neandertaler nicht nur tüchtig und tapfer waren, sondern auch intelligent. Funde verraten zum Beispiel, dass sie sich zusammentaten, um Waffen und Fallen herzustellen, mit denen sie Bisons und Rentiere jagten.[3] Vor 180 000 Jahren jagten diese Menschen Mammuts im heutigen Jersey. Die steinernen Spitzen für ihre Klingen und Äxte waren an weit entfernten Orten gefördert und als Rohlinge transportiert worden, um später, bei Bedarf, behauen zu werden.[4] Archäologische Grabungen haben offenbart, dass die Neandertaler Schmuck und vielleicht sogar Kunst besaßen; sie konnten Feuer machen[5] und komplexe Werkzeuge und Kleidung herstellen; sie scheinen irgendwie geartete religiöse Überzeugungen besessen zu haben[6] und verstanden sich auf wichtige lebensrettende Operationen.[7] In Spanien spritzten und bliesen sie vor 60 000 Jahren Linien aus rotem Ocker auf Stalagmiten – und während eines Zeitraums von 10 000 Jahren zog es immer wieder verschiedene Gruppen von Neandertalern zu derselben Höhle, wo sie dies wiederholten. Diese Muster müssen für sie von Bedeutung gewesen sein. Neandertaler waren offensichtlich intelligent und konnten kommunizieren. Während wir glaubten, Menschen besäßen das größte Gehirn von allen Primaten, haben Messungen von Neandertalerschädeln ergeben, dass ihre Gehirne sogar noch größer als unsere waren (wir wissen allerdings, dass dieser Umstand als solcher nicht unbedingt auf Intelligenz hinweist). Sie begruben ihre Toten. Ja, sie unterschieden sich vom *Homo sapiens*, aber sie waren bei Weitem nicht so anders, wie wir erwartet hatten.

Als Grund für ihr Verschwinden hatte man lange angenommen, dass wir, die dominanten, überlegenen Hominiden, unsere primitiven Verwandten im Konkurrenzkampf besiegt und ausgerottet hätten. Doch je mehr Informationen es gab, desto wackliger wurde diese Theorie. Die Neandertaler verschwanden nicht plötzlich in Gegenden, sobald dort unsere Vorfahren erschienen. Stattdessen gab es durchaus Überschneidungen, und es war eher so, dass es sehr allmählich mit ihnen zu Ende ging, möglicherweise, als die Pflanzen und Tiere, die sie aßen, verschwanden, nachdem das Klima sich verändert hatte. Und doch sind sie nicht gänzlich verschwunden, leben vielmehr heute in uns weiter. Genetische Studien haben nämlich ergeben, dass glatte zwei Prozent der Gene mancher Menschen von Neandertaler-Vorfahren stammen.[8] Unsere Arten sind sich begegnet, haben sich vermischt und gepaart. Als die Arbeiter im Steinbruch damals jene Neandertalerknochen fanden, «entdeckten» sie keine anderen menschlichen Wesen, sondern begegneten vielmehr ihren Verwandten. Wegen unserer festgefügten Annahmen über sie – dass sie primitiv und minderwertig gewesen seien und wir sie besiegt hätten – fiel es uns schwer, uns eine komplexere Geschichte vorzustellen, nämlich, dass wir Gemeinsamkeiten hatten, dass unser Leben mit dem ihren verflochten war, womöglich sogar Verhaltensweisen wechselseitig übernommen worden waren. Diese «stupiden» Knochen konnten von Freunden unserer Vorfahren stammen.

Da die anfängliche Theorie der Unterlegenheit der Neandertaler von Wissenschaftlern entwickelt worden war, hat sie sich noch bis vor Kurzem hartnäckig gehalten, doch sie beruhte auf etwas zutiefst Unwissenschaftlichem – den tief verankerten Überzeugungen unserer Kultur, der Linsen, die wir in uns tragen und die, ohne dass wir es merken, alles einfärben, was wir sehen. Ich habe inzwischen so viel gelernt über die Schwierigkeiten, die Kommunikation eines anderen Tiers zu verstehen – kenne die technischen Hindernisse beim Erlernen der Walsprache, beim Sammeln von Daten, beim Musterfinden und dem Testen von Beobachtungen –, und so viele von ihnen hatten einst als unüberwindlich gegolten. Als Molyneux vor vielen Hundert Jahren seine Karte zeichnete, waren Wale schlicht Ungeheuer, Verursacher biblischer Verbrechen und taugten nur als gruselige Lückenfüller auf Seekarten. Es muss damals absolut unvorstellbar gewesen sein, dass wir sie, ein Dutzend Lebensalter später, vom Weltraum aus fotografieren, die Welt von ihrem Rücken aus betrachten und ihre «Namen» aus ihren Rufen herausfiltern können. Und doch sind wir so weit. Unsere

Technologien haben sich auf jeden Fall verändert. Aber auch unsere Vorurteile?

Der Anthropozentrismus oder die Überzeugung, dass Menschen einzigartig seien, hat dazu geführt, dass wir die *Homo neanderthalensis*-Gruppe im Geiste all den anderen Tieren zuordnen, obwohl sie uns doch so ähnlich sind. Wir haben einen mentalen Graben gezogen; und es dauerte fast ein Jahrhundert, bis Gegenbeweise ihn so schmal werden ließen, dass wir sie jetzt als das sehen können, was sie sind: nicht «besser», nicht «schlechter», sondern anders. Doch trotz unseres neuen Wissens ist es heutzutage immer noch eine Beleidigung, jemanden Neandertaler zu nennen. Natürlich gibt es auch die Kehrseite, nämlich dass wir qua Wunschdenken auf andere Tiere projizieren, sie seien ebenfalls wie wir oder uns sogar überlegen. Inzwischen glaube ich, Voreingenommenheit ist das größte Hindernis bei unserem Versuch, mit Walen zu sprechen. Und natürlich geht sie sowohl in die positive wie in die negative Richtung; sie steckt einfach in uns allen, auch in mir.

Im Laufe meines langen Abenteuers hatte ich nun also begriffen, dass die Entschlüsselung von Tierkommunikation für viele Menschen keine Fantasterei mehr ist, sondern ein technisches Problem; und doch blieb ein nagender Zweifel. Ich fand die Vorstellung – das Romantische daran – zwar subjektiv wunderbar, aber ein anderer Teil in mir konnte einfach nicht akzeptieren, dass es jemals möglich sein würde. Das war unter anderem die Skepsis des Biologen, der um all unsere fehlgeschlagenen Versuche weiß, mit anderen Tieren zu sprechen oder ihnen beizubringen, mit uns zu sprechen. Aber da war noch etwas – etwas, das tiefer ging, ein *emotionales* Zurückschrecken, die Überzeugung, dass die Vorstellung, «die Walsprache zu sprechen», lächerlich ist. Dass der Versuch, mit Walen zu sprechen, zwecklos ist, weil sie nicht sprechen können. Weil sie nicht fähig sind, Gedanken zu produzieren, auf die man sich intellektuell einlassen könnte.

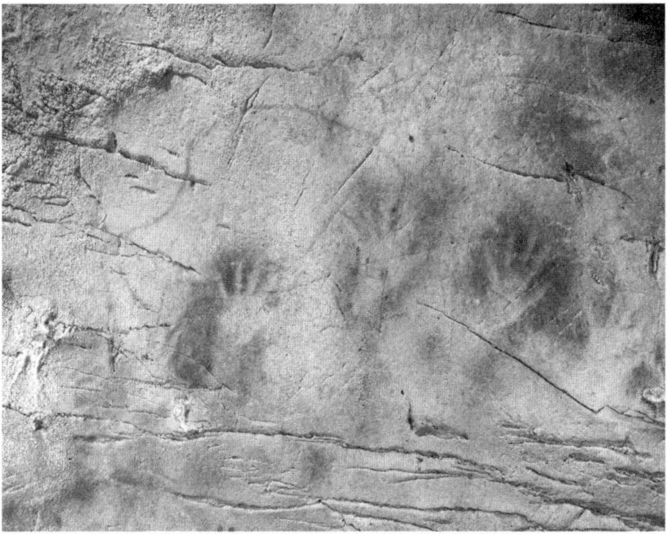

64 **Handschablonen aus rotem Ocker, El Castillo, Spanien. Zu erkennen ist, wo der Künstler Farbpigmente auf seine Hände gesprüht hat, um sie zu produzieren. Die Neandertaler verteilten Ocker auf sich selbst und ihre Objekte. Diese Gemälde sind mehr als 39 000 Jahre alt, so uralt, dass manche Wissenschaftler glauben, Neandertaler hätten sie erschaffen.**

Wieso konnte ich das wissen? Woher kam diese Überzeugung?

Im Februar 1649 korrespondierte der französische Philosoph und Mathematiker René Descartes mit seinem Freund, dem Philosophen Henry More.[9] Descartes war einer der größten Denker seiner Zeit, und diese Zeit war eine Ära großer neuer, radikaler Gedanken. Er glaubte, dass wir, wenn wir unseren rationalen Verstand strikt auf die Welt um uns herum anwenden, Wissen erlangen können. Seine Gedanken und Entdeckungen waren ein Grundpfeiler des «Zeitalters der Vernunft» bzw. der Aufklärung, einer Periode in Europa, in der menschliche Ideen und Ideale sich auf dramatische Weise veränderten. Und manche von ihnen bilden auch heute noch das Fundament unseres

Lebens und unserer Überzeugungen. Seine berühmteste philosophische Aussage lautete «Cogito, ergo sum»: «Ich denke, also bin ich»,[10] was bedeutete: Er wusste, dass er existierte, weil er vernünftig denken konnte. Für Descartes und viele andere war die Vernunft etwas ausschließlich Menschliches, eine spezielle Gabe. Dank unserer Vernunft haben wir seitdem sehr viel über die Welt gelernt – doch Descartes zog die Zugbrücke der Vernunft hinter der menschlichen Art hoch und verbaute uns damit die Möglichkeit, rationale Universen in anderen Arten überhaupt in Betracht zu ziehen. Damals wurden in Westeuropa auffällig viele Maschinen – oder *Automaten* – erfunden, die sich aus eigener Kraft bewegten. Und Descartes hielt es für eine vernünftige Idee, dass «*die Natur selbst hervorragendere Automaten produziert als die künstlichen. Diese natürlichen Automaten sind die Tiere.*» Andere Arten seien nicht wie wir, behauptete er. Sie seien nur biologische Maschinen.

Als aufgeschlossener, kühner Neuerer sah Descartes wie viele seiner Kollegen bei Vivisektionen zu und beteiligte sich auch an ihnen. Fasziniert beobachtete er die zur Schau gestellten schlagenden Herzen und anderen funktionierenden Teile noch lebender Tiere. Wieso sah ein fühlender Philosoph denn nicht, wie grausam das war? Es war nicht so, dass er glaubte, Fische, Hunde und all die anderen armen, benutzten Tiere spürten keinen Schmerz. Er schrieb: «Ich spreche keinem Tier Empfindung ab, insofern diese an ein körperliches Organ gebunden ist.» Doch Empfindungen als solche zählten für ihn nicht. Wichtig war allein die einzigartige menschliche Gabe des *rationalen Denkens*. Tiere konnten fühlen, aber sie konnten nicht wirklich denken – und der Beweis dafür war ihre Unfähigkeit, über rein biologische Impulse hinaus zu kommunizieren. Das erläuterte er anhand der Geschichte über eine Elster, der mit Belohnungshäppchen beigebracht worden war, ihrer Herrin, sobald sie sich näherte, «Guten Tag» zu sagen. Es mochte ja so aussehen, schrieb Descartes, als drücke die Elster einen Gedanken aus; doch für ihn war die Erklärung sehr viel einfacher. Die Elster war nur eine Maschine, die abgerichtet worden war, einen Laut von sich zu geben, der ihre Hoffnung auf Fressen ausdrückte. «In ähnlicher Weise sind all die Dinge, die Hunden, Pferden und Affen beigebracht worden sind, nur Ausdruck ihrer Furcht, ihrer Hoffnung oder ihrer Freude; und von daher können sie diese Dinge ohne Reflexion tun», schrieb er.[11]

Schlussfolgern zu können war ihm zufolge ausschließlich eine menschliche Fähigkeit.[12] Und Sprache als Ausdruck von Vernunft war der Beweis dafür. Wenn man sprach, hieß das, man hatte wichtige, unterschiedliche Gedanken, die andere Tiere nicht hatten, weil sie nicht sprechen können. Deshalb konnte man sie so behandeln, wie man niemals einen vernunftbegabten Mitmenschen behandeln würde.

Descartes war keinesfalls der erste Mensch, der unsere Gattung über andere stellte. In Westeuropa beherrschte das Christentum das Leben, politisch und intellektuell. Und in dessen Vorstellung war es Aufgabe des Menschen, die Tiere zu beherrschen, er hatte Hirte und Bändiger zu sein; und so ging es in vielen Schriften über die Natur darum, sie zu kultivieren und zu kontrollieren. Das war die natürliche Ordnung der Dinge.

Doch auch schon vor dem Christentum existierte die philosophische Idee der *scala naturae* oder Der Großen Kette des Seienden, die von Platon und Aristoteles und anderen antiken Denkern erdacht und auf unterschiedliche Weise von den nachfolgenden Gesellschaften übernommen wurde. Gemäß dieser Idee war alles, was auf der Erde existierte, hierarchisch geordnet – und zwar mit den Göttern an der Spitze, gefolgt von weniger übernatürlichen Wesen, dann kamen die Könige und andere auserlesene Sterbliche, danach die stinknormalen Menschen, und unter diesen standen solche Tiere, die besonders wichtig und nützlich waren, gefolgt von den weniger nützlichen und so weiter; und ganz unten rangierten schließlich die unbelebten Dinge wie Mineralien und Steine. Wer sich dieser Vorstellung einer *scala naturae* anschloss, wusste sofort, wo sein Platz war und wie er andere an ihrem hielt.

Zu Descartes' Zeiten geriet die *scala naturae* in Bedrängnis. Forscher reisten über die Meere, zu neuen Kontinenten und eisigen Polen. Sie trafen auf Menschen und Tiere, die ihre Erwartungen erschütterten. Astronomen entdeckten neue Planeten und kartierten die Bewegungen der Himmelskörper. Manche ihrer Beobachtungen kamen bei den Mächtigen nicht gut an – den Königen und Päpsten, deren Legitimität auf einer hierarchischen Welt beruhte, mit der Erde als Mittelpunkt des Universums und ihnen selbst an der Spitze der irdischen Welt. Als Giordano Bruno im Jahre 1600 behauptete, in Wahrheit sei das Universum ein gewaltiger leerer Raum, gefüllt mit weiteren Sternen und Planeten, und unsere Sonne sei das Zentrum unseres Sonnensystems, wurde er zum Häretiker erklärt und auf dem Scheiterhaufen verbrannt. Man kann jedoch zwar den Boten verbrennen, aber nicht die Sonne verstecken.

Entdeckungen der Biologie haben lange Zeit unser Verständnis von uns selbst in Bezug auf die Natur beeinflusst, wir wussten, wo wir generell die Linie zwischen uns selbst und anderen zu ziehen hatten. In der Biologie ging es anfangs sehr viel um die Katalogisierung und Organisation der Natur,[13] angefangen mit der *Geschichte der Tiere* von Aristoteles,[14] über botanische Texte des arabischen Universalgelehrten Ibn Bājja im zwölften Jahrhundert,[15] bis hin zu den Schriften des Albertus Magnus.[16] Diese Werke waren rar gesät, so wie die gebildeten Personen, die die Gelegenheit hatten, sie zu lesen. Doch mit den Vordenkern des Humanismus, der Wiederentdeckung klassischer Kulturen in der Renaissance und der Infragestellung der katholischen Kirche durch die Reformation ergab sich die Möglichkeit, die menschliche Vernunft auf die natürliche Welt um uns herum anzuwenden. Mit neuen Werkzeugen, reichen Mäzenen und einem allgemein gewachsenen Interesse machten Menschen wie Descartes sich daran, Tiere zu verstehen, zu beobachten, wie sie funktionierten, zu schauen, wie unsereins im Vergleich zu ihnen funktionierte, und zu erklären, warum wir etwas Besonderes waren.

Was sie fanden, kratzte an der Vorstellung von der europäischen, christlichen und königlichen Besonderheit, auch wenn man weiterhin an ihr festhielt, um die Kolonisierung und Ausbeutung all der Menschen zu rechtfertigen, die man «entdeckt hatte». Tiere, Pflanzen und manchmal entsetzlicherweise sogar Menschen wurden aus der Neuen Welt nach Hampton Court oder vom Malaiischen Archipel nach Konstantinopel verschifft. Den königlichen Herrschaften präsentiert und dem Publikum in neuen zoologischen und botanischen Sammlungen gezeigt wurden Tiere, die die Vorstellung der Menschen, wie Tiere sein sollten, auf den Kopf stellten. Ein Känguru wurde zum Beispiel kurz nach dem Jahr 1500 zuerst beschrieben als ein «monströses Scheusal mit menschlichen Händen, dem Schwanz eines Affen und dieser wunderbaren Vorrichtung der Natur, einer Tasche, in der es seine Jungen trägt».[17] Es starb übrigens 1500 auf dem Rückweg an den Hof von Ferdinand und Isabella.

Vierhundert Jahre später sorgten zoologische Entdeckungen immer noch für Faszination und Ehrfurcht – so löste die Ankunft einer lebenden Giraffe im Paris des späten neunzehnten Jahrhunderts eine regelrechte Hysterie aus, einschließlich einer turmartigen neuen Haarmode bei seinen Bürgern. In England taten sich experimentierfreudige Philosophen und Ärzte, entweder mit eigenen Mitteln oder durch königliches Mäzenatentum gefördert, besonders mit biologischen Entdeckungen hervor. Die Royal Societies und andere wissenschaftliche Institutionen zeigten einander regelmäßig ihre Funde oder organisierten öffentliche Vorführungen und Experimente. Kaufleute mit besonderem handwerklichem Geschick wie van Leeuwenhoek versuchten sich als Erfinder. Und im neunzehnten Jahrhundert erweiterten andere Sorten von Amateuren ihre Reihen. Auf den Britischen Inseln waren es Landpfarrer und an der Natur interessierte Adlige, die, geschult im Beobachten und Experimentieren und mit viel Zeit zur Verfügung, Ankunft und Abflug von Zugvögeln, den Lebenszyklus von Insekten, das Blühen und Kreuzen von Pflanzen, die Schichtung in Felsformationen und die in ihnen entdeckten versteinerten Riesentiere dokumentierten. Sie beobachteten, notierten, sagten vorher, befragten und gaben die Früchte ihrer Mühen bekannt. Immer mehr Instrumente zum Beobachten und Testen kamen auf den Markt, und wissenshungrige Menschen erforschten die mikroskopischen, atomaren, chemischen und interstellaren Welten. Ihre Entdeckungen brachten alles ins Wanken – vom Alter der Erde über den Umfang des Universums bis zum Stoff, aus dem es gemacht war.

Ähnlich wie all jene, die Neues über die Schwerkraft und die Zusammensetzung der Luft herausfanden, ein Interesse daran hatten, ihre Ergebnisse in umfassendere Modelle der Physik bzw. der Chemie einzuarbeiten, so versuchten «Naturphilosophen», die später Biologen hießen, die übergreifenden Prinzipien dafür zu finden, wie das Leben funktioniert. Zu dem Zeitpunkt hatten Entdeckungen aus den Wissenschaften – etwa die von Naturforschern wie Charles Lyell, Charles Darwin und Alfred Wallace – das, was wir uns bisher über unsere Herkunft, unsere Heimat und ihren Platz im Universum erzählt hatten, radikal verändert. Wir hatten geglaubt, auf einem exklusiven Planeten im Zentrum des Sonnensystems zu leben, der selbst wiederum das Zentrum eines kleinen Universums ist. Jetzt mussten wir begreifen, dass dem nicht so war. Wir hatten inzwischen auch gelernt, dass wir nicht nach Gottes Ebenbild erschaffen waren, sondern uns ganz allmählich und blind aus fischartigen Meereswesen entwickelt hatten, und dass unsere nächsten Verwandten Affen waren. Es gab andere Galaxien, andere Planeten, und Leben existierte in Größenordnungen, die wir uns nicht vorstellen konnten: ganze Ökosysteme in wenigen Wassertropfen, Bäume, älter als die Bibel, Ameisengesellschaften, die sogar unserer Spezies auf der Erde zahlenmäßig überlegen sind. Mit jeder neuen Entdeckung nahmen Fülle und Vielfalt des Lebens mit seinen Wundern weiter zu, während unser Platz darin, unsere führende Rolle, immer kleiner zu werden schien.

Doch trotz all dieser wissenschaftlichen und intellektuellen Fortschritte blieb eine Geschichte hartnäckig immer gleich: die Geschichte, die wir uns über andere Tiere erzählten. Darin waren wir immer noch einzigartig. In den Worten der zeitgenössischen Philosophin Melanie Challenger: «Die Welt wird jetzt von einem Tier beherrscht, das sich nicht für ein Tier hält.»[18]

Ich möchte allerdings festhalten, dass sich nicht alle dieser Denkweise anschlossen. Schon 1580, ein Jahrhundert vor Descartes' Überlegungen, schrieb der französische Philosoph Michel de Montaigne: «Wenn ich mit meiner Katze spiele, woher weiß ich dann, dass nicht sie mit mir spielt, sondern ich mit ihr?»[19] Solche Ansichten kamen jedoch von Außenseitern. Es sollte noch viele Jahrhunderte dauern, bis irgendjemand versuchen würde, solche den Verstand von Tieren betreffenden Fragen wissenschaftlich anzugehen. Selbst im neuzehnten Jahrhundert noch sah es in der Biologie hauptsächlich so aus, dass gebildete Männer tote Tiere auseinanderschnitten, um herauszufinden, wie sie funktionierten, um sie dann wieder zusammenzusetzen und in ihre Sammlungen einzuordnen. Tatsächlich veröffentlichte ein Psychologe namens Edward Thorndike erst 1898 die allererste psychologische Studie, die nicht von Menschen handelte. Und 1911 hatte sich immer noch so wenig geändert, dass er klagte, Hunderte hätten in «unvorstellbarer Mühe» all «die Tiere auf den Feldern, das Geflügel in der Luft und die Fische im Meer»[20] untersucht, um herauszufinden, wie ihre Körper funktionierten. Wie es denn mal wäre, wenn sie sich ihren *Intellekt* vornähmen, schlug Thorndike vor. Nach und nach folgten ihm weitere Wissenschaftler, meist in Laboratorien, wo Experimente ersonnen wurden, mit deren Hilfe das

Leben leicht zu haltender Tiere erforscht wurde – das von Ratten, Tauben oder Hunden, wie jenen des Tierphysiologen Iwan Pawlow mit seinen berühmten Hunden, die darauf abgerichtet wurden, beim Klang einer Glocke reflexartig Speichel abzusondern.

Auf diese Weise wurde Anfang des zwanzigsten Jahrhunderts die Ethologie entwickelt – das Studium von Tierverhalten. Nikolaas Tinbergen, ein Pionier auf diesem Feld, der viel Zeit mit der Beobachtung von Wildvögeln verbrachte, beschrieb diese Methode, Verhalten zu entschlüsseln, als «beobachten und staunen».[21] Karl von Frisch wiederum studierte Honigbienen und entdeckte, dass futtersuchende Bienen bei der Rückkehr in den Stock ihren Kolleginnen auf tanzende Weise Richtung und Entfernung zu der gefundenen Futterquelle wiesen.[22] Worauf es große Vorbehalte dagegen gab, dass solche primitiven Kreaturen wie die Honigbienen eine Tanzsprache besitzen sollten. Heute jedoch werden Roboterbienen nach von Frischs Tanzregeln konstruiert und können anderen Bienen erfolgreich neue Futterquellen zeigen. 1973 teilten sich von Frisch, Konrad Lorenz und Tinbergen den Nobelpreis für Physiologie oder Medizin. Das Studium von Tierverhalten ist erwachsen geworden.

Was wir aber dann in den wenigen folgenden Jahrzehnten über Tiere lernten, sollte unsere am tiefsten verwurzelten Annahmen über den Haufen werfen. Biologen machten sich daran herauszufinden, wie das Verhalten eines Tiers mit seiner *Fitness* zusammenhängt: seiner Fähigkeit zu überleben, sich zu vermehren und seine Gene weiterzugeben. Verhaltensethologen untersuchten, wie sich das Verhalten eines Tiers über die Jahre so entwickelt, dass es mit den Gegebenheiten seines Habitats gut zurechtkommt. Kognitionspsychologen versuchten, das Verhalten von Tieren im Hinblick darauf zu erklären, wie sie Informationen aus der Welt empfangen, verarbeiten und beantworten. Es gab Menschen, die ihr ganzes Leben damit verbrachten, das Verhalten von Löwen, Möwen, Schimpansen, Elefanten,

65 **Auf diesem Bild führt der Ethologe und Nobelpreisgewinner Konrad Lorenz einen Gänsemarsch an. Er entdeckte, dass die neugeschlüpften Vögel auf das erste bewegliche Objekt, das sie sahen, geprägt wurden, das heißt, mit ihm eine Bindung eingingen. In diesem Fall war das er.**

Krähen, Oktopussen und Papageien zu beobachten. Und mittlerweile sind Biologen bereit zu akzeptieren, dass Tiere nicht nur über ein komplexes erlerntes Verhalten verfügen, sondern dass einzelne Tiere derselben Art sich auch deutlich voneinander unterscheiden und individuelle Persönlichkeiten sein können. Jaclyn Aliperti, die die Tierpersönlichkeit an der Universität in Davis, Kalifornien, erforscht, betrachtet Tiere weniger als Exemplare einer bestimmten Art, sondern «ich sehe sie eher als Individuen. Ich frage: ‹Wer bist du? Wohin gehst du? Was hast du vor?›»[23] Seit wir begonnen haben, uns zu fragen, was Tiere tun *können*, stellen wir fest, dass sie eine Menge *tun* können und zum Teil Fähigkeiten besitzen, die weit über unsere hinausgehen. Deshalb folgt hier eine rasche, unvollständige Liste von Dingen, zu denen andere Tiere in der Lage zu sein scheinen und von denen wir bisher geglaubt hatten, sie seien ausschließlich uns vorbehalten:

Sie stellen Werkzeug her[24]
Sie kooperieren, um Aufgaben zu erledigen[25]
Sie planen voraus[26]
Sie haben eine Menopause[27]
Sie verstehen abstrakte Konzepte[28]
Sie behalten Tausende von Wörtern[29]
Sie behalten lange Zahlenfolgen[30]
Sie lösen leichte Rechenaufgaben[31]
Sie erkennen menschliche Gesichter wieder[32]
Sie schließen und führen Freundschaften[33]
Sie küssen mit der Zunge[34]
Sie leiden an psychischen Krankheiten[35]
Sie trauern[36]
Sie benutzen Syntax[37]
Sie «verlieben» sich[38]
Sie sind eifersüchtig[39]
Sie imitieren akkurat menschliche Sprache[40]
Sie lachen[41]
Sie empfinden Achtung und Staunen oder machen sogar «spirituelle» Erfahrungen[42]
Sie empfinden Schmerzen[43]
Sie empfinden Vergnügen[44]
Sie schwatzen und tratschen[45]
Sie töten aus Vergnügen (in Fällen, in denen Fressen, Verteidigung oder anderes als Grund offensichtlich wegfällt)[46]
Sie spielen[47]
Sie zeigen moralisches Verhalten[48]
Sie haben einen Sinn für Fairness[49]

Sie benehmen sich altruistisch[50]
Sie verfertigen Kunst[51]
Sie können Takt halten[52]
Sie bewegen sich im Takt und tanzen[53]
Sie lachen, wenn sie gekitzelt werden[54]
Sie wägen Möglichkeiten ab, bevor sie entscheiden[55]
Sie zeigen Mitgefühl (leiden, wenn sie sehen, dass andere leiden)[56]
Sie retten und trösten einander[57]
Sie können Akzente und kulturelle Unterschiede in Zeichen und lautlichen Signalen wiedergeben[58]
Sie haben Kultur und reichen sie weiter[59]
Sie können die Absichten anderer voraussehen[60]
Sie berauschen sich absichtlich mit Alkohol und anderen Substanzen[61]
Sie manipulieren und täuschen andere[62]

Einige dieser Entdeckungen sind durchaus umstritten, da unsere Begriffe so menschenbezogen sind, dass vielen Beobachtern deren Übertragung in ihrer vollen Bedeutung auf Tiere übertrieben erscheint; und doch gibt es Beweise für jede einzelne von ihnen. Aber selbst jene, die diese Befunde zur Kenntnis nehmen, offenbaren manchmal Widerstand, sich mit ihren Implikationen zu befassen, eine Bereitschaft, die Möglichkeit, dass sie richtig sind, zu verwerfen. Rühren diese Vergleiche der Fähigkeiten von Tieren mit unseren Fähigkeiten womöglich an etwas, das tiefer geht? Berühren sie einen Instinkt, der nicht der des Wissenschaftlers ist, der Genauigkeit verlangt, sondern der eines Menschen, der immer noch auf der Suche nach seiner Einzigartigkeit ist?

Der Primatenforscher Frans de Waal hat einen schönen Begriff gefunden für unsere Weigerung, zur Kenntnis zu nehmen, dass ein Tier anscheinend etwas tun kann, das doch nur uns Menschen vorbehalten ist. Er nennt es, auf Englisch, «Anthropodenial»,[63] was in etwa «Absprechen menschlicher Eigenschaften» (wörtlich Menschenähnlichkeitsleugnung) meint. Ein interessantes Beispiel dafür ist das Trauern. Bei Menschen ist Trauern nach einem Verlust ein sehr starkes Bedürfnis, das seinen Ausdruck in bestimmten Ritualen, Verhaltensweisen und Gefühlszuständen findet. Nun gibt es aber Hinweise, dass diese Verhaltensweisen nicht nur auf uns beschränkt sind. So drehen etwa Elefanten die Überreste ihrer gestorbenen Gefährten mit ihrem Rüssel um und schnüffeln an ihnen, sie legen ihre Füße sanft auf Kinnbacken und Schädel, erforschen ihre Stoßzähne, so wie sie einander im Leben gewöhnlich berühren, wenn sie sich begegnen.[64] Verwandte nähern sich einem Kadaver dabei häufiger als andere. Es wurde auch beobachtet, dass Elefanten ihre Toten mit Erde und Pflanzen bedeckten. Und an Stellen, wo ihre Freunde gestorben sind, verweilen sie gern eine Zeit lang, auch wenn deren Knochen längst verschwunden sind.

Von Waltieren gibt es ebenfalls Aufzeichnungen eines Verhaltens, das stark dem ähnelt, das wir Kummer nennen. Schwertwal- und Delfinmütter wurden dabei beobachtet, wie sie ihre toten Kälber tagelang mit sich führten, indem sie sie vor sich her schubsten. Manchmal auch wochenlang, so wie die Mutter in der Southern-Resident-Schwertwalherde vor der Küste von British Columbia, die als J35 oder Tahlequah berühmt wurde und die Herzen der Menschen, die weltweit ihre Geschichte verfolgten, erst stahl und dann brach.[65] Tahlequah hatte ihr totes Kalb siebzehn Tage mit sich herumgetragen. Wissenschaftler, die ihr folgten, machten sich Sorgen, weil sie so dünn war; und das schienen auch andere Wale der Gruppe zu bemerken, denn sie übernahmen abwechselnd das tote Kalb, während die «trauernde» Mutter sich ausruhte. Nach rund 1500 Kilometern trennte sie sich von dem inzwischen verwesten Kalb. Forscher stellten unlängst fest, dass bei zwanzig verschiedenen Waltier-Arten ein sogenanntes «zugewandtes Post-mortem-Verhalten» verzeichnet wurde. Wie die Wal-Neurowissenschaftlerin Lori

66 **Eine andere Schwertwalmutter, L72, vierundzwanzig Jahre alt, trägt ihr totes Neugeborenes vor der Insel San Juan.**

Marino sagt: «Es gibt keinen Grund, zu glauben, Trauer sei nur den Menschen vorbehalten.»[66]

Natürlich können wir auch dem entgegengesetzten Pol des «Anthropodenial» zuneigen. Wir können anthropomorphisieren und, was oft geschieht, unsere inneren Welten und Motive auf Tiere projizieren, die diese nicht teilen. Manchmal gehen wir sogar noch weiter und schreiben Tieren Fähigkeiten zu, über die wir Menschen selbst nicht verfügen. Das erlebte ich aus erster Hand auf Hawaii, als ich eine Frau kennenlernte, die sich Joan Ocean nennt. Joan ist eine der Gründerpersonen von Dolphinville; das ist der Name, den sich rund zweihundert Menschen gegeben haben, die aus aller Welt gekommen sind, um an der Südwestküste von Kona zu leben und mit den ansässigen Spinnerdelfinen zu schwimmen und zu kommunizieren. Joan, eine strahlende und herrlich gebräunte Frau, begeisterte sich für Waltiere, nachdem sie in den 1970ern den ebenso legendären wie umstrittenen Delfinforscher John Lilly kennengelernt und an einer frühen Expedition nach Vancouver Island zur Erforschung artenübergreifender Kommunikation teilgenommen hatte. Dort, so erzählte sie mir, habe ein Wal mit ihr gesprochen. Joan hatte das Gefühl, sie sei damals als eine Art Waltier-Botschafterin auserwählt worden, die die Aufgabe habe, der Menschheit ihre Lehren zu überbringen, und das «auf eine Weise, die für Akzeptanz sorgt». Seitdem widmet sie ihr Leben dieser Aufgabe, schwimmt seit dreiunddreißig Jahren mit Delfinen und verbringt mehr Zeit in Gesellschaft von frei lebenden Spinnerdelfinen als vermutlich jemals ein anderer Mensch. Sie erzählte mir, die Delfine hätten ihr von fernen Sternen berichtet, von für uns Menschen unsichtbaren Universen, von Plasma-Schiffen, Pyramiden und den Techniken des Gestaltwandels. Joan ist zutiefst davon überzeugt, dass Delfine und andere Waltiere nicht von dieser Welt sind.

Wie passte das nun aber zu dem, was wir gesehen haben?, fragte ich mich. Was war mit den Schwertwalen, die mit Beutetieren zu spielen und sie langsam zu töten scheinen, um sie dann fallen zu lassen?[67] Was mit den vielen Waltier-Arten, die über die Meere rasen, um in den Bugwellen[68] und im Kielwasser unserer Schiffe zu reiten, schnatternd und rangelnd, sodass wir am ehesten vermuten, dass sie es allein zu ihrem Vergnügen tun? Und was mit den Großen Tümmlern, die dabei beobachtet wurden, wie sie Schweinswale zu Tode prügelten?[69] Was ist mit dem Hinweis, dass sie für Kranke und Schwache sorgen?[70] Und was mit der Geschichte von den seltsamen Schwertwalen vor Gibraltar, die die Ruder von Segelbooten zertrümmerten, sodass die Regierung kleine Boote aus deren Gebiet verbannte, nachdem sehr viele Schiffe steuerlos umhertrieben?[71] Und was war mit jenen Delfinen, die dabei aufgenommen worden waren, «wie sie im Schlaf redeten»[72] und Buckelwal-Vokalisierungen nachmachten? Warum sollten Geschöpfe aus dem Weltraum hierherkommen und all das tun?

Ich mag Joan und bewundere ihre lebenslange Hingabe, und ich respektiere, dass sie diesen Glauben hat. Und trotzdem habe ich das Gefühl, dass allen dreien, der Delfinvergötterung, dem Anthropomorphismus und dem «Anthropodenial», der Leugnung menschlicher Eigenschaften, derselbe Fehler zugrunde liegt. Sie sind zu simpel, es fehlen ihnen die Beweise, und sie beruhen auf der Projektion einer Einzigartigkeit von entweder den Menschen oder den Delfinen. Der Schriftsteller Carl Safina, der sich viel mit der Natur beschäftigt, schrieb, Menschen seien «gleichzeitig das mitfühlendste und das grausamste Tier, das freundlichste und das zerstörerischste». Wir seien «ein komplizierter Fall»,[73] so Safina. Mit Sicherheit macht uns das so interessant – und vielleicht könnte man das auch von anderen Tieren sagen.

Anstatt die Fähigkeiten von Tieren aufgrund unserer persönlichen Beziehung zu ihnen zu überschätzen oder sie, aufgrund unserer kulturellen Voreingenommenheit, zu unterschätzen, sollten wir vielleicht lieber einfach offen sein, bereit, uns von ihren Fähigkeiten überraschen zu lassen. Ist es so falsch, anzunehmen, dass ein Tier denken und fühlen kann, und dann nach Beweisen für das Gegenteil zu suchen, anstatt davon auszugehen, dass es nicht dazu fähig ist, und den Beweis für das Gegenteil zu verlangen?

Und da sind wir nun, am Beginn des einundzwanzigsten Jahrhunderts, in einer Welt und einer Kultur, die auf der *scala naturae*, der Stufenleiter der Natur, gründen, stehen jedoch vor einer wachsenden Anzahl ernst zu nehmender Hinweise, dass die Stufenleiter so natürlich gar nicht ist. Sei es aus religiösen oder aus kulturellen Gründen – wir betrachten Tiere immer noch als Geschöpfe, die wir zu beherrschen haben. Im britischen Rechtssystem gelten Tiere als «Dinge»; bestimmte Gesetze schreiben vor, wie sie zu füttern, unterzubringen und zu töten seien, doch sie besitzen keine Rechte wie wir Menschen, etwa das Recht auf Leben. In London, wo ich wohne, ist es normal, Tiere zu essen, sie für Kleidung, zur emotionalen Unterstützung und zum Beziehen von Möbeln zu verwenden. Vielleicht ist dies das Vermächtnis unserer Einzigartigkeit.

Einmal fragte ich Roger Payne, was uns wohl so lange von dem Versuch abgehalten habe, mit Tieren zu sprechen. «Es ist genau wie mit der weißen Überlegenheit, nur ist es hier die menschliche Überlegenheit», erwiderte er, «und ebenso wie die weiße Überlegenheit ist sie ausschließlich auf Angst gegründet.»[74] Ich denke, er hat recht. Wir haben recht, uns vor dem zu fürchten, was wir womöglich entdecken könnten. Die eigenen Privilegien aufgeben zu müssen, die man anderen gegenüber genossen hat, ist eine Vorstellung, die Angst macht. Mit einer anderen Art wirklich zu kommunizieren hieße, dass wir in Betracht ziehen müssten, wie schändlich wir so viele von ihnen behandelt haben.

Und dennoch vermute ich, dass die so rasch sich häufenden neuen Entdeckungen über Tiere durchaus im Begriff sind, ganz allmählich und eher unsystematisch, unsere Kultur und unsere Entscheidungen zu beeinflussen. In den Worten des Science-Fiction-Schriftstellers William Gibson: «Die Zukunft ist schon da, sie ist nur nicht sehr gleichmäßig verteilt.»[75] Und tatsächlich formiert sich momentan gerade ein wissenschaftlicher Konsens über eines der letzten großen «Anthropoleugnungs»-Tabus – das Tierbewusstsein. So fand zum Beispiel 2012 an der Universität Cambridge ein Kongress von Wissenschaftlern verschiedenster Fachdisziplinen statt,[76] und es wurde «The Cambridge Declaration of Consciousness» (Cambridge-Erklärung zum Bewusstsein) verfasst. Darin heißt es: «Die große Menge an Befunden deutet darauf hin, dass Menschen nicht die einzigen sind, die über neurologische Strukturen verfügen, die Bewusstsein erzeugen. Nichtmenschliche Tiere, einschließlich aller Säugetiere und Vögel, sowie viele andere Lebewesen, einschließlich der Oktopusse, verfügen ebenfalls über solche neurologischen Strukturen.»[77] Fünf Jahre später erwähnt ein Bericht der Europäischen Behörde für Lebensmittelsicherheit

(European Food Safety Authority), für die siebzehn Experten 659 wissenschaftliche Arbeiten ausgewertet hatten, «Beispiele für höhere Grade von Bewusstsein bei Nutztieren».[78] In dem Bericht wird auf Studien verwiesen, die u.a. zeigen, dass Hühner ihren eigenen Wissensstand beurteilen können, was darauf hindeutet, dass sie sich dessen, was sie wissen und nicht wissen, bewusst sind; dass Schweine sich daran erinnern können, was sie wo und wann erlebt hatten, und dass Schafe und Rinder Einzelwesen erkennen können. Zu den ausgefeiltesten Fähigkeiten von Tieren gehört es laut Bericht, dass sie um ihren eigenen Zustand wissen, also die Fähigkeit besitzen, ihr eigenes Wissen zu kennen und damit umzugehen sowie den psychischen Zustand ihrer Artgenossen einzuschätzen, was zu einer Art von Empathie führen kann. «In ihrer Gesamtheit», heißt es weiter in dem Bericht, «belegen diese Arbeiten die Hypothese, dass Nutztierarten zu komplexen Bewusstseinsleistungen fähig sind.»

Auch in der Öffentlichkeit haben ähnliche Vorstellungen von dem, was Tiere können, inzwischen Fuß gefasst; und so konnte es 2017 in den sozialen Medien heftige Empörung auslösen, als die konservative Partei ein Gesetz ablehnte, das festlegen sollte, Tiere seien «empfindungsfähige Wesen»,[79] sie könnten fühlen und Schmerz empfinden. Die Nachricht wurde eine halbe Million Mal geteilt,[80] und es gab einen solchen öffentlichen Aufschrei, dass Michael Gove, der damalige Staatssekretär für Umwelt, Ernährung und Landwirtschaft, gezwungen war, per Video zu versichern, die Partei wolle «dafür sorgen, dass der Brexit nicht nur den Menschen in Großbritannien, sondern auch den Tieren zugutekommt». Es ist völlig undenkbar, dass diese Geschichte ein oder zwei Jahrzehnte früher solche Zugkraft entwickelt hätte. Vier Jahre später brachte die konservative Regierung im House of Lords dieses Gesetz über fühlende Tiere[81] zur Vorlage, das Tieren zuerkannte, dass sie Schmerz empfinden können und geschützt werden müssen. Eine Gruppe konservativer Abgeordneter ging sogar noch weiter und wollte einige

Wirbellose, wie Oktopusse und Hummer, mit einschließen. Die TV-Show *Good Morning Britain* twitterte markig: «Tiere haben offiziell Gefühle. Ist es an der Zeit, sie nicht mehr zu essen?»[82]

2017 wurde der Fall von zwei in Gefangenschaft lebenden Schimpansen vor den Obersten Gerichtshof von New York zur Anhörung gebracht. Die Anwälte der Primaten beantragten eine gerichtliche Anordnung, dass sie aus ihrer unglücklichen Gefangenschaft zu entlassen seien. Das Gericht lehnte ab. Einer der beteiligten Richter, Eugene Fahey, schrieb später in seiner juristischen Beurteilung, er habe «mit sich gekämpft, ob dies die richtige Entscheidung gewesen sei». Er war der Meinung, dass es nicht das Ende dieser «tiefgreifenden und weitreichenden Angelegenheit» sei. Es müsse eigentlich darum gehen, ob nichtmenschliche Tiere gesetzlich als Personen oder als Eigentum, d.h. als Dinge ohne Recht auf Freiheit, zu behandeln seien. Das «betrifft unsere Beziehung zu all dem Leben um uns herum»,[83] schrieb der Richter. Und er fuhr fort: «Wir sollten dadurch, dass wir unsere Art aufwerten, nicht den Status anderer hoch intelligenter Arten herabsetzen.»

Der Anwalt, der den Fall vor Gericht brachte, Steven Wise vom Non-Human Rights Project, möchte übrigens als Nächstes in Gefangenschaft lebende Orcas im West-Coast-Delfinarium vertreten. Wenn es doch nur die Möglichkeit gäbe, dass seine Klienten selbst für sich sprechen und ihr Leiden und ihre Sehnsucht nach Freiheit beschreiben könnten, klagte er mir gegenüber.[84] In rechtlicher Hinsicht wäre das revolutionär.

Die Tatsache, dass Gerichte sich mit derlei Dingen befassen, dass vegetarische und vegane Gruppierungen immer mehr Zulauf haben, dass Haustiere inzwischen weniger als Werkzeuge denn als Kameraden gelten und dass sich die Umweltbewegung überhaupt immer weiter ausbreitet – all das sind Hinweise auf die zunehmende Empathie für andere Arten – für die langsame, aber stetige Aushöhlung unseres Anthropozentrismus. Je mehr wir über andere Tiere lernen und über ihre vielfältigen Fähigkeiten erfahren, umso wichtiger werden sie uns, und das verändert unseren Umgang mit ihnen. So wie sich Buckelwalgesänge im Laufe der Jahre verändern, so verändert sich auch unsere Kultur.

Am Ende meiner Recherche bin ich deshalb zu der Erkenntnis gelangt, dass wir die Wahl haben: Entweder stellen wir uns weiterhin alles Mögliche über die inneren Welten und die Kommunikation der Waltiere und anderer Arten vor und projizieren es auf sie, oder wir machen uns die Mühe, herauszufinden, was wirklich vorhanden ist. Das ist von entscheidender Wichtigkeit, denn das Sprachvermögen ist eine der letzten absoluten Bastionen menschlicher Einzigartigkeit, eine der wenigen Leistungen, von denen wir glauben, dass nur Menschen dazu fähig sind. Es ist deshalb so wichtig, weil die Vorstellung, wir seien einzigartig, auch uns gefährdet. Wenn wir glauben, wir selbst stünden über dem Rest der lebendigen Welt, und andere Ökosysteme und Lebensformen nicht wertschätzen, halten wir sie für selbstverständlich und machen hemmungslos Gebrauch von ihnen. Letztendlich ist es entscheidend für unsere Selbsterhaltung: Zu einem großen Teil hängt unser Überleben auf diesem Planeten davon ab, dass wir unsere Vorstellung darüber, wie wir Menschen in das übrige Leben auf der Erde hineinpassen, neu überdenken. Wie die schwedische Umweltaktivistin Greta Thunberg in einem Film sagte, den wir gemeinsam gemacht haben: «Weil wir Teil der Natur sind, sind wir, wenn wir die Natur schützen, Natur, die sich selbst schützt.»[85]

2021 werteten Ari Friedlaenders Kollegen in der Antarktis 321 Abhorchvorrichtungen, sprich Wanzen, auf Bartenwalen aus und stellten fest, dass die Tiere weit mehr Krill (kleine, krabbenartige Tiere) fressen, als wir bis dahin dachten.[86] Daraus zogen sie den Schluss, dass Bartenwale vor der Walfangära im Südpazifik pro Jahr 430 Millionen Tonnen antarktischen Krill gefressen haben mussten. Das ist doppelt so viel wie der gesamte jährliche Fang an Meeresgetier durch uns Menschen.

Wenn Wale ihre Beute fressen und später ausscheiden, verteilen sie deren Überreste über alle Ozeane und setzen, so wie Gärtner Dünger auf Gemüsebeete streuen, den Nährstoffkreislauf über ganze Meere hinweg in Gang. Die Auswirkungen sind enorm: Wale sind der Dreh- und Angelpunkt des Ökosystems der Meere. Da sich ihre Zahl noch nicht von den Walfangverlusten erholt hat, schätzen die Autoren der Studie allerdings, dass die Wale heute nur ein Zehntel des Eisens recyceln, das sie früher in Umlauf brachten – dabei handelt es sich um einen Kreislauf, der für die Bindung von Kohlenstoff aus der Atmosphäre und dessen Versenkung in den Tiefen der Meere unerlässlich ist. Wale wachsen schneller als Bäume. Und wenn einer stirbt und versinkt, nimmt er an die dreiunddreißig Tonnen Kohlenstoff mit sich. Wir dachten, wir würden einfach nur Wale töten, aber gleichzeitig töteten wir die Meere und den Himmel. Der Internationale Währungsfonds (IWF) schätzt den Wert eines durchschnittlichen Bartenwallebens im Hinblick auf seinen Nutzen für uns Menschen auf mindestens zwei Millionen Dollar[87] und den Wert aller derzeitigen Walpopulationen in den Meeren der Erde auf *eine Trilliarde Dollar* (1 mit 21 Nullen!). Doch seit Entstehen der menschlichen Zivilisation sind 80 Prozent der frei lebenden Meeressäuger verschwunden.[88] Jedes Jahr verlieren wir weitere Milliarden Tiere und bringen ihren Verstand zum Verstummen. Und wenn wir mit dieser Massenvernichtung in diesem Tempo weitermachen, verlieren wir mit jeder Art, die verschwindet, für immer deren spezielle Vorstellung von der Welt und ihren Umgang mit ihr. Unsere menschliche Einzigartigkeit hat uns bereits einen hohen Preis gekostet.

Wenn ich an die Entdeckung der Neandertaler zurückdenke, empfinde ich ihren Verlust. Ich frage mich, ob wir in naher Zukunft so über Wale denken werden, wenn sie ausgestorben sein werden und wir feststellen müssen, dass wir etwas verpasst haben: die Chance, mit jemandem zu sprechen, der uns auf unserer Reise durchs Leben auf der Erde begleitet hat. Eine Chance, unsere Gehirne miteinander zu verbinden und zu sehen, wie wir von Sinnesorganen und Gehirnen wahrgenommen werden, die völlig anders konstruiert sind als unsere. In den Worten von Robert Burns: «O wad some Pow'r the giftie gie us / To see oursels as ithers see us!»[89] (Ach, wenn eine Macht uns doch die Gabe schenkte, uns selbst zu sehen, wie andere uns sehen.)

Aber es reichte mir jetzt mit all der Wissenschaftsphilosophie und Spekuliererei. Ich wollte noch einmal spüren, wie es ist, Zeit in der Gesellschaft dieser Geschöpfe zu verbringen, mit ihnen im allerursprünglichsten Sinn zu kommunizieren. Ich wollte mit einem Buckelwal schwimmen.

12

MIT WALEN TANZEN

«Werden wir nicht nachlassen in unserm Kundschaften
Und das Ende unseres Kundschaftens
Wird es sein, am Ausgangspunkt anzukommen
Und den Ort zum erstenmal zu erkennen ...
... Unerkannt, weil nicht erwartet,
Aber gehört, halb-gehört in der Stille
Zwischen zwei Wellen in der See.»[1]

T. S. Eliot, «Little Gidding»

Es war früh am Morgen, das Meer war leicht kabbelig, und eine brennende Sonne glitzerte auf dem Wasser. Ich nahm im Boot Platz und überprüfte meine Ausrüstung. Flossen, Maske, Gewichte, Gürtel, Schnorchel. Wir waren zu neunt in dem kleinen Motorboot, darunter zwei Führer. Wir entfernten uns von dem sehr viel größeren Mutterschiff, der MS *Sea Hunter*, auf dem wir die Nacht verbracht hatten, und fuhren hinaus aufs offene Meer. Wir befanden uns knapp hundert Kilometer vom nächstgelegenen Festland entfernt, auf einem kolossalen Korallenriff, das sich über einem versunkenen Plateau namens Silver Bank nördlich der Dominikanischen Republik erstreckt. Es ist der Brutplatz für nordatlantische Buckelwale. Unser Führer, Kapitän Gene Flipse, stand beim Bootslenker. Wir fuhren an den Überresten eines Wracks aus den 1970er Jahren vorbei; und Gene erzählte uns, es werde gemunkelt, das Schiff habe Drogen geschmuggelt und sei auf der Flucht vor der Justiz auf Grund gelaufen. Wir suchten den Horizont nach atmenden Buckel-

67 **Buckelwale und Taucher.**

walen ab. Genauer gesagt, suchten wir nach stationären Walen, ruhigen Walen, solchen, die sich nicht von Menschen stören ließen. Es sei nicht möglich, sich den Walen weiter anzunähern, erklärte Gene, weil sie bereits mit einem Schwanzzucken jeden Olympiaschwimmer überholen könnten. Begegnungen mit ihnen ergäben sich nur, wenn sie sich langsam vollzögen, wenn die Wale wussten, wo wir waren, und ihr Verhalten nicht änderten.

Wir waren schon etwa zwei Stunden auf dem Wasser, blinzelten in das blendende Flirren von Sonne und Meer, als wir sie zwischen den Spitzen der Korallenköpfe, die aus dem Wasser ragten, atmen sahen. Wir hätten diese Riesentiere nicht bemerkt, wäre da nicht ihr verräterisches Luftholen gewesen, der Nebelschleier aus kondensiertem Atem, der aus ihren heißen Lungen stieg und für Landwesen wie uns meilenweit zu sehen war. Sie waren etwa 500 Meter von unserer Steuerbordseite entfernt, und das Boot manövrierte vorsichtig durch das Riff in ihre Richtung. Alle an Deck warteten gespannt auf die nächste Atemfontäne. In diesem Revier gab es keine anderen Wale, also mussten es sich um Buckelwale handeln. Mir schlug das Herz bis zum Hals – es schien direkt gegen meinen Neoprenanzug zu drücken. Seit der «Hauptverdächtige» auf uns gelandet war, hatte ich eine Menge Wale gesehen, aber immer von einem Boot oder Kajak aus.

Ich drehte mich zu meinem Kabinenkumpel um, einem Radiologen aus Minnesota namens Sean. Mit weit aufgerissenen Augen starrte er konzentriert auf Hinweise entfernter Wale. Er hatte mich gefragt, warum ich hier sei, und ich erzählte ihm, was ich inzwischen über die mit KI verbundenen Hoffnungen auf Mustererkennung in der Biologie wusste. Er erwiderte, er selbst benutze maschinelles Lernen, und beschrieb, wie KI ihm inzwischen helfe, Tumore in Mammografien zu entdecken. Sie würden erst seit wenigen Jahren über diese Technologie verfügen. Und die Maschinen würden manchmal winzige Hinweise auf Krebs entdecken, die ihm selbst entgangen seien. Muster von Leben oder Tod in Bildern. Er möge die Maschinen, sagte Sean. Sie würden funktionieren.

Unser Boot pirschte sich näher an die Wale heran. Es waren zwei, die sich an der Oberfläche ausruhten und atmeten, um sich dann mitten in der Wassersäule wieder in die Tiefe sinken zu lassen. Als sie nach ihrem letzten Atemstoß unter Wasser verschwanden, hinterließen sie zwei ruhige Stellen auf der Wasseroberfläche. Das waren ihre «Fußabdrücke». Jetzt ließ Gene sich ins Wasser und schwamm zu den Fußabdrücken. Dort angekommen, riss er den Arm hoch, was bedeutete, dass er die Wale erspäht hatte. Wenige Minuten später winkte er unser Boot heran, und das hieß, die Wale waren friedlich. Sean, ich und die anderen fünf Walverrückten setzten sich startbereit auf den Bootsrand. Ich hatte meine Taucherbrille ausgewaschen, hockte über dem Wasser und wartete auf Genes Handzeichen für das Startsignal. Endlich winkte er uns erneut, und ich ließ mich vorsichtig vom Boot gleiten, um nicht laut aufzuklatschen. Nach einem kurzen, herrlichen Schwindelmoment, mit einem

Blick hinab ins endlose Blau, stieß ich mich ab, in Richtung auf ihn, mein Atem ging schnell, ich wedelte mit dem Körper, damit die Flossen beim Schwimmen nicht durchs Wasser brachen. Als ich Gene erreichte, blickte ich an seinen langen Flossen entlang nach unten, und da waren sie. Trotz der trüben Sicht schimmerten ihre leuchtend weißen Brustfinnen wie die Flügel eines Nachtfalters, viel heller als die schwarzen und dunkelblauen Finnen ihrer pazifischen Verwandten.

Es schien so irreal und war doch so unmittelbar und direkt. Dort waren Wale, und hier war ich, schaukelte an der Wasseroberfläche und blickte zu ihnen hinunter. Kurz packte mich die Angst, und flüchtig durchschoss mich der Gedanke, wie blöd die ganze Sache hier war. Ich sah schon die Schlagzeile: «Mann, der einen springenden Wal überlebte, wird durch einen anderen Wal getötet.» Wieso brachte ich mich in diese heikle Lage? Doch meine Ängste wurden rasch von einem Gefühl der Ehrfurcht überlagert. Ich war überwältigt. Diese Wale waren von ihren Futterplätzen im Nordatlantik hierhergekommen, viele vom Golf von Maine und der Fundy-Bucht, andere von weiter her, von Neufundland, Neuschottland, Island und Norwegen. Da das Eis am Pol schmilzt, wandern die Wale inzwischen weiter hinauf nach Nordrussland. Ich dachte an ihre lange Reise hierher und an meine lange Reise durch das, was wir inzwischen von ihrem Gehirn und ihrem Leben wissen, um uns ihnen zu nähern.

Das Paar, das ich sah, bestand aus einem sich ausruhenden Weibchen und seinem männlichen Begleiter. Weibchen haben in den Brutgebieten häufig eine «Eskorte»; das sind Männchen, die ständig in ihrer Nähe bleiben und andere Männchen fernzuhalten versuchen. Übrigens ist es überraschend schwierig, männliche und weibliche Buckelwale zu unterscheiden; um sich zu vergewissern, muss man schauen, wo genau sich ihre Geschlechtsteile befinden. Gene zeigte auf einen der beiden, der sich weiter unten aufhielt als der andere, dessen Rücken mit etwas gesprenkelt war, das wie Löcher inmitten von weißem Narbengewebe aussah. Nach Genes Theorie waren es Gebärnarben. Wenn sie ihre eine Tonne schweren Babys zur Welt bringen, werden die Weibchen manchmal gegen unterirdische Felsformationen gedrückt – in diesem Fall wären das die rasiermesserscharfen Korallenköpfe. Die Narben dokumentierten also, dass sie schon geboren hatten, ein Mysterium, das noch kein Mensch von Anfang bis Ende gesehen hat,[2] obwohl es sich bei Buckelwalen um die am meisten erforschten Waltiere überhaupt handelt. Ich trieb im Wasser, starrte diesen Wal an und malte mir die Szene aus, wie sie ihr Kalb vielleicht ein Jahr lang in sich getragen hatte, bevor sie es unter Wasser in der Dunkelheit gebar, während sie sich bebend gegen die lebenden Korallenfelsen presste.

Gene schaute auf seine Uhr. Sie seien seit zehn Minuten unten, sagte er. Irgendwie hing ich schon fünf neben ihm herum. Ich schwebte über den Walen an der Oberfläche, fast wie ein an zwei Zeppeline gefesselter Drachen. Dabei horchte ich auf meinen Atem und dachte an ihren, daran, wie seltsam es war, dass sie einst Landtiere gewesen waren. Dann dachte ich, wie seltsam es war, dass all unsere Vorfahren einst Meerestiere gewesen waren. Ich hielt den Atem an, um zu gucken, wie lang ich mit ihnen konkurrieren konnte. Ich blickte auf die reglosen Buckelwale in der blauen Dunkelheit unter mir, die in der Strömung parkten wie zwei Busse in ihrem Nachtdepot. Vielleicht waren wir ja gar nicht so verschieden, wie wir aussahen. Ich konnte die Luft nicht länger anhalten und atmete aus. Sie hingen jedoch weiter reglos im Wasser.

Mit dem Gesicht nach unten und der Sonne auf Rücken und Kopf verschlang ich ihre Körper mit den Augen und versuchte, mir alle Einzelheiten einzuprägen. Die Narben, die Kratzer, die Bisswunden von Orcas an ihren Schwänzen, die hell-dunkel gesprenkelte Färbung. Ihre Augen in den Wülsten waren gerade noch sichtbar. Mit Sicherheit sahen sie uns, dachte ich, sie wussten, dass wir da waren. Ihre Dimensionen machten mich ganz schwindelig, mein Gehirn versuchte dauernd, ihre Länge zu berechnen, die Körperausmaße einzuschätzen. Achtundzwanzig Minuten lang hingen wir über den Walen und atmeten, während sie es nicht taten.

Der Bulle schien eigentlich eine Ruheposition eingenommen zu haben, doch jetzt begann er seine Haltung über dem Weibchen leicht zu verändern. Er schwebte ein paar Minuten über ihr, machte dann eine plötzliche Bewegung mit seiner Brustfinne und schoss los in die Düsternis. (Bei einem solch riesenhaften Tier klingt das seltsam, aber so war es!) Wenn wir dieses Verhalten früher beobachtet hatten, kündigte es normalerweise die Ankunft eines anderen männlichen Wals an – doch diesmal hatten wir keinen Wal sich dem Paar nähern sehen. Was dann passierte, war noch beunruhigender. Das Walweibchen, das er zurückgelassen hatte, richtete seine Nase nach oben und drückte den Rücken durch wie ein Athlet, der zu einem Vorwärtssalto ansetzt. Sie schlug mit der Schwanzfluke und katapultierte sich nach oben. In einer einzigen Bewegung hatte sie zehn Meter zurückgelegt, dann bewegte sie ihren Schwanz wieder auf und nieder. Das Ganze dauerte weniger als zwei Sekunden.

Ich fühlte mich auf seltsame Weise von mir selbst losgelöst. «Nicht schon wieder», dachte ich. Sie wollte offenbar hochschnellen. Und tatsächlich katapultierte sie sich in die Luft, war jetzt zwei Körperlängen entfernt. Erleichtert stellte ich fest, dass sie sich von uns entfernte. Dieser abrupte Wechsel von absoluter Ruhe zum blitzschnellen Losstarten war fast irreal in seiner Kraft, ein Luftschiff, das sich im Nullkommanichts in ein Rennfahrzeug verwandelt. Sie zog ihre Brustflossen ein, während ihr Körper eine Bremsung vollführte, die ihren Angriffswinkel in die Senkrechte brachte. Kurz musste ich daran denken, wie ich einmal in einem Sumpf in Florida den Start einer Raumfähre gesehen hatte. Die Explosion der Zündung verwandelte einen Metallklumpen auf dem Rollfeld in eine nicht aufzuhaltende Rakete, und genauso war es bei diesem Wal. Ein letztes mächtiges Zucken ihres Schwanzstiels ließ den riesigen Knorpelpropeller ihrer Fluke durchs Wasser schießen, und hoch flog sie.

Ich sah, wie sie durch die Wasseroberfläche brach und in der Luft ihren Rücken durchbog, sah, wie ihre Haut in der Sonne glitzerte und das Wasser an ihren Seiten hinunterfloss – sich löste wie der Wasserdampf beim Start der Saturn-V-Rakete in einer alten NASA-Aufnahme. Sie drehte und wendete sich im Flug, eine dreißig Tonnen schwere Drehung um 180 Grad. Als sie landete, hielt ich den Kopf wieder nach unten, um die Gischt bei ihrem Aufprall zu sehen, und hörte den *Wumms* in meinen Ohren: Es war die Apotheose des herrlichsten Bewegungsablaufs der Welt von einem Tier. Die Inkarnation von Kraft. So muss es damals von unter unserem Kajak in Monterey ausgesehen haben, ein blitzschnelles mentales Umschalten, der Einsatz eines der größten Muskeln, die das Leben jemals erschaffen hat, und, voilà, ein Wal kann fliegen. Für einen Moment jedenfalls.

Wasser war mir am Schnorchel vorbei in den Mund geschossen, und ich merkte, dass ich die ganze Zeit breit gegrinst hatte. War ich für dieses Erlebnis hergekommen? Es weckte Erinnerungen an ein plötzliches dunkles Untergehen und einen Beinahe-Tod, aber es war einfacher als das. Ich empfand Ehrfurcht, und ich empfand Freude. Ich war um die halbe Welt gereist, zu einem entlegenen Stück Meer, um mich winzig und ahnungslos zu fühlen, und es war fantastisch.

Alle jauchzten und schrien, und der Wal sprang weiter, noch zweimal, und entfernte sich immer mehr von uns. Das Boot und sein aufmerksamer Lenker kamen schnell herbei, um uns einzusammeln. Jeff, der Führer, hatte sein halbes Leben mit Walen im Wasser verbracht. Dreißig Jahre lang war er vier oder fünf Monate im Jahr zweimal am Tag mit Buckelwalen geschwommen. Er erklärte mir, vom Wasser aus habe er insgesamt überhaupt nur fünf Sprünge in seinem Leben gesehen. Und er warf mir von der Seite einen Blick zu. «Etwas ist komisch mit dir», sagte er.

Ari Friedlaender schätzt, ein Buckelwal brauche für einen kompletten Sprung 9,8 Megajoule an Energie,[3] was reichen würde, um einen Haushalt einen Tag lang mit Strom zu versorgen.[4] Wale springen immer und immer wieder. Dass wir trotzdem noch nicht herausgefunden haben, warum das größte Tier das tut – dient es der Kommunikation, der Zurschaustellung und Angeberei, der Parasitenentfernung oder nichts oder allem davon? –, ist jedenfalls ein gutes Beispiel dafür, wie wenig wir über das Leben um uns herum wissen. Hatte die Waldame ihren Verehrer abgeschüttelt und einen anderen herbeigerufen? Verlieh sie ihren Gefühlen über die nervigen umherwuselnden Menschen Ausdruck? War der Sprung die Antwort auf einen Ruf, den ich nicht hatte hören können?

Ich war schlicht und einfach glücklich. Nicht nur, weil ich den Wal überlebt und mich auf der richtigen Seite dieses Tiers befunden hatte, sondern auch, weil ich zu einer Zeit leben durfte, in der es auch überlebende springende gigantische Wale gab. Während die anderen Touristen ihre Flossen und Gürtel ablegten und sich an Bord des Boots hochwuchteten, blieb ich im Wasser liegen und wartete. Als hätte ich Michael Jordan einen Ball todelegant im Korb versenken gesehen, zitterte ich vor Adrenalin und Begeisterung, der neidlosen Begeisterung, weil man jemanden etwas so perfekt tun sieht, als sei er dafür geboren. Wahrscheinlich hätte ich verblüfft sein müssen, weil wieder ein Wal direkt vor mir gesprungen war, doch das war ich nicht. Ich fühlte mich gestärkt durch die Erkenntnis, dass man, je genauer man hinguckt, desto mehr überraschende Dinge bemerkt. Dass, wenn man etwas beachtet, das nicht besonders in unserem Blickfeld steht, alles unerwartet ist. Unsere Fantasie ist dem Leben dieser Tiere einfach nicht gewachsen. Das Einzige, was mich überraschte, war, dass erst ein Wal auf

68 **Ein Buckelwal nähert sich dem Autor, um ihn zu inspizieren.**

mich springen musste, damit ich hinzuschauen begann. Dies hier war kein Schlusspunkt hinter meinem Beinahe-Tod, sondern eher eine Erweiterung, eine Rückkehr, eine Möglichkeit, ihn noch einmal zu erleben, aber mit neuem Blick.

Die Silver Bank ist ein felsiges Unterwasserschelf und liegt 65 Seemeilen (120 Kilometer) nördlich der Dominikanischen Republik. Das Schelf reicht vom Meeresboden bis etwa 30 Meter unterhalb der Wasseroberfläche. Nur Korallenköpfe ragen hier und da aus dem Wasser. Es galt als Verderben der Seefahrer, ist übersät mit Wracks und hat seinen Namen nach einer mit Silber beladenen spanischen Galeone, die hier vor 350 Jahren sank – verloren gegangen auf der Migrationsroute des Reichtums aus der Neuen Welt in die Alte. In den 1970ern schuf die zukunftsorientierte Regierung der Dominikanischen Republik ein gewaltiges Meeresschutzgebiet im Norden ihrer Insel (Hispaniola). Damit die Wale geschützt bleiben, aber trotzdem Waltourismus stattfinden kann, haben nur drei Schiffe die Erlaubnis, Menschen, die mit den Walen schwimmen möchten, zur Silver Bank zu fahren. Dort müssen sie sich dann strikt an die Regeln halten und in einem Bereich bleiben, der weniger als ein Prozent des Reservats umfasst. Der Ökotourismus finanziert den Schutz der Wale und stört sie kaum.

Die Wale hier reisen jedes Jahr, ihr ganzes Leben lang, aus den kalten nördlichen Gewässern zu diesem Korallenriff und wieder zurück, manche kommen sogar aus der Arktis. Ihre Eltern und all ihre Ahnen vor ihnen haben es ebenso gemacht, vielleicht schon seit Hunderten oder Tausenden von Jahren. In den vergangenen Jahrzehnten sind dann sowohl in den Brutbereichen wie an den Futterplätzen seltsame neue, neugierige Geschöpfe aufgetaucht: Menschen. Zu Zehntausenden, manchmal die Wale an Zahl sogar übertreffend, kommen Walbeobachter wie ich, und viele reisen sogar noch weiter als die Wale, bis in die Antarktis, nach Hawaii, zur Stellwagen Bank, zur Monterey Bay, nach Alaska, Australien, Russland, Mexiko, Norwegen, Sri Lanka und Südafrika. Als Futterplatz ist die Silver Bank das Zuhause für die größte Konzentration von Buckelwalen im Atlantik. Sie kommen hierher, um zu singen, sich zu begatten und zu kalben.

Ich war fasziniert von meinen Gefährten, die ebenfalls angereist waren, um sie zu sehen. Sean, der jungenhafte fünfzigjährige Radiologe aus Wisconsin war wie gesagt mein Kabinenkumpel. Er war schon früher hier gewesen, doch bei seinem letzten Trip hatte er wegen ungewöhnlich schlechtem Wetter Pech gehabt. Sie hatten erst nach vier Tagen auslaufen können, seine Frau war so seekrank geworden, dass sie geschworen hatte, ihn nie mehr zu begleiten. Doch Sean war derart begeistert, dass er sofort die nächste Fahrt buchte. Mit an Bord waren auch eine ausgelassene englische Großfamilie, die beschlossen hatte, nur noch Abenteuerferien zu machen, ein Paar in den Fünfzigern aus der Gegend um die San Francisco Bay, das sich etwas auseinandergelebt hatte, eine Frau aus New Jersey mit ihrer Tante, eine introvertierte Deutsche ohne Begleitung, die zwischen all den Englischmuttersprachlern verloren wirkte, und Jodi Frediani, eine Freundin, die ich kennengelernt hatte, als ich auf Walbeobachterschiffen in der Monterey Bay gedreht hatte, und die inzwischen Mitte siebzig war. Ich fand diese zufällige Wiederbegegnung anfangs verrückt, bis ich sie fragte, wie viele solcher Trips sie schon mitgemacht hatte. Dies war ihr vierzigster. «Ich trinke keinen Alkohol und keinen Kaffee», sagte sie mit leuchtenden Augen. «Meine Sucht ist das hier.» Es war eine teure Sucht – ich selbst hatte einen Teil meiner Ersparnisse dafür verbrannt – aber Mensch, das war es wert!

Was trieb diese Leute an? Gene erzählte mir, ihm seien einmal auf dem Meer sechs erwachsene Pottwale begegnet. Und während er sie beobachtete, habe sich auf einmal das Wasser um ein Tier, ein Weibchen, mit einem Schwall von Blut verdunkelt. Er habe keine Ahnung gehabt, was da gerade passierte, doch plötzlich sei ein neugeborenes Kalb aus der «roten Blüte» aufgetaucht. Pottwale haben die längste Trächtigkeitsdauer von allen Tieren, sogar eine längere als die der Buckelwale: achtzehn Monate, und die enden in einer brutalen Geburt. Er erzählte, während die Mutter sich ausgeruht habe, hätten die Männchen sich um das Neugeborene gekümmert. Wale sind sehr bewusste Atmer: Sie müssen zusehen, dass sie ihre Blaslöcher über Wasser bekommen, damit sie einatmen können, und das ist eine Lektion, die die frisch geborenen Wale sehr schnell lernen müssen, sonst ertrinken sie. Gene erzählte, dass ein kolossaler Bulle sich zärtlich des Babys annahm, er stupste das Kalb an die Wasseroberfläche, damit es seinen ersten Atemzug tun konnte. Vielleicht sei der Bulle der Onkel oder Bruder gewesen. Gene hatte zwanzig Minuten zugesehen und meinte, die Wale hätte das kleine Boot, in dem er saß, nicht gestört, also war er ins Wasser geglitten und allein hinausgeschwommen. Das Männchen hatte sich umgedreht und ihn gemustert, sein Sensor hatte den Besucher gescannt, sagte Gene, seine eigene Lunge habe vibriert, es habe sich angefühlt, als ob jemand einem mit dem Finger gegen die Brust schnipste. Seitdem verbringt Gene sein Leben damit, mit großen Meerestieren zu schwimmen. Er hat mit Walen getanzt, wobei Mensch und Wal abwechselnd die Bewegungen des anderen nachahmten. Manchmal habe dieser Spiegeltanz eine Stunde gedauert. Und er sagte zu mir, falls er von all seinen Begegnungen nur eine einzige im Gedächtnis behalten dürfte, würde er jene Szene wählen, in der er mit dem Pottwalbullen geschwommen sei, als der das Kalb betreute.

Auf dieser Expedition las ich Robert Macfarlanes Buch *Berge im Kopf*. Darin berichtet er von Menschen des achtzehnten Jahrhunderts, die auf der Suche nach Abenteuern quer durch Europa reisten, um, wie sie es nannten, «dem Erhabenen»[5] zu begegnen. Berge, Vulkane und Gletscher, Landformationen kolossalen Ausmaßes, grausames Wetter, das menschliches Leben auslöschen konnte. Geologische Strukturen, die, aus dem Blickwinkel der anderen Neuentdeckung, der «tiefen Zeit», betrachtet, instabil und vergänglich wirkten, neugeborene Berge, die in nur wenigen hundert Millionen Jahren zu Staub und Treibsand zermahlen worden waren. Vor diesen erhabenen Landschaften, riesengroß und doch ohne festen Grund, erscheint einem die menschliche Existenz mit einem Mal jämmerlich klein. Es waren Orte, wo die Menschen angesichts der rohen Geologie ihre eigene Sterblichkeit spüren konnten, so wie man die Schärfe einer Messerschneide am weichen Daumen ausprobieren kann. Die ersten Entdecker solcher Berglandschaften stellten fest, dass sie keine Worte hatten, die ausdrücken konnten, was sie waren, wie sie aussahen, wie sie sich anfühlten, denn es gab nichts, womit sie sie hätten vergleichen können, damit die Leser ihrer Briefe, die selbst nie die Ebenen verlassen hatten, eine Vorstellung davon bekamen. Noch heute, schreibt Macfarlane, «stellen sie unsere selbstgefällige Überzeugung – der wir so leicht verfallen –, infrage, dass die Welt von Menschen für Menschen gemacht wurde ... Ich denke, sie lassen uns bescheiden werden.»

Seine Worte trafen einen Nerv. Diejenigen, die sich hierherwagen, tun das, ähnlich wie damals jene längst gestorbenen Er-

69 **Das Auge eines Buckelwals.**

habenheits-Junkies, um sich unbeschreiblich klein zu fühlen. Und sie kommen nicht nur, um Wale anzuschauen; sie kommen, um selbst wahrgenommen zu werden. Anders als Berge können Wale unsere Blicke erwidern. Von einem so gewaltigen Tier wahrgenommen zu werden, das einem solche Ehrfurcht einflößt, ist für viele eine überwältigende Erfahrung, eine, für die man gern Tausende von Kilometern reist und seine sämtlichen Ersparnisse hergibt. Nachdem ich an einem der Tage mit einem Kalb geschwommen war und der kleine Wal immer wieder zurückkehrte, als wolle er mit seinen menschlichen Besuchern spielen (seine Ruhe suchende Mutter beobachtete ihn unterdessen aufmerksam von unten), wandte ich mich wieder den Menschen zu. Sean war neben mir. «Hast du gesehen?», fragte er. «Der Kleine hat mich direkt angesehen. Mit seinem Auge blickte er direkt zu mir, er sah mich.» Jodi paddelte mit ihrer Kamera an mir vorbei, drückte die enorme Glashalbkugel mit entrücktem Blick wie ein Baby fest an ihre Brust. «Siehst du, Tom, deswegen komme ich immer wieder.» Wir waren von etwas Unbegreiflichem, Gewaltigem wahrgenommen worden. Es war erhaben. Wie Macfarlane über die Berge schreibt: «Stimmt, man lernt, dass man nur ein unwesentlicher Punkt ist in den größeren Vorhaben des Universums. Doch man wird auch mit der Erkenntnis belohnt, dass man tatsächlich existiert – so unwahrscheinlich es erscheinen mag, man existiert.»[6]

Auf eine bestimmte Begegnung während dieses Trips hatte ich übrigens ganz besonders gehofft. Und eines Morgens geschah es. Wir stießen auf einen Sänger. Wir glitten wie üblich vom Boot, ich schwamm zu Gene und merkte, dass das Wasser von Gesang vibrierte. Wind kam auf, und die Sicht war schlecht; normalerweise konnte man mehr als dreißig Meter weit sehen. Unterhalb von Gene konnte ich im schlickigen Blau gerade noch weiße Brustfinnen ausmachen. Der Wal hing, Fluke aufgestellt und Kopf nach unten, vertikal im Wasser, wie ein Ungeheuer im Schneesturm. Er sang. Buckelwalgesang klingt lauter, wenn man sich vor ihnen befindet. Und so manövrierten wir uns mitten hinein in den Gesangsstrom. Es war, als würde man sich bei einem Rave gegen die Lautsprecher pressen. Meine Lunge, aller Luftraum und meine sämtlichen Glieder vibrierten. Ich spürte, dass ich das Medium geworden war, in dem er sprach. Während meine Beine kribbelten, fiel mir ein, dass die Wale mit ihrem Kiefer, wie Joy Reidenberg mir erklärte, die Schallwellen von Liedern auffangen und zu ihren Ohren leiten, und ich wünschte, ich könnte sein Lied so hören wie ein Wal. Es war eine Erfahrung, die ich als ebenso religiös wie absurd empfand – diese Grunzer und leisen Piepser, die das enorme Tier produzierte, als wäre es Jazz, der aus Seehunden, Dudelsäcken, quietschenden Türen und Geistern komponiert ist. Manche klangen fast wie die Juchzer von fröhlichen Menschen tief hinten in einer Höhle, wieder andere wie ein Verdauungsgrummeln und noch andere wie Klagetöne. Ich merkte, wie ich in meinem Schnorchel selbst kleine Freudenlaute von mir gab. Der Wal stieg auf, um zu atmen, und der Gesang hörte auf. Als er wieder abtauchte und seinen Platz einnahm, setzte er seine Melodie fort; er wiederholte den gleichen Gesang eine halbe Stunde lang. Dann stieg er erneut auf, kehrte zurück und wiederholte ihn noch einmal. Je länger ich dort ausharrte, desto deutlicher erschlossen sich mir bestimmte Muster. Das eindeutigste war immer der Schluss: Der Gesang hatte ein erkennbares Finale, jedes Mal dasselbe. Er war so weit geschwommen, um dieses Lied zu singen, und nächstes Jahr würde es sich ändern, eine unwiederholbare Aufführung. Aber was bedeutete sie?

Ich musste daran denken, wie weit wir in der Generation vor meiner gekommen waren, in kurzer Zeit vom Massenabschlachten der Wale zum Begreifen, dass sie singen; sogar Raumschiffen haben wir ihre Gesänge mitgegeben ... Ich fragte mich, was wir wohl noch entdecken würden, bevor ich sterbe. Als Konvertit, als jemand, der inzwischen an die Möglichkeit glaubt, dass Wale sprechen können, überlegte ich, welche Muster wir in ihren Stimmen finden würden. Haben Buckelwale, so wie die Delfine, Wörter für sich selbst und ihre Gruppen? Was wird die Quanten-KI, wenn sie in zehn Jahren erwachsen ist, in Julie Oswalds Delfindaten entdecken? Was werden die Pottwal-Forschungsreisen der CETI-Übersetzungsinitiative herausfinden, und was für Kombinationen aus Klick-Phrasen werden sie kartieren? Welche Belege für ihre Fähigkeiten werden Joy Reidenberg und Patrick Hof und ihre Scanner in den weichen Gehirnen der Wale zutage fördern? Wenn immer mehr Menschen sich dafür interessieren und immer ausgefuchstere Apparate Waltiere aufnehmen können, welche Offenbarungen werden von Ted Cheeseman und von Programmierern wie Jinmo Park aus den frei verfügbaren Datensätzen wohl herausgelesen werden? Wenn wir so viel in so kurzer Zeit gelernt haben und unsere Analysefähigkeiten so schnell wachsen, könnte dann nicht tatsächlich einmal der Moment kommen, in dem wir den Versuch wagen, in nordatlantischem Buckelwaldialekt Hallo zu sagen?

Ich trieb im Wasser und vibrierte von der Stimme eines Tiers aus Fleisch und Blut und Geheimnis, und ich fragte mich, wer wohl der Nächste sein würde, der die Art und Weise, wie wir diese Tiere sehen und mit ihnen interagieren, veränderte. Und doch erschien es mir in jenem Moment im Wasser völlig unwichtig, ob Wale telepathisch waren oder nicht, ob sie über all die Hockett'schen Elemente einer natürlichen Sprache verfügten oder nicht, ob ihr Gehirn ihnen Bewusstsein verlieh oder nicht. Entscheidend ist allein, dass sie existierten: Sie sind da.

Das Leben auf der Erde folgt einem Programm. Sie und ich und alle, die jemals gelebt haben, sind nach genetischen Anweisungen, die in hocheffizient verschlungenen Molekülketten formuliert sind und Desoxyribonukleinsäure oder DNA heißen, konstruiert worden und können auf sie zurückgeführt werden.

Es gibt viele Möglichkeiten, eine Person darzustellen. Sie können ein Foto von Ihrer Liebsten erstellen, indem Sie einfangen, wie das Licht in einer digitalen Reflektion aus Nullen und Einsen von ihr zurückgeworfen wird. Kein Mensch kann diese Signatur lesen, aber Drucker können es,[7] und sie können diesen Code verwenden und den Tintenköpfen, die über das Papier fahren, mitteilen, wann sie Pigmente auf das Papier auftragen sollen, sodass ein zweidimensionales Bild Ihrer Liebsten entsteht, das jeder, der ihr schon begegnet ist, wiedererkennen kann – ein Porträt. Wenn Sie dieses Bild Jahre später anschauen, erkennen Sie ihre Stimmung, ihr Alter, ihren Gesundheitszustand, ihren Gang wieder. Menschen lassen sich aber auch auf andere Weisen verschlüsseln. Sie können ein Haar oder eine Hautzelle von ihnen nehmen und die DNA herauslesen. Diese können Sie dann mithilfe von Maschinen in eine Serie aus den Buchstaben ATCG transkribieren, die die Grundeinheiten des Codes darstellen, der eine Person ausmacht, die Basenpaare.[8] Sie können den Code eines in Form von Basenpaaren dargestellten Menschen ausdrucken und als Buch binden, nur würde es niemand lesen können. Aber Sie könnten ihn, sozusagen als menschliches Ei, in eine Molekularmaschine packen, und der DNA-Code würde dem Ei erklären, wie es sich zu teilen und zu verändern hat, bis Ihre Liebste fertig geklont[9] ist. Wir alle bestehen aus Codes, unser Körper ist darauf angewiesen, um sich mit sich selbst zu verständigen, ähnlich wie unsere Technologie.

Wir sind aber auch auf Codes angewiesen, um anderen etwas mitzuteilen. Bakterien, Bäume, Menschen, Korallenriffe, Seidenaffen und Regenwürmer, sie alle senden Codes aus über elektrische Impulse, Pheromonwolken, Geräusche, Bewegungen und unsichtbare chemische Spuren. Wir alle senden lebenswichtige Informationen aus, die für manche lesbar sind, für andere nicht.

1990 wurde ein hochambitioniertes wissenschaftliches Forschungsvorhaben in die Wege geleitet. Es wollte nicht zu den Sternen greifen, auch nicht in die Tiefen der Meere tauchen, sondern ins Innere vordringen, wollte die Terra incognita unserer eigenen DNA erkunden. Es nannte sich Human Genome Project (HGP),[10] und sein Ziel war es, sämtliche Gene unserer Art, des *Homo sapiens*, zu kartieren. Gerade erst war in den 1950ern die Struktur der DNA entziffert worden. Danach hatten Wissenschaftler herausgefunden, dass sie anscheinend Muster enthielt, die aus schlichten, sich wiederholenden Einheiten bestanden. Die Anordnung und die Folge dieser Einheiten war der Code, der eine Person definiert. Anfangs erforschten wir diesen genetischen Code, indem wir Stück für Stück nach innen gingen und nach besonders spannenden oder zugänglichen Abschnitten der DNA suchten, um sie zu analysieren, zu kartieren und zu beschreiben. Wir haben nach niedrig hängenden Früchten gegriffen.

Das HGP (Human Genome Project) hatte vor, den *vollständigen* Code zu kartieren, all seine drei Milliarden Basen: das komplette Genom. Damit besäßen wir den Code zum Herstellen von Menschen, und er stünde der gesamten Menschheit zur Verfügung. Es handelte sich um ein interdisziplinäres Vorhaben, bei dem sich Teams aus Chemie, Biologie, Physik, Ethik, Technik und Informatik zusammenschlossen – es ist bis heute das größte biologische Gemeinschaftsprojekt überhaupt. Es lief dreizehn Jahre lang und kostete 5 Milliarden Dollar – und es funktionierte. Es war revolutionär, denn es hat uns den Weg aufgezeigt, wie man den menschlichen genetischen Code verstehen und manipulieren kann, und es beflügelte eine ganze Generation von Wissenschaftlern: Sie schlossen sich zusammen und nahmen gemeinsam ein Ziel in Angriff. Außerdem hat das Projekt die Kosten gesenkt und die Möglichkeiten, mit Genetik zu arbeiten, verändert. Heute kostet es nur noch 1000 Dollar, ein vollständiges menschliches Genom zu entschlüsseln.[11]

Vor zweihundert Jahren hätte Ihre Urururururgroßmutter vielleicht ihren kleinen Jungen angeschaut und sich gefragt, wie er wohl zu der besonderen Struktur seiner Haare, seiner Haut und seiner Knochen gekommen sein mochte, aus denen er bestand, und sie wäre völlig im Dunkeln getappt. Dank der Genetik hätte sie mit den heutigen Mitteln ihre Vorfahren sowie die ihres kleinen Jungen erforschen und sich sogar anschauen können, wie er ein halbes Jahr, bevor er ihren Schoß verließ, ausgesehen hatte. Aber wenn Sie heute zufällig sähen, wie sich ein Krähenschwarm sammelt, würden Sie über die Muster ihrer Rufe und ihre Antwortreaktionen und deren Bedeutung kaum mehr herausfinden als Ihre Vorfahrin. Womöglich hätte sie den Vögeln sogar mehr Aufmerksamkeit geschenkt und ihre Codes besser verstanden als Sie heute.

Stellen Sie sich nur einmal vor, was ein dem menschlichen Genomprojekt entsprechendes Projekt für Tierkommunikation offenbaren würde. Unsere Kommunikationsformen sind, wie unsere Gene, das Ergebnis von Evolution: Derselbe äußere Druck formte sie, und sehr wahrscheinlich haben wir mit unseren tierischen Verwandten viele Gemeinsamkeiten. Als 2005 das Schimpansen-Genom sequenziert wurde, konnten wir dessen genetisches Muster mit unserem vergleichen. Und wir stellten fest, dass wir 99 Prozent unserer DNA mit unseren nahen Verwandten teilen.[12] 85 Prozent teilen wir mit einer

Maus, 90 Prozent mit einer Katze, 61 Prozent mit einer Fruchtfliege und 40 Prozent mit einer Banane. Aufgrund dieser prozentualen Rangfolge begriffen wir, wo wir standen, und sahen klarer, was uns trennte und was uns gemeinsam war; wir begriffen, dass wir nicht so verschieden waren, wie wir gern gewesen wären. Natürlich gab es einen empörten Aufschrei, als sich herausstellte, wie sehr unsere genetische Struktur der der Schimpansen ähnelt, viele Menschen bestritten oder verwarfen die Ergebnisse. Sicherlich ist es unangenehm, mit einem Tier genetisch auf Tuchfühlung zu gehen, wenn man sich selbst für unvergleichlich hält. Mit dem HGP können wir jetzt auch andere Genome entziffern, sie mit unserem vergleichen und sehen, wo wir uns unterscheiden und welche Mechanismen wir miteinander teilen. Wir können herausfinden, was diese Unterschiede bedeuten und was sie bewirken.

Stellen Sie sich vor, das gleiche Feuer, die gleiche Finanzkraft, die bei einem erneuten Wettlauf zwischen rivalisierenden Milliardären im Weltraum eingesetzt werden, würden mit dem gleichen internationalen Kampfgeist für das Wettrennen um die Entschlüsselung der Botschaften der Waltiere auf der Erde aufgeboten. Stellen Sie sich vor, Sie hätten 5 Milliarden Dollar zur Verfügung, um die Kommunikation einer anderen Spezies zu kartieren und sie mit der menschlichen Kommunikation zu vergleichen. Stellen Sie sich vor, Sie nähmen ersten Kontakt mit einer anderen empfindungsfähigen Art auf der Erde auf. Und stellen Sie sich, sollten Sie dazu neigen, den unvergänglichen Ruhm vor. Noch handeln die Forscher im Bereich der Tierkommunikation wie Genetiker vor dem HGP. Sie arbeiten in vielen kleinen, unverbundenen Teams mit weit weniger Fördermitteln und entschlüsseln notgedrungen nur das, was am naheliegendsten ist – die einfachsten Teile der Tierkommunikation oder solche, deren Finanzierung eher zu rechtfertigen ist. Wir haben keinen Überblick und keine Karte. Und alle, die zurzeit daran arbeiten, sind sich dessen bewusst, dass das, was sie da kartieren, nur die nächsten, hellsten, am leichtesten zugänglichen Sterne im Universum verschlüsselter Tiersignale sind, während die meisten Menschen gar nicht wissen, dass es dort überhaupt Sterne gibt.

Das Human Genome Project, das Manhattan-Projekt, das Apolloprogramm – all diese Unternehmungen brachten die hellsten Köpfe und enorme Budgets zusammen und hatten nichts weniger als Mondlandungsmomente im Sinn: Es sollten beispiellose Erkenntnisse über uns selbst, die Kräfte der Natur und unseren Platz im Universum gewonnen werden. Die Apollo-Astronauten flogen zum Mond, wo sie trockenen, alten, grauen Staub vorfanden, und flogen wieder zurück. Stellen Sie sich vor, Sie hätten gewusst, dass sich auf dem Mond die überlebenden Überreste einer großen Zivilisation befanden, die vielleicht bald für immer verschwunden sein würde, vielleicht unsere einzige Gesellschaft in der Geschichte des Lebens, und sie hätten gewusst, dass es die Möglichkeit gab – sei sie auch noch so gering –, mit ihr zu kommunizieren. Wir hingegen müssen gar nicht zum Mond fliegen, um so etwas zu versuchen. Nur haben wir vergessen, welche Wunder die anderen Tiere bergen, mit denen wir zusammenleben, denn wir haben uns daran gewöhnt, dass sie da sind, und betrachten sie einfach als Ressourcen, die wir nutzen können. Natürlich späht nicht jeder van Leeuwenhoek in gewöhnliches Teichwasser und stellt fest, dass es von «animalcules» wimmelt. Nicht jedes auf den leeren Raum gerichtete Hubble findet ihn voller Galaxien. Aber das weiß man erst, wenn man sich entschließt, nachzuschauen.

Nachdem ich im Laufe der Jahre meine Meinung geändert habe und inzwischen an die Möglichkeit der Tierkommunikation glaube, habe ich Britt und Aza natürlich mit der unbeantwortbaren Frage genervt – einer Frage, die Sie vielleicht am Ende dieses Buches ebenfalls stellen werden: *Ja, aber wann werden wir denn nun mit Tieren sprechen können?* Wie alle anderen, die in diesem Bereich arbeiten, haben auch die beiden bislang

70 **Autor und Buckelwal.**

keine Antwort. Aber ich fragte sie, wie denn, auf längere Sicht gesehen, ihrer Meinung nach die Welt realistischerweise aussehen könnte, wenn meine ungeborene Tochter im Jahr 2055 so alt sein wird wie wir jetzt, und so lautete ihre Antwort:[13]

Naturfilme könnten untertitelt werden. Schiffe können mit Walen, Delfinen, Orcas und anderen Meeressäugetieren sprechen, ihnen ihr Nahen ankündigen, wodurch sich tödliche Kollisionen auf ein Minimum reduzieren lassen. Neue Sichtweisen darüber, was es bedeutet, lebendig zu sein, zu lieben und auf diesem uns allen gemeinsamen Planeten zu leben, werden Teil der menschlichen Kultur sein und die Vorstellung von uns als Individuen und als Art verändert haben. Wir begreifen inzwischen, dass wir nicht allein im Universum sind. Wir gewinnen tiefe neue Einsichten in die Vielfalt des Bewusstseins.

Als ich das las, musste ich an die Worte des großen Mark Twain denken: «Für die meisten von uns ist die Vergangenheit etwas Bedauernswertes, und die Zukunft ein Experiment.»[14] Unsere Vergangenheit mit diesen gigantischen Tieren war in der Tat bedauernswert. Ich würde mir wirklich wünschen, dass wir unsere Zukunft zu einem hoffnungsvollen, ehrgeizigen Experiment machen.

Vielleicht wird es schon bald einen Durchbruch geben, den wir später als bedeutsam bezeichnen werden. Eine App, die das Gesicht Ihres Hunds analysiert, wird ein Knaller sein, und die gewaltigen Einnahmen der Heimtierbranche[15] – die sich im Umfang inzwischen mit der Rüstungsindustrie vergleichen lässt[16] – setzen eine Revolution in der Entschlüsselungstechnik von Tieren in Gang; DeepMind oder Offene KI mit ihren ungeheuren Rechenleistungen und ihrem ebenso großen menschlichen Fachwissen werden beschließen, dass das Knacken einer Zwei-Wege-Unterhaltung mit einem Delfin das nächste Ziel zu sein hat. Ein Werkzeugkasten mit benutzerfreundlicher, universell einsetzbarer KI kann von Biologen und normalen Bürgern erworben werden; er verbreitet sich auf der ganzen Welt und erfasst Muster von allem, was uns umgibt, in noch nie dagewesenem Ausmaß. Aber werden diejenigen, die sich an der Entwicklung dieser Vorhaben beteiligen, der Versuchung widerstehen können, ihre Entdeckungen geheim zu halten, ihre Daten unter Verschluss zu lassen, Gelder zu horten und den Ruhm für sich zu beanspruchen? Werden uns unsere besseren inneren Engel bei der Entschlüsselung der Natur leiten?

Eines steht fest: Wir werden auf jeden Fall weiterhin nach Mustern in der Natur suchen, und es wird uns weiterhin in Staunen versetzen, dass andere Arten Dinge tun können, von denen wir bisher glaubten, sie seien uns allein vorbehalten. Doch wenn sich unsere Technologie fortentwickelt und unser Hunger, tiefer zu blicken, ebenso wächst wie unsere Einsicht, dass wir erst sehr wenig gefunden haben, wenn wir immer mehr erkennen und unsere Fragen sich gleichzeitig vervielfachen – werden wir da in unserer Suche Schritt halten können mit der Zerstörung dessen, was wir gerade erforschen? Heute heißt leben und die Natur erkunden im Licht einer brennenden Bibliothek zu lesen. Können unsere Entdeckungen uns vielleicht dazu bringen, die Flammen zu löschen? Es sieht allerdings so aus, dass Sie und ich und alle, die jetzt leben, es abwarten müssen.

Ich sehe das Meer nicht mehr mit denselben Augen wie früher, vor meinem Aufbruch zu der Reise mit diesem Buch. Früher erfreute ich mich immer nur an seinem Anblick. Jetzt suche ich es sorgfältig ab, prüfe die Form der Gischt oder eine sich weiß brechende Welle an einer Stelle, wo es weder Felsen noch Wind gibt. Ein Aufblitzen am Horizont kann sich plötzlich als das Glitzern einer Flosse in der Sonne entpuppen; jede Störung auf der Wasseroberfläche wird genau und erwartungsvoll gemustert, da sie ja weiter unten auf einen Wal hinweisen könnte. Eines Nachmittags blickte ich aufs Meer, neben mir meine im sechsten Monat schwangere Frau Annie, in ihrem Bauch unsere Tochter, die noch ein Wasserwesen war und die Luft erst kennenlernen würde. Ich prüfte die Wellen, um mich zu vergewissern, dass sich keine Wale versteckt hielten. Und dann dachte ich plötzlich: Was, wenn es gar keine mehr gäbe? Was, wenn jeder Spritzer immer nur ein Spritzer wäre, wenn keine Flossen mehr durchs Wasser brächen? Und es drehte sich mir der Magen um. Waltiere haben eine problematische Zukunft vor sich. Einige Arten sind im Begriff auszusterben, und zwar in diesem Augenblick. Ich möchte, dass meine Tochter in einer Welt lebt, in der diese Geschöpfe in all ihren Formen und in allen Meeren gedeihen. In einer Welt, in der sich ihre Kulturen entwickeln, verändern und vermischen und ihre seltsamen Stimmen in der Tiefe erklingen. Ich wünsche mir eine solche Welt für diese Tiere, aber auch für meine Tochter, auf dass sie Gewinn ziehen möge aus ihrer Wildheit und aus den Dingen, die wir im Begriff sind, über sie zu lernen.

Meine Tochter wird mit Sicherheit groß werden, und ich werde mit Sicherheit altern, und ob durch einen weiteren springenden Wal oder weil ich auf der Treppe stürze, ich werde sterben, und sie wird begreifen müssen, was es heißt, jemanden für immer zu verlieren. Das ist unvermeidlich. Doch es gibt Verluste, mit denen wir uns nicht abfinden müssen, die zu verhindern in unserer Hand liegt. Das Schicksal der Wale und Delfine liegt in den Händen von uns Menschen, und ihr Verlust ist etwas, das ich mir nicht für meine Tochter wünsche. Ich hoffe, dass sie, wenn sie als alte Frau aufs Meer schaut, einen springenden Spinnerdelfin oder Buckelwal entdecken wird, und sollte sie den Kopf unter die Wellen halten und ihre Pfiffe und Gesänge vernehmen, wie ich es durfte, wird ihr das womöglich etwas bedeuten. Und vielleicht, ganz vielleicht, wird sie ihnen antworten können. *Ich bin da*, würde sie sagen, *ihr seid da, und ich bin da.*

DANK

71 **Eine Delfin-Cocktailparty in der Brandung.**

Wie viele Wale bin auch ich ein geselliges Tier. Und so wie den Buckelwalgesang, gibt es auch dieses Buch nur dank all der anderen Tiere, die ich persönlich kenne. Ich nutze die Gelegenheit, um euch, die ihr mir bei dieser wunderbaren Aufgabe geholfen habt, zu danken.

Ich danke allen, (etwa) in der Reihenfolge des Erscheinens.

Vielen Dank, ihr Waltiere, wenn ihr nicht so großartig wärt, hätte ich nichts zu schreiben gehabt.

Ganz besonderen Dank dir, Buckelwal CRC-12564. Ich danke dir, dass du uns nicht spektakulär zerquetscht und mir die Geschichte meines Lebens sowie eine praktische Autorenplattform geschenkt hast. Ich weiß deinen Namen nicht in Buckelwalsprache, deshalb haben wir dich den «Hauptverdächtigen» genannt.

Ich danke dir, Charlotte Kinloch, für deinen Humor, deine Geduld, deine erstaunlichen Schwimmhautzehen. Ich bin so froh, dass wir nur beinahe gemeinsam ausgelöscht worden sind.

Ich danke all euch Wissenschaftlern und Wal-Menschen in diesem Buch, die ihr mir so viel von eurer Zeit geschenkt, mir geholfen und vertrauensvoll eure Geschichten erzählt habt. Ich hoffe, ich bin ihnen gerecht geworden. Ich danke auch all den Wissenschaftlern und Wal-Menschen, die das Gleiche getan haben, die ich aber nicht in diesem Buch unterbringen konnte. Ich habe mein Bestes versucht und dachte anfangs auch, es könnte klappen, aber dann hatte mein erster Entwurf plötzlich 140 000 (englische) Wörter, und ich bekam Schwierigkeiten. Ich grüße und danke euch; ihr habt euch so große Mühe gegeben, mir zu helfen: Tania Howard, Michelle You, Sabena Siddiqui, Hazen Komraus, Ru Mahoney, Dave und Pat Allbee, Nancy Rosenthal, Hartmut Neven, Holly Root-Gutteridge, Julie Oswald, John Ryan, Joy und Bruce Reidenberg, Steve Wise, Jodi Frediani, Peter Read, Colin Burrows, Wesley Webb, Mike Brooke, Marie Phillips, Gene Flipse, Roger Payne und noch viele andere, die in meinem löchrigen Gedächtnis verschwunden sind. Meine Segel waren mit eurem Wohlwollen gefüllt.

Ich entschuldige mich bei all den unsichtbaren Wissenschaftlern, den Urhebern all der in diesem Buch dargestellten Entdeckungen. Wenn ich euch alle im Text mit Namen aufgeführt hätte, wäre er unlesbar geworden, und doch kommt es mir unfair vor. Ich grüße euch; nichts von dem, was ich berichte, gäbe es ohne eure Arbeit.

Ich danke meiner Agentin, Kerry Glencorse, die, bevor sie meine Agentin wurde, meinte, meine verrückte Idee klinge nach einem guten Buch, und anregte, ich solle doch sehen, ob ich etwas schreiben könne. Ich hätte mir keine bessere Führerin wünschen können. Und ich danke Susanna Lea, die ebenso lässig mit Pottwalen wie mit den großen Tieren des US-amerikanischen Verlagswesens schwimmen gehen kann.

Ich danke meinem hervorragenden (und attraktiven) Lektor bei William Collins, Shoaib Rokadiya, dessen Begeisterung für dieses Buch seit unserer ersten Begegnung nicht nachgelassen und der mich die ganze Zeit unterstützt hat, bis schließlich eine in frostigen Gewässern geschmiedete Freundschaft entstand. Sho kaute an meinem aufgeblähten Manuskript-Kadaver mit dem Vergnügen einer Killerwalherde, die sich auf einen Seeelefanten stürzt. Es tut mir (nicht) leid, dass ich versucht habe, noch so viele zusätzliche Gedanken, Kapitel und Fakten einzubauen (ich versuche es immer noch).

Ich danke meinem brillanten Lektor bei Grand Central, Colin Dickerman, der das, was ich für mein endgültiges Manuskript hielt, so liebevoll und sorgfältig abgetastet hat wie eine Delfinmutter ihr neugeborenes Kalb. Und wie eine Delfinmutter stupste er den unsicheren Schriftsteller entschieden an die Oberfläche, wo er seine ersten Atemzüge wagte. Colin, ich begrüße deine Strenge und begreife nicht, wie du so schnell auf E-Mails antworten kannst.

Ich danke euch adleräugigen Korrektor/inn/en: Madeleine Feeny und Mark Long. Ich habe euch, weiß Gott, reichlich Arbeit gemacht. Bei HarperCollins (von dessen Londoner Büros aus man jagende Wanderfalken sehen kann) wurde ich gut von Alex Gingell (Projektmanager), Jessica Barnfield (Hörbuch), Helen Upton (Werbung) und Matt Clacher (Marketing) betreut. Ich hoffe, ihr alle habt während der Arbeit ein bisschen Walfieber bekommen. Jo Thomson hat das faszinierende Titelbild für die britische Ausgabe entworfen. Bei Hachette gilt mein Dank Rachael Kelly (Lektorat), Stacey Reid (Produktion), Kristen Lemire (Lektorat, geschäftsführend), Tree Abraham (Kunst) und Matthew Ballast (Werbung). Vielen Dank, Ksenia Dugaeva, für das Aufspüren der Bildrechte und Andy Nixon für den Faktencheck.

Ich danke all den Menschen, die nichts mit diesem Buch zu tun, mich aber doch die ganze Zeit angespornt und unterstützt haben. Meeresbruder Sam Mansfield für das Schwimmen mit den Robben. Ok, David, für die Früchte deines ungewöhnlichen Verstands. Steve Floyd dafür, dass er von Seegurken gekitzelt wurde. Sam Lee, Grant Jarvis und den Lears für die Wälder und den Gesang. Cherry Dorrett für seinen weisen Rat. Big Chris Raymond für Pizza, Frisbee und *joie de vivre*. Bruder Ollie für seine Internetkenntnisse. Dir, Schwiegermutter Jenny Shaw, danke ich für deine unermüdliche Ermutigung und dein erstaunliches Gemälde vom Unterwasser-Zusammensein mit dem Wal. Dir, Schwiegervater und Bestsellerautor Richard Wilkinson, danke ich für deine zarten Nachfragen nach den Fortschritten des Buchs, auch wenn sie anscheinend immer genau dann geschahen, wenn gar nichts voranging! Dank auch an Sabrina, Schwester eines anderen Herrn, Königin der Emojis, die du mir Mut machtest, mich an das Buch zu wagen, obwohl das bedeutete, dass ich vielleicht keine Filme mehr mit dir drehen würde; an Hampus, den ich kaum kenne, der mir aber ständig E-Mails schickte, ich solle unbedingt das Buch schreiben, und mir sogar ein Buch zum Thema «Wie schreibt man ein Buch?» besorgte. Ich danke dir, Ian Hogarth, mein Freund; du hast mich zu Tode erschreckt, als du allen, die mir lieb und teuer sind, noch bevor ich überhaupt zu schreiben begann, in schönster Trauzeugenmanier mitteiltest, das Buch werde großartig sein. Danke, Harry Birtwistle, Patenonkel. Es wurde rechtzeitig fertig, sodass du es noch lesen konntest. Dein letztes Geschenk an mich: deine freundlichen Worte. Du fehlst mir, Harry.

Ich wusste bis dahin nicht, wie man Bücher schreibt, aber glücklicherweise konnte ich während meiner Lehrzeit in meiner Fernsehfamilie lernen, wie man Geschichten erzählt. David Dugan, Andrew-Graham Brown und Hugh Lewis, euch danke ich dafür, dass ich alles über Geschichten und Gefühle lernen durfte, während ich selbst von Bildern und Fakten besessen war.

Ein Dank geht an die Atmosphäre. Es tut mir leid, dass ich mit diesem Buch wieder mehr Kohlendioxid produziert habe, was doch das Letzte ist, was du gebrauchen kannst. Ich habe mich sehr um die Reduzierung bemüht und an Supercritical (entspricht bei uns «atmosfair») gezahlt, damit der Fußabdruck des Buchs minimal bleibt.

Das Gesetz der Zunge muss geehrt werden. Zehn Prozent der Bucherlöse gehen also an den Schutz der Wale. Wenn jeder Wal dreiunddreißig Tonnen Kohlenstoff in seinem Leben bindet und dieses Buch dazu beiträgt, sie zu schützen, werden hoffentlich die Wale und das Klima am Ende die Nase vorn haben.

Ich schreibe im Buch häufig «wir». Damit meine ich nicht alle Menschen, sondern die aus meinem Kulturkreis. Ich entschuldige mich also bei den Kulturen und Gesellschaften, in denen das traditionelle ökologische Wissen schon lange das lehrt, was zur Kenntnis zu nehmen wir uns in meiner Heimat so schwertun.

Dank an Dmitri Grazhdankin, der mein Leben genauso stark verändert hat wie der Wal. Dima, du hast mich in die Freuden von Stanislaw Lem, Hubschraubern und schwarzem Tee eingeführt und mir an sibirischen Lagerfeuern mehr über den Prozess wissenschaftlicher Entdeckungen beigebracht, als ich während meiner drei Jahre in Cambridge gelernt habe.

Ich danke dir, Dad, dass du mich gelehrt hast, wie wichtig es ist, komplizierte Dinge verständlich darzustellen, und dafür, dass du mir Mut gemacht hast, *es einfach zu tun*. Du wirst dies hier nie lesen, aber dein Verstand steckt in allem, was ich geschrieben habe. Ich danke dir, Mum! Mit zehn Jahren habe ich eine kleine Geschichte geschrieben, und sie hat dir gefallen, und daran habe ich immer gedacht, wenn es bei mir besonders stockte. Ich liebe dich.

Ich danke dir, Stella. Du hast meinem Buch sein Ende geschenkt und meinem Leben einen neuen Anfang. Du bist wunderbar.

Ich danke dir, Annie, meiner weisen, fabelhaften Frau. Du hast der Welt Stella geschenkt und mir die ganze Zeit bei allem beigestanden, auch bei sehr vielem in diesem Buch. Und du bist immer ins Meer mit mir gegangen und hast gelacht, selbst als Haie auftauchten.

Kein Dank geht an:

SARS-CoV-2. Du elender Sack voller RNA. Verschwinde einfach.

Bildnachweis

01 Sarah A. King
02 Jan Verkolje (via Delft University of Technology)
03 Antoni van Leeuwenhoek
04 Michael Sack
05 Larry Plants / Storyful
06 Michael Sack
07 Ru Mahoney
08 Roger Payne / Ocean Alliance
09 Science
10 National Astronomy and Ionosphere Center
11 J. Gregory Sherman
12 Claude Rives / Eric Parmentier
13 Public domain
14 Mark D. Scherz
15 Jodi Frediani
16 Public domain
17 Eden Killer Whale Museum
18 Tom Mustill
19 Sinclair Broadcast Group
20 Anna Ashcroft / Windfall Films
21 Anna Ashcroft / Windfall Films
22 Anna Ashcroft / Windfall Films
23 Heidi Whitehead / Texas Marine Mammal Stranding Network
24 Tom Mustill
25 FalseKnees
26 Boris Dimitrov / Public Domain
27 Jillian Morris
28 Hernan Segui
29 Andrew Davidhazy
30 Tecumseh Fitch
31 Liz Rubert-Pugh
32 William Munoz

33 The Gorilla Foundation
34 Elaine Miller Bond
35 Augusto Leandro Stanzani / ardea.com
36 Lilly Estate
37 Walt Disney World Corporation
38 Diana Reiss
39 Eric A. Ramos and Diana Reiss
40 Adam Ernster
41 Patrick Hart / LOHE
42 Tom Mustill
43 Ann Tanimoto-Johnson
44 Tom Mustill
45 James T. Tanner and Tensas River National Wildlife Refuge, U. S. Fish and Wildlife Service, Ivory-Billed Woodpecker Records (Mss. 4171), Louisiana and Lower Mississippi Valley Collections, Louisiana State University Libraries, Baton Rouge, Louisiana, USA.
46 Jörg Rychen
47 Public Domain
48 Kate Spencer / Happywhale
49 Kate Cummings / Happywhale
50 Julia Kuhl
51 X, the moonshot factory
52 Vincent Janik, University of St Andrews
53 R. Williams (STScI), the Hubble Deep Field Team and NASA / ESA
54 Earth Species Project
55 Earth Species Project
56 Ari Friedlaender
57 Ari Friedlaender
58 David Wiley / Colin Ware / Ari Friedlaender
59 David Gruber
60 Alex Boersma
61 Joseph DelPreto / MIT CSAIL
62 Ted Cheeseman
63 Aleksander Nordahl Chapter 11. Anthropodenial
64 Pedro Saura
65 Public Domain

66 Robin W. Baird / Cascadia Research
67 Anuar Patjana Floriuk
68 Tom Mustill
69 Gene Flipse
70 Jeff Pantukhoff
71 Luke Moss

ANMERKUNGEN

EINLEITUNG

VAN LEEUWENHOEK BESCHLIESST HINZUSCHAUEN

1 Carson, Rachel, *Die Magie des Staunens: Die Liebe zur Natur entdecken*, Stuttgart: Klett-Cotta, 2019.

2 Falkowski, Paul (2015), «Leeuwenhoek's Lucky Break», in: *Discover Magazine*, 30. April 2015. https://www.discovermagazine.com/planet-earth/leeuwenhoeks-lucky-break.

3 Henderson, Felicity (2010), «Small Wonders: The Invention of Microscopy», in: *Catalyst*, Februar 2010. https://www.stem.org.uk/system/files/elibrary-resources/legacyfiles_migrated/8500-catalyst_20_3_447.pdf.

4 Lane, Nick (2015), «The Unseen World», in: *Reflections on Leeuwenhoek* (1677). ‹Concerning Little Animals› », in: *Philosophical Transactions of the Royal Society B: Biological Sciences* 370 (1666), 20140344

5 Davidson, Michael W. (2012), «Pioneers in Optics: Antonie van Leeuwenhoek and James Clerk Maxwell», in: *Microscopy Today* 20 (6), S. 50–52.

6 Leewenhoeck, Anthony van (1677), «Observations, Communicated to the Publisher by Mr. Antony van Leewenhoeck, in a Dutch Letter of the 9th of Octob. 1676. Here English'd: Concerning Little Animals by Him Observed in Rain-Well-Sea and Snow Water; as Also in Water Wherein Pepper Had Lain Infused», in: *Philosophical Transactions* (1665–1678) 12, S. 821–831.

7 Leeuwenhoek, Antoni van (1941), Brief an H. Oldenburg vom 9. Oktober 1676, in: *The Collected Letters of Antoni van Leeuwenhoek*, C.G. Heringa (Hrsg.) Bd. 2 o.O.: Swets and Zeitlinger 1941, S. 115. https://www.lensonleeuwenhoek.net/content/alle-debrieven-collected-letters-volume-2

8 Pepys, Samuel, *Tagebuch aus dem London des 17. Jahrhunderts*. Ditzingen: Reclam 2017. Eintrag für Samstag, den 21. Januar 1664. https://www.projekt-gutenberg.org/doyle/duett/chap012.html

9 Lane, Nick (2015), «The Unseen World», in: *Reflections on Leeuwenhoek* (1677). ‹Concerning Little Animals› », in: *Philosophical Transactions of the Royal Society B: Biological Sciences* 370 (1666), 20140344

10 Brief von van Leeuwenhoek an Hooke vom 12. November 1680, in: Dobell, Cliff (1958) übersetzt und herausgegeben von Antoni van Leeuwenhoek und seinen «kleinen Tierchen», New York: Russel and Russel, S. 200.

11 «Hooke's Three Tries». Lens on Leeuwenhoek. http://www.lensonleeuwenhoek.net/content/hookes-three-tries

12 Chandler, David L. (2012), «Is That Smile Real or Fake?», in: *MIT News*, 25. Mai 2012. https://www.news.mit.edu/2012/smile-detector-0525

1.

ERÖFFNUNG. VERFOLGT VON EINEM WAL

1 Zitate von Captain James T. Kirk in: *Raumschiff Enterprise IV: Zurück in die Gegenwart*. Hollywood: Paramount Pictures (1986). Er zitiert hier aus D.H. Lawrence «Wale weinen nicht».

2 «Monterey Canyon: A Grand Canyon Beneath the Waves», Monterey Bay Aquarium Research Institute. https://www.mbari.org/science/seafloor-processes/geological-changes/mapping-sections/

3 Thys, Tierney (2021), «Why Monterey Bay Is the Serengeti of Marine Life», in: *National Geographic*, 12. August 2021. https://www.nationalgeographic.com/travel/article/explorers-guide-8

4 Ramp, Christian, Hagen, W., Pals, P., Palsbøll et al. (2010), «Age-Related Multi-Year Associations in Female Humpback Whales (*Megaptera novaeangliae*)», in: *Behavioral Ecology and Sociobiology* 64, (10), S. 1563–1576.

5 Segre, Paolo, Potvin, J., Cade, D.E. et al. (2020), «*Energetic and Physical Limitations on the Breaching Performance of Large Whales*», in: Elife 9 (2020): e51760.

6 Goldbogen, Jeremy A., Calambokidis, J., Shadwick, R.E. et al. (2006), «Kinematics of Foraging Dives und Lunge-Feeding in Fin Whales», in: *Journal of Experimental Biology* 209 (7), S. 1231–1244.

7 Sanctuary Cruises, «*Humpback Whale Breaches on Top of Kayakers*»,

YouTube, Video, 13. September 2015. https://www.youtube.com/watch?v=8u-MW7vFo-Y

8 Joy Reidenberg in einer E-Mail vom 18. September 2015.

9 McCluskey, Megan, (2015), «This Humpback Whale Almost Crushed Kayakers», in: Time, 15. September 2015. https://time.com/4035011/whale-crushes-kayakers/

10 *BBC Breakfast*, BBC One, TV-Sendung 9. Februar 2019.

11 Manta Ray Advocates Hawaii, «Dolphin Rescue in Kona, Hawaii», in: YouTube, Video, 14. Januar 2013. https://www.youtube.com/watch?v=CCXx2bNk6UA&t=9s

12 BBC News, «Whale ‹Saves› Biologist from Shark – BBC News», in: YouTube, Video, 13. Januar 2018. https://www.youtube.com/watch?v=2xMLwAP2qyk

13 Houston, Simon, «Whale of a Time», in: *Scottish Sun*, 8. November 2018. https://www.thescottishsun.co.uk/news/3464159

14 Weaver, Matthew, «Beluga Whale Sighted in Thames Estuary off Gravesend», in: *Guardian*, 25. September 2018.

15 Natural World, Staffel 37, Folge 7, «Humpback Whales: A Detective Story», Gripping Films, TV-Sendung, zuerst ausgestrahlt am 8. Februar 2019 bei BBC Two.

16 Main, Douglas, «Mysterious New Orca Species Likely Identified?», in: *National Geographic*, 7. März 2019. https://www.nationalgeographic.com/animals/article/new-killer-whale-species-discovered

17 Anderson, Natali (2021), «Marine Biologists Identify New Species of Beaked Whale», in: *Science News*, 27. October 2021. http://www.sci-news.com/biology/ramaris-beaked-whale-mesoplodon-eueu-10210.html

18 Rosel, Patricia E., Wilcox, L.A., Yamada, T.K. und Mullin, K.D. (2021), «A New Species of Baleen Whale (Balaenoptera) from the Gulf of Mexico, with a Review of Its Geographic Distribution», in: *Marine Mammal Science* 37,(2), S. 577–610.

19 Landow, Sherry (2021), «New Population of Pygmy Blue Whales Discovered with Help of Bomb Detectors», in: *Science-Daily*, 8. Juni 2021. https://www.sciencedaily.com/releases/2021/06/210608113226.htm

2.
EIN GESANG IM OZEAN

1 Haas, Lidija, «Barbara Kingsolver: ‹It Feels as Though We're Living Through the End of the World›», in: *Guardian,* 8. Oktober 2018.

2 Persönliches Gespräch mit Dr. Roger Payne.

3 Payne, Roger. Booklet zu der Schallplatte «Songs of the Humpback Whale», CRM Records SWR 11, 1970, LP.

4 Persönliches Gespräch mit Dr. Roger Payne.

5 McQuay, Bill und Joyce, Christopher, «It Took a Musician's Ear to Decode the Complex Song in Whale Calls» NPR, 6. August 2015.

6 Rocha, Robert C. Jr., Clapham P.J. und Ivashchenko, Y.V., «Emptying the Oceans: A Summary of Industrial Whaling Catches in the 20th Century», in: *Marine Fisheries Review* 76, (4), S. 37–48.

7 Rocha, Robert C. Jr., Clapham P.J. und Ivashchenko, Y.V., «Emptying the Oceans: A Summary of Industrial Whaling Catches in the 20th Century», in: *Marine Fisheries Review* 76, (4), S. 37–48.

8 Payne, Roger S. und McVay, Scott, (1971), «Songs of Humpback Whales: Humpbacks Emit Sounds in Long, Predictable Patterns Ranging over Frequencies Audible to Humans», in: *Science* 173, (3997), S. 585–597. https://doi.org/10.1126/science.173.3997.585

9 Persönliches Gespräch mit Dr. Roger Payne.

10 McQuay, Bill und Joyce, Christopher, «It Took a Musician's Ear to Decode the Complex Song in Whale Calls» NPR, 6. August 2015.

11 Garland, Ellen C., Rendell, L., Lamoni, L. et al. (2017), «Song Hybridization Events During Revolutionary Song Change Provide Insights into Cultural Transmission in Humpback Whales», in: *Proceedings of the National Academy of Sciences of the United States of America* 114, (30), S. 7822–7829.

12 Katy Payne zitiert hier Edward Sapir: Katy Payne und Ann Warde, «Humpback Whales: Composers of the Sea [Video]», Cornell Lab of Ornithology, All About Birds, 12. Mai 2014. https://www.allaboutbirds.org/news/humpback-whales-composers-of-the-sea-video/

13 Sapir, Edward (2008), *Language: An Introduction to the Study of Speech,* San Diego: Harcourt Brace, S. 1–4, 11, 150, 192, 218.

14 *Washington Post,* (2018), «The Jazz-like Sounds of Bowhead Whales», YouTube, Video, 4. April 2018. https://www.youtube.com/watch?v=oGanRdxW7Fs

15 Rocha, Robert C. Jr., Clapham P.J. und Ivashchenko, Y.V., «Emptying the Oceans: A Summary of Industrial Whaling Catches in the 20th Century», in: *Marine Fisheries Review* 76, (4), S. 37–48.

16 Invisibilia, «Two Heartbeats a Minute», Apple Podcasts, April 2020. https://podcasts.apple.com/us/podcast/two-heartbeats-a-minute/id953290300?i=1000467622321

17 Transkript, Roger Payne in einem Interview von der Library of Congress, 31. März 2017. https://www.loc.gov/static/programs/national-recording-preservation-board/documents/RogerPayneInterview.pdf

18 Grooten, Monique und Almonds, Rosamunde E.A. (Hrsg.) *Living Planet Report 2018: Aiming Higher*, Gland, CH: WWF, 2018.

19 Carrington, Damian, «Humans Just 0.01 % of All Life but Have Destroyed 83 % of Wild Mammals-Study», in: *Guardian*, 21. Mai 2018.

20 Cornelius Tacitus, Tacitus: *Agricola*, zitiert in Woodman A.D. zusammen mit Kraus, C.S., Cambridge, UK: Cambridge University Press, 2014.

21 Phillips, Tom, «How Many Birds Are Chickens?», in: *Full Fact*, 27. Februar 2020. https://fullfact.org/environment/how-many-birds-are-chickens/

22 World Economic Forum, Ellen MacArthur Foundation und McKinsey&Company, «The New Plastics Economy: Rethinking the Future of Plastics», Ellen MacArthur Foundation (2016). https://ellenmacarthurfoundation.org/the-new-plastics-economy-rethinking-the-future-of-plastics

23 Cressey, Daniel (2015), «World's Whaling Slaughter Tallied», in: *Nature* 519 (7542), S. 140.

24 Clarke, Arthur C. (Hrsg.), *Profiles of the Future: An Inquiry into the Limits of the Possible Millennium,* London: Phoenix Press, 2000.

25 Thompson, Kirsten, «Humpback Whales Have Made a Remarkable Recovery, Giving Us Hope for the Planet», in: *Time*, 16. Mai 2020. https://time.com/5837350/humpback-whales-recovery-hope-planet/

26 Zerbini, Alexandre N., Adams, G., Best, J. et al. (2019), «Assessing the Recovery of an Antarctic Predator from Historical Exploitation», in: *Royal Society Open Science* 6, (10), S. 190368.

27 British Antarctic Survey (2020), «Blue Whales Return to Sub-Antarctic Island of South Georgia After Near Local Extinction», in:

Science-Daily, 19. November 2020. https://www.sciencedaily.com/releases/2020/11/201119103058.htm

28 *The Golden Record. Greetings and Sounds of the Earth*, NASA Voyager Golden Record, NetFilmMusic, 2013, Track 3, 1:13. Spotify:track:5SnnD9Eac06j4O6TqBr3s2.

29 Schröder, K. P. & Smith, R. C. (2008), «Distant Future of the Sun and Earth Revisited», in: *Monthly Notices of the Royal Astronomical Society* 386, (1), S. 155–163. https://doi.org/10.1111/j.1365-2966.2008.13022.x

3.
DAS GESETZ DER ZUNGE

1 Kimmerer, Robin Wall, *Geflochtenes Süßgras: Die Weisheit der Pflanzen*. Berlin: Aufbau, 2021.

2 Lang, Jennifer M. & Benbow, M. Eric (2013), «Species Interactions and Competition», in: *Nature Education Knowledge* 4, (4), S. 8.

3 Yong, Ed, «How This Fish Survives in a Sea Cucumber's Bum», in: *National Geographic*, 10. Mai 2016. https://www.nationalgeographic.com/science/article/how-this-fish-survives-in-a-sea-cucumbers-bum

4 Mah, Chris, «When Fish Live in Your Cloaca & How Anal Teeth Are Important!! The Pearlfish-Sea Cucumber Relationship!», in: *The Echinoblog*, 11. Mai 2020. http://echinoblog.blogspot.com/2010/05/when-fish-live-in-your-cloaca-how-anal.html

5 Grunbaum, Mara, «What Whale Barnacles Know», in: *Hakai Magazine*, 9. November 2021. https://hakaimagazine.com/features/what-whale-barnacles-know/

6 Kingdon, Jonathan, *East African Mammals: An Atlas of Evolution in Africa*, Chicago: University of Chicago Press, 1988, S. 89.

7 Preston, J. Lynn (1978), «Communication Systems and Social Interactions in a Goby-Shrimp Symbiosis», in: *Animal Behaviour* 26, S. 791–802.

8 Hill, David (1994), «The Succession of Lichens on Gravestones: A Preliminary Investigation», in: *Cryptogamic Botany* 4, S. 179–186.

9 Madden, Derek & Young, Truman P. (1992), «Symbiotic Ants as an Alternative Defense Against Giraffe Herbivory in Spinescent Acacia drepanolobium», in: *Oecologia* 91, (2), S. 235–238.

10 Ramirez, Sam & Calkins, Jaclyn, «Symbiosis in Goby Fish and Alpheus Shrimp», Reed College, 2014. https://www.reed.edu/biology/courses/BIO342/2015_syllabus/2014_WEBSITES/sr_jc_website%202/index.html

11 Keeling, Linda J., Jonare, Liv & Lanneborn, Lovisa (2009), «Investigating Horse-Human Interactions: The Effect of a Nervous Human», in: *Veterinary Journal* 181, (1), S. 70–71.

12 Phillips, Tom, «Police Seize ‹Super Obedient› Lookout Parrot Trained by Brazilian Drug Dealers», in: *Guardian*, 24. April 2019.

13 Morris, Simon Conway, *Life's Solution: Inevitable Humans in a Lonely Universe*, Cambridge, UK: Cambridge University Press, 2003, S. 242.

14 «A Unique Signalman», in: *Railway Signal: Or, Lights Along the Line*, Ausgabe 8, London: The Railway Mission, 1890 S. 185.

15 Cheney, Dorothy L. & Seyfarth, Robert M., *Baboon Metaphysics: The Evolution of a Social Mind*, Chicago: University of Chicago Press, 2007, S. 31.

16 Cheyney, Dorothy L. & Seyfarth, Robert M., *Baboon Metaphysics: The Evolution of a Social Mind*, Chicago: University of Chicago Press, 2007, S. 33.

17 Rodríguez, Victor R., «Will Exporting Farmed Totoaba Fix the Big Mess Pushing the World's Most Endangered Porpoise to Extinction?», in: *Hakai Magazine*, 22. Februar 2022. https://hakaimagazine.com/features/will-exporting-farmed-totoaba-fix-the-big-mess-pushing-the-worlds-most-endangered-porpoise-to-extinction/

18 Dorey, Fran, «When Did Modern Humans Get to Australia?», in: *Australian Museum*, 9. Dezember 2021. https://australian.museum/learn/science/human-evolution/the-spread-of-people-to-australia/

19 Upton, John, «Ancient Sea Rise Tale Told Accurately for 10,000 Years», in: *Scientific American*, 26. Januar 2015.

20 «Whaling in Eden», Eden Community Access Centre. https://eden.nsw.au/whaling-in-eden. Hier finden sich hervorragende Links zu Originalquellen.

21 «‹King of Killers› Dead Body Washed Ashore: Whalers Ally for 100 Years», in: *Sydney Morning Herald*, 18. September 1930, S. 9.

22 Cahir, Fred, Clark, I. & Clarke, P., *Aboriginal Biocultural Knowledge in South-Eastern Australia: Perspectives of Early Colonists*, Collingwood, Victoria: CSIRO Publishing, 2018, S. 91.

23 «Eden Killer Whale Museum: Old Tom's Skeleton», Bega Shire's Hidden Heritage. https://hiddenheritage.com.au/heritage-object/?object id=8

24 «Becoming Beowa», Bundian Way. https://bundianway.com.au/becoming-beowa/

25 Cahir, Fred, Clark, I. & Clarke, P., *Aboriginal Biocultural Knowledge in South-Eastern Australia: Perspectives of Early Colonists,* Collingwood, Victoria: CSIRO Publishing, 2018, S. 90.

26 Clode, Danielle, «Cooperative Killers Helped Hunt Whales», in: *Afloat,* Dezember 2011, S. 3.

27 Clode, Danielle, *Killers in Eden: The True Story of Killer Whales and Their Remarkable Partnership with the Whalers of Twofold Bay,* Crows Nest, NSW: Allen and Unwin, 2002.

28 Killers of Eden. http://web.archive.org/web/*/www.killersofeden.com/. Auf dieser Gemeinschaftswebsite finden sich ein Stammbaum und weitere eingehende Ressourcen. Sie ist nicht mehr online zu finden, aber über Wayback Machine immer noch komplett abrufbar.

29 Clode, Danielle, *Killers in Eden: The True Story of Killer Whales and Their Remarkable Partnership with the Whalers of Twofold Bay,* Crows Nest, NSW: Allen and Unwin, 2002.

30 «Meet the Whales of L-Pod from the Southern Resident Orca Population!» *Captain's Blog,* Orca Spirit Adventures, 4. März 2019, September 2020 aktualisiert. https://orcaspirit.com/the-captains-blog/meet-the-whales-of-l-pod-in-2019-from-the-southern-resident-killer-whale-population/

31 «King of the Killers», *Sydney Morning Herald,* 18. September 1930. https://www.smh.com.au/environment/conservation/the-king-of-the-killers-20100916-15er7.html

32 *Killers in Eden,* unter der Regie von Greg McKee, Australian Broadcasting Corporation, Vimeo, video, 2004. https://vimeo.com/47822835

33 *Killers in Eden,* unter der Regie von Greg McKee, Australian Broadcasting Corporation, Vimeo, video, 2004.

34 Brown, Bill, «The Aboriginal Whalers of Eden», Australian Broadcast Corporation Local, audio, 4. Juli 2014. https://www.abc.net.au/local/audio/2013/10/29/3879462.htm

35 «Eden Killer Whale Museum: Old Tom's Skeleton», Bega Shire's

Hidden Heritage. https://hiddenheritage.com.au/heritage-object/?objectid=8

36 *Killers in Eden,* unter der Regie von Greg McKee, Australian Broadcasting Corporation, Vimeo, video, 2004.

37 Foden, Blake, «Old Tom: Anniversary of the Death of a Legend», in: *Eden Magnet*, 16. September 2014. https://www.edenmagnet.com.au/story/2563131/old-tom-anniversary-of-the-death-of-a-legend/

38 «The King of the Killers», in: *Hawkesbury Gazette*, 17. September 2010.

39 U.S. Navy Diving Manual, 1973. NAVSHIPS 0994-001-9010, Washington, DC: Navy Department, 1973.

40 Preston, Elisabeth, «Dolphins That Work with Humans to Catch Fish Have a Unique Accent», in: *New Scientist*, 2. Oktober 2017.

41 Torre, Giovanni, «Dolphins Lavish Humans with Gifts During Lockdown on Australia's Cooloola Coast», in: *Telegraph*, 21. Mai 2020. https://www.telegraph.co.uk/news/2020/05/21/dolphins-lavish-humans-gifts-lockdown-australias-cooloola-coast/

42 Curé, Charlotte, Antunes, R., Samarra F. et al. (2012), «Pilot Whales Attracted to Killer Whale Sounds: Acoustically-Mediated Interspecific Interactions in Cetaceans», *PLoS One* 7, (12) e52201.

43 Associated Press, «Dolphin Appears to Rescue Stranded Whales», NBC News, 12. März 2008. https://www.nbcnews.com/id/wbna23588063

44 Pitman, Robert L. et al. (2017), «Humpback Whales Interfering When Mammal-Eating Killer Whales Attack Other Species: Mobbing Behavior and Interspecific Altruism?», in: *Marine Mammal Science* 33, (1), S. 7–58. https://doi.org/10.1111/mms.12343

45 Frediani, Jody, «Humpback Intervenes at Crime Scene, Returns Next Day with Friend», Blog, *The Safina Center*, 10. Januar 2021. https://www.safinacenter.org/blog/humpback-intervenes-at-crime-scene-returns-next-day-with-friend

46 Brown, Bill, «The Aboriginal Whalers of Eden», Australian Broadcast Corporation Local, audio, 4. Juli 2014. https://www.abc.net.au/local/audio/2013/10/29/3879462.htm

4.
DIE JOY DER WALE

1 Persönliches Gespräch mit Professor Joy Reidenberg am 6. Juni 2018.

2 Daley, Jason, «Archeologists Discover Where Julius Caesar Landed in Britain», in: *Smithsonian Magazine*, 30. November 2017. https://www.smithsonianmag.com/smart-news/archaeologists-discover-where-julius-caesar-landed-britain-180967359/

3 MSNBC.com Staff, «Thar She Blows! Dead Whale Explodes», *NBC News*, 29. Januar 2004. https://www.nbcnews.com/id/wbna4096586

4 Shepherd, Katie, «Fifty Years Ago, Oregon Exploded a Whale in a Burst That ‹Blasted Blubber Beyond All Believable Bounds›», in: *Washington Post*, 13. November 2020. https://www.washingtonpost.com/nation/2020/11/13/oregon-whale-explosion-anniversary/

5 Aldrich, Herbert L., «Whaling», in: *Outing*, Jg. 15, Oktober 1899–März 1890, 113, Internet Archiv. https://archive.org/details/outing15newy/page/n6/mode/1up

6 «Malcolm Clarke», Nachruf, in: *Telegraph*, 30. Juli 2013. https://www.telegraph.co.uk/news/obituaries/10211615/MalcolmClarke.html

7 Parsons, E.C.M. (2017), «Impacts of Navy Sonar on Whales and Dolphins: Now Beyond a Smoking Gun?», in: *Frontiers in Marine Science* 4, S. 295. https://www.frontiersin.org/articles/10.3389/fmars.2017.00295/full

8 Weisberger, Mindy, «Sonar Can Literally Scare Whales to Death, Study Finds», in: *Live Science*, 20. Januar 2019. https://www.livescience.com/64635-sonar-beaked-whales-deaths.html

9 Kremers, Dorothee, Marulanda, J.L.M., Hausberger, M. & Lemasson, A. (2014), «Behavioural Evidence of Magnetoreception in Dolphins: Detection of Experimental Magnetic Fields», in: *Naturwissenschaften* 101, (11), S. 907–911. https://doi.org/10.1007/s00114-014-1231-x

10 Ketten, Darlene R., «The Marine Mammal Ear: Specializations for Aquatic Audition and Echolocation», in: Douglas B. Webster, Fay, Richard R. & Popper, Arthur N. (Hrsg.), *The Evolutionary Biology of Hearing*, New York: Springer, 1992, S. 717–750.

11 Ketten, Darlene R. (1997), «Structure and Function in Whale Ears», in: *Bioacoustics* 8, (1–2), S. 103–135.

12 Ridgway, Sam H. & Au, Whitlow (2009), «Hearing and Echolocation in Dolphins», in: *Encyclopedia of Neuroscience* 4, S. 1031–1039.

13 «Sperm Whale», in: *Encyclopaedia Britannica,* aktualisiert am 30. März 2021. https://www.britannica.com/animal/sperm-whale

14 Beale, Thomas, *The Natural History of the Sperm Whale: To Which Is Added a Sketch of a South-Sea Whaling Voyage, in Which the Author Was Personally Engaged,* London: J. Van Voorst, 1839.

15 «Noise Sources and Their Effects», Purdue University Department of Chemistry. https://www.chem.purdue.edu/chemsafety/Training/PPETrain/dblevels.htm

16 Mercado, Eduardo III (2018), «The Sonar Model for Humpback Whale Song Revised», in: *Frontiers in Psychology* 9, S. 1156. https://doi.org/10.3389/fpsyg.2018.01156

17 Whitehead, Rendell & Whitehead, Hal (2003), «Vocal Clans in Sperm Whales (Physeter macrocephalus)», in: *Proceedings of the Royal Society B: Biological Sciences* 270, (1512), S. 225–231.

18 Whitehead, Hal, *Sperm Whales: Social Evolution in the Ocean,* Chicago: University of Chicago Press, 2003.

19 Ketten, Darlene R., «The Marine Mammal Ear: Specializations for Aquatic Audition and Echolocation», in: Douglas B. Webster, Fay, Richard R. & Popper, Arthur N. (Hrsg.), *The Evolutionary Biology of Hearing,* New York: Springer, 1992, S. 717–750.

20 Gero, Shane, Engelhaupt, Dan & Whitehead, Rendell (2009), «Who Cares? Between-Group Variation in Alloparental Caregiving in Sperm Whales», in: *Behavioral Ecology* 20, (4), S. 838–843.

21 Pitman, Lisa T. Ballance, Mesnick, Sarah I. & Chivers, Susan J., (2001), «Killer Whale Predation on Sperm Whales: Observations and Implications», in: Marine Mammal Science 17, (3), S. 494–507. https://doi.org/10.1111/j.1748-7692.2001.tb01000.x

22 Lotzof, Kerry, «Life in the Pod: The Social Lives of Whales», Natural History Museum. https://www.nhm.ac.uk/discover/social-lives-of-whales.html

23 Rendell L.E. & Whitehead, Hal (2003), «Vocal Clans in Sperm Whales (Physeter macrocephalus)», in: *Proceedings of the Royal Society B: Biological Sciences* 270, (1512), S. 225–231.

24 Rendell L.E. & Whitehead, Hal (2001), «Culture in Whales and Dolphins», in: *Behavioral and Brain Sciences* 24, (2), S. 309–324.

5.
«IRGENDWELCHE BLÖDEN GROSSEN FISCHE»

1 Feynman, Richard P., *The Pleasure of Finding Things Out: The Best Short Works of Richard Feynman*, herausgegeben von Jeffrey Robbins, New York: Basic Books, 1999, S. 144.

2 Ridgway, Houser, Dorian, Finneran, James et al. (2006), «Functional Imaging of Dolphin Brain Metabolism and Blood Flow», in: *Journal of Experimental Biology* 209 (Teil 15), S. 2902–2910.

3 Mind Matters, «Are Whales Smarter Than We Are?» News Blog, *Scientific American*, 15. Januar 2008. https://blogs.scientificamerican.com/news-blog/are-whales-smarter-than-we-are/

4 Dicke, Ursula & Roth, Gerhard (2016), «Neuronal Factors Determining High Intelligence», in: *Philosophical Transactions of the Royal Society B: Biological Sciences* 371, (1685), 20150180.

5 Fields, R. Douglas, «The Other Half of the Brain», in: *Scientific American*, April 2004. https://www.scientificamerican.com/article/the-other-half-of-the-7brain/

6 Dicke, Ursula & Roth, Gerhard (2016), «Neuronal Factors Determining High Intelligence», in: *Philosophical Transactions of the Royal Society B: Biological Sciences* 371, (1685), 20150180

7 Grimm, David (2011), «Are Dolphins Too Smart for Captivity?», in: *Science* 332, (6029), S. 526–529. https://doi.org/10.1126/science.332.6029.526.

8 Smith, Lynn, «My Take: Dumb and Dumber», in: *Holland Sentinel*, 20. November 2020. https://www.hollandsentinel.com/story/opinion/columns/2020/11/20/my-take-dumb-and-dumber/114997362/

9 Persönliches Gespräch mit Professor Patrick R. Hof am 8. Juni 2018.

10 Hof, Patrick R. & Van der Gucht, Estel (2007), «Structure of the Cerebral Cortex of the Humpback Whale, Megaptera novaeangliae (Cetacea, Mysticeti, Balaenopteridae)», in: *Anatomical Record* 290, (1), S. 1–31.

11 Nimchinsky, Esther A., Gilissen, Emmanuel, Allman, John M. et al. (1999), «A Neuronal Morphologic Type Unique to Humans and Great Apes», in: *Proceedings of the National Academy of Sciences of the United States of America* 96, (9), S. 5268–5273.

12 O'Leary, Maureen A., Bloch, Jonathan I., Flynn, John J. et al. (2013), «The Placental Mammal Ancestor and the Post-K-Pg Radiation of Placentals», in: *Science* 339, (6120), S. 662–667.

13 Coghlan, Andy, «Whales Boast the Brain Cells That ‹Make Us Human›», in: *New Scientist*, 27. November 2006. https://www.newscientist.com/article/dn10661-whales-boast-the-brain-cells-that-make-us-human/

14 Raghanti, Mary Ann, Spurlock, Linda B., Treichler, F. Robert et al. (2015), «An Analysis of von Economo Neurons in the Cerebral Cortex of Cetaceans, Artiodactyls, and Perissodactyls», in: *Brain Structure & Function* 220, no. (4), S. 2303–2314. https://doi.org/10.1007/s00429-014-0792-y

15 Tompa, Rachel, «5 Unsolved Mysteries About The Brain», Allen Institute, 14. März 2019. https://alleninstitute.org/what-we-do/brain-science/news-press/articles/5-unsolved-mysteries-about-brain

16 Marino, Lori, Connor, Richard C., Fordyce, R. Ewan et al. (2007), «Cetaceans Have Complex Brains for Complex Cognition», in: *PLoS Biology* 5, (5), e139

17 Mascetti, G. G. (2016), «Unihemispheric Sleep and Asymmetrical Sleep: Behavioral, Neurophysiological, and Functional Perspectives», in: *Nature and Science of Sleep*, Bd. 8, S. 221–238.

18 Persönliches Gespräch mit Duncan Brake am 20. November 2019, Turks- und Caicos-Inseln.

6.
DIE SUCHE NACH EINER SPRACHE DER TIERE

1 *Deep Voices: The Second Whale Record*, Capitol Records ST-11598, 1977, LP.

2 Dąbrowska, Ewa (2015), «What Exactly Is Universal Grammar, and Has Anyone Seen It?», in: *Frontiers in Psychology* 6, S. 852. https://doi.org/10.3389/fpsyg.2015.00852

3 Skinner, B. F., *Verbal Behavior*, New York: Appleton-Century-Crofts, 1957.

4 Chomsky, Noam, *Knowledge of Language: Its Nature, Origin and Use*, New York: Praeger, 1986.

5 Pinker, Steven, *Der Sprachinstinkt. Wie der Geist die Sprache bildet.* München: Kindler, 1996.

6 Lieberman, Philip, *Human Language and Our Reptilian Brain: The Subcortical Bases of Speech, Syntax, and Thought*, Cambridge, MA: Harvard University Press, 2000.

7 Everett, Daniel, *Don't Sleep, There Are Snakes!* London: Profile Books, 2009, S. 243.

8 Lieberman, Philip (2001), «Human Language and Our Reptilian Brain: The Subcortical Bases of Speech, Syntax, and Thought», in: *Perspectives in Biology and Medicine* 44, S. 32–51.

9 Hauser, Marc D., Chomsky, Noam & Fitch, W. Tecumseh (2002), «The Faculty of Language: What Is It, Who Has It, and How Did It Evolve?», in: *Science* 298, (5598), S. 1569–1579.

10 Locke, John L. & Bogin, Barry (2006), «Language and Life History: A New Perspective on the Development and Evolution of Human Language», in: *Behavioural and Brain Sciences* 29, (3), S. 259–325.

11 Wacewicz, Sławomir & Żywiczyński, Przemysław (2015), «Language Evolution: Why Hockett's Design Features are a Non-Starter», in: *Biosemiotics* 8, (1) S. 29–46.

12 West, Edmund, «William Stokoe – American Sign Language Scholar», in: *British Deaf News*, 30. Januar 2020. https://www.britishdeafnews.co.uk/william-stokoe/

13 Slobodchikoff, Con, *Chasing Doctor Dolittle: Learning the Language of Animals*, New York: St. Martin's Press, 2012.

14 de Waal, Frans, «The Brains of the Animal Kingdom», in: *Wall Street Journal*, 22. März 2013. https://www.wsj.com/articles/SB10001424127887323869604578370574285382756

15 Douglas, Kate, «Six ‹Uniquely Human› Traits Now Found in Animals», *New Scientist*, 22. Mai 2008. https://www.newscientist.com/article/dn13860-six-uniquely-human-traits-now-found-in-animals/

16 Higham, James P. & Hebets, Eileen A. (2013), «An Introduction to Multimodal Communication», in: *Behavioral Ecology and Sociobiology* 67, (9), S. 1381–1388.

17 Bortolotti, Laura & Costa, Cecilia «Chemical Communication in the Honey Bee Society», in: *Neurobiology of Chemical Communica-*

tion, herausgegeben von Carla Mucignat-Caretta: Boca Raton, FL: Taylor & Francis, 2014.

18 Miles, Meredith C. & Fuxjager, Matthew J. (2018), «Synergistic Selection Regimens Drive the Evolution of Display Complexity in Birds of Paradise», in: *Journal of Animal Ecology* 87, (4), S. 1149–1159.

19 López Galán, Alejandra, Chung, Wen-Sung & Marshall, N. Justin (2020), «Dynamic Courtship Signals and Mate Preferences in Sepia plangon», in: *Frontiers in Physiology* 11, S. 845.

20 Berg, Richard E., «Infrasonics», in: *Encyclopaedia Britannica.* https://www.britannica.com/science/infrasonics

21 Parsana, Ashwini J., Li, Nanxin & Brown, Thomas (2012), «Positive and Negative Ultrasonic Social Signals Elicit Opposing Firing Patterns in Rat Amygdala», in: *Behavioural Brain Research* 226, (1), S. 77–86.

22 Hockett, Charles F., *A Course in Modern Linguistics,* New York: Macmillan, 1958, Abschnitt 64, S. 569–586.

23 Hockett, Charles F. (1960), «The Origin of Speech», in: *Scientific American* 203, (3), S. 88–97.

24 Cook, Guy, *Applied Linguistics*, Oxford: Oxford University Press, 2003.

25 de Boer, Bart, Mathur, Neil & Ghazanfar, Asif A. (2016), «Monkey Vocal Tracts Are Speech-Ready», in: *Science Advances* 2, (12), e1600723

26 Price, Michael, «Why Monkeys Can't Talk – and What They Would Sound Like If They Could», in: *Science*, 9. Dezember 2016. https://www.sciencemag.org/news/2016/12/why-monkeys-can-t-talkand-what-they-would-sound-if-they-could

27 Martins, Pedro Tiago & Boeckx, Cedric (2020), «Vocal Learning: Beyond the Continuum», in: *PLoS Biology* 18, (3), e3000672.

28 Nieder, Andreas & Mooney, Richard (2020), «The Neurobiology of Innate, Volitional and Learned Vocalizations in Mammals and Birds», in: *Philosophical Transactions of the Royal Society B: Biological Sciences* 375, (1789), 20190054.

29 Panko, Ben, «Listen to Ripper the Duck Say ‹You Bloody Fool!›», in: *Smithsonian Magazine*, 9. September 2021. https://www.smithsonianmag.com/smart-news/listen-ripper-duck-say-you-bloody-fool-180978613/

30 Goldman, Russell, «Korean Words, Straight from the Elephant's Mouth», in: *New York Times*, 26. Mai 2016. https://www.nytimes.com/2016/05/27/world/what-in-the-world/korean-words-straight-from-the-elephants-mouth.html

31 New England Aquarium, «Hoover the Talking Seal», YouTube, Video, 28. November 2007. https://www.youtube.com/watch?v=prrMaLrkc5U&t=8s

32 Roger Payne in einer E-Mail vom Januar 2022.

33 Riede, Tobias & Goller, Franz (2010), «Functional Morphology of the Sound-Generating Labia in the Syrinx of Two Songbird Species», in: *Journal of Anatomy* 216, (1), S. 23–36.

34 Callaway, Ewen (2012), «The Whale That Talked», in: *Nature* 2012. https://doi.org/10.1038/nature.2012.11635

35 Siebert, Charles, «The Story of One Whale Who Tried to Bridge the Linguistic Divide Between Animals and Humans», in: *Smithsonian Magazine*, Juni 2014. https://www.smithsonianmag.com/science-nature/story-one-whale-who-tried-bridge-linguistic-divide-between-animals-humans-180951437/

36 Gardner, R. Allen & Gardner, Beatrice T. (1969) «Teaching Sign Language to a Chimpanzee», in: *Science* 165, (3894), S. 664–672.

37 Premack, David, «On the Assessment of Language Competence in the Chimpanzee», in: *Behavior of Nonhuman Primates*, Bd. 4, herausgegeben von Schrier, Allan M. & Stollnitz, Fred, New York: Academic Press, 1971, S. 186–228.

38 Rumbaugh, Duane M., Gill, Timothy V., Brown, Josephine V. Brown et al. (1973), «A Computer-Controlled Language Training System for Investigating the Language Skills of Young Apes», in: *Behavior Research Methods & Instrumentation* 5, (5), S. 385–392.

39 Heesen, Raphaela et al. (2019), «Linguistic Laws in Chimpanzee Gestural Communication», in: *Proceedings of the Royal Society B: Biological Sciences* 286, (1896). https://doi.org/10.1098/rspb.2018.2900

40 Kersken, Verena et al. (2019), «A gestural repertoire of 1- to 2-year-old human children: in search of the ape gestures», in: *Animal Cognition* 22, S. 577–595.

41 Laut E-Mail vom April 2022.

42 Wise, Steven M., *Drawing the Line*, Cambridge, MA: Perseus Books, 2002, S. 107.

43 Pepperberg, Irene M.P. (2017), «Animal Language Studies: What Happened?», in: *Psychonomic Bulletin & Review* 24, S. 181–185. https://doi.org/10.3758/s13423-016-1101-y

44 Fouts, Roger S. (1974), «Language: Origins, Definitions and Chimpanzees», in: *Journal of Human Evolution* 3, (6), S. 475–482.

45 «Ask the Scientists: Irene Pepperberg», in: *Scientific American Frontiers Archives*, PBS, Internet Archive Wayback Machine. https://web.archive.org/web/20071018070320/http:/www.pbs.org/safarchive/3_ask/archive/qna/3293 pepperberg.html

46 «Koko the Gorilla Cries over the Loss of a Kitten», YouTube, Video, 8. Dezember 2011. https://www.youtube.com/watch?v=CQCOHUXmEZg

47 Slobodchikoff, Con, *Chasing Doctor Dolittle: Learning the Language of Animals*, New York: St. Martin's Press, 2012.

48 Cheney, Seyfarth & Peter Marler (1980), «Vervet Monkey Alarm Calls: Semantic Communication in a Free-Ranging Primate», in: *Animal Behaviour* 28, (4), S. 1070–1094.

49 Zuberbühler, Klaus (2009), «Survivor Signals: The Biology and Psychology of Animal Alarm Calling», in: *Advances in the Study of Behavior* 40, S. 277–322.

50 Collias, Nicholas E. (1987), «The Vocal Repertoire of the Red Junglefowl: A Spectrographic Classification and the Code of Communication», in: *Condor* 89, (3), S. 510–524.

51 Evans, Christopher S., Evans, Linda & Marler (1993), «On the Meaning of Alarm Calls: Functional Reference in an Avian Vocal System», in: *Animal Behaviour* 46, (1), S. 23–38.

52 Fichtel, Claudia (2004), «Reciprocal Recognition of Sifaka (Propithecus verreauxi verreauxi) and Redfronted Lemur (Eulemur fulvus rufus) Alarm Calls», in: *Animal Cognition* 7, (1), S. 45–52.

53 BBC, «Alan! ... Alan! ... Steve! Walk on the Wild Side – BBC», YouTube, Video, 19. März 2009. https://www.youtube.com/watch?v=xaPepcVepCg

54 Slobodchikoff, Con, Paseka, Andrea & Verdolin, Jennifer L. (2009), «Prairie Dog Alarm Calls Encode Labels About Predator Colors», in: *Animal Cognition* 12, (3), S. 435–439.

55 Laut E-Mail vom April 2022.

56 Engesser, Sabrina, Holub, Jennifer L., O'Neill Louis G. et al. (2019), «Chestnut-Crowned Babbler Calls Are Composed of

Meaningless Shared Building Blocks», in: *Proceedings of the National Academy of Sciences of the United States of America* 116, (39), S. 19579–19584.

57 Engesser et al. (2018), «Internal acoustic structuring in pied babbler recruitment cries specifies the form of recruitment», in: *Behavioral Ecology* 29, (5), S. 1021–1030.

58 Engesser et al. (2016), «Meaningful call combinations and compositional processing in the southern pied babbler», in: *Proceedings of the National Academy of Sciences* 113, (21), S. 5976–5981.

59 Suzuki, T.N. et al. (2016), «Experimental evidence for compositional syntax in bird calls», in: *Nature Communication* 7, S. 10986.

60 Persönliches Gespräch mit Holly Root-Gutteridge am 1. September 2019.

61 Slobodchikoff, Con, *Chasing Doctor Dolittle: Learning the Language of Animals*, New York: St. Martin's Press, 2012.

7.

IN DEN TIEFEN DES GEHIRNS: KULTURVEREIN DER WALE

1 Terry Pratchett, *Pyramiden*, München: Piper, 2015.

2 Harvest Books, «The Dolphin in the Mirror: Keyboards», YouTube, Video, 8. Juli 2011. https://www.youtube.com/watch?v=3IqRPaAYm4I.

3 Morell, Virginia, «Why Dolphins Wear Sponges», in: *Science*, 20. Juli 2011. https://www.science.org/content/article/why-dolphins-wear-sponges

4 Carey, Bjorn, «How Killer Whales Trap Gullible Gulls», *NBC News*, 3. Februar 2006. https://www.nbcnews.com/id/wbna11163990

5 Noonan, Joe, «Wild Dolphins Playing w/ Seaweed & Snorkeler: Slomo – Very Touching», YouTube, Video, 28. April 2017. https://www.youtube.com/watch?v=5_DLhtq5Ctg

6 Capt. Dave's Dana Point Dolphin & Whale Watching Safari, «Dolphins ‹Bow Riding› with Blue Whales off Dana Point», YouTube, Video, 27. Juli 2012. https://www.youtube.com/watch?v=wfEdki3LwUY

7 BBC, «Glorious Dolphins Surf the Waves Just for Fun: Planet

Earth: A Celebration – BBC», YouTube, Video, 1. September 2020. https://www.youtube.com/watch?v=6HRMHejDHHm

8 Brayshaw, Dylan, «Orcas Approaching Swimmer FULL VERSION (Unedited)», YouTube, Video, 16. Dezember 2019. https://www.youtube.com/watch?v=gVmieqjUoE8

9 *Wall Street Journal*, «Orca and Kayaker Encounter Caught on Drone Video», YouTube, Video, 9. September 2016. https://www.youtube.com/watch?v=eoUVufAuEwo

10 Kuczaj, Stan A. II & Walker, Rachel T. (2012), «Dolphin Problem Solving», in: *The Oxford Handbook of Comparative Cognition*, herausgegeben von Thomas R. Zentall & Edward A. Wasserman, New York: Oxford University Press, 2012, S. 736–756.

11 McCowan, Brenda, Marino, Erik Vance et al. (2000), «Bubble Ring Play of Bottlenose Dolphins (Tursiops truncates): Implications for Cognition», in: *Journal of Comparative Psychology* 114, (1), S. 98.

12 Pack, Adam A. & Herman, Louis M., «Bottlenosed Dolphins (Tursiops truncatus) Comprehend the Referent of Both Static and Dynamic Human Gazing and Pointing in an Object-Choice Task», in: *Journal of Comparative Psychology* 118, (2), S. 160.

13 Gregg, Justin, *Are Dolphins Really Smart? The Mammal Behind the Myth*, Oxford: Oxford University Press, 2013.

14 Xitco, Mark J., Gory, John D. & Kuczaj (2001), «Spontaneous Pointing by Bottlenose Dolphins (Tursiops truncatus)», in: *Animal Cognition* 4, (2), S. 115–123.

15 Dudzinski, K.M., Saki, M., Masaki K. et al. (2003), «Behavioural Observations of Bottlenose Dolphins Towards Two Dead Conspecifics», in: *Aquatic Mammals* 29, (1), S. 108–116.

16 Morell, «Dolphins Can Call Each Other, Not by Name, but by Whistle», in: *Science*, 20. Februar 2013. https://www.science.org/content/article/dolphins-can-call-each-other-not-name-whistle.

17 King, Stephanie L., Harley, Heidi E. & Janik, Vincent M. (2014), «The Role of Signature Whistle Matching in Bottlenose Dolphins, Tursiops truncatus», in: *Animal Behaviour* 96, S. 79–86.

18 Bruck, Jason N. (2013), «Decades-Long Social Memory in Bottlenose Dolphins», in: *Proceedings of the Royal Society B: Biological Sciences* 280, (1768), 20131726.

19 Bates, Mary, «Dolphins Speaking Whale?», in: *American Association for the Advancement of Science*, 6. Februar 2012. https://www.aaas.org/dolphins-speaking-whale

20 May-Collado, Laura J. (2010), «Changes in Whistle Structure of Two Dolphin Species During Interspecific Associations», in: *Ethology* 116, (11), S. 1065–1074.

21 Ford, John K.B. (1991), «Vocal Traditions Among Resident Killer Whales (Orcinus orca) in Coastal Waters of British Columbia», in: *Canadian Journal of Zoology* 69, (6), S. 1454–1483.

22 Foote, Andrew D., Griffin, Rachael M., Howitt, David et al. (2006), «Killer Whales Are Capable of Vocal Learning», in: *Biology Letters* 2,(4), S. 509–512.

23 Riley, Christopher «The Dolphin Who Loved Me: The NASA-Funded Project That Went Wrong», in: *Guardian*, 8. Juni 2014. https://www.theguardian.com/environment/2014/jun/08/the-dolphin-who-loved-me

24 Gregg, Justin, *Are Dolphins Really Smart? The Mammal Behind the Myth*, Oxford: Oxford University Press, 2013.

25 Montgomery, Sy, Birdology: *Adventures with a Pack of Hens, a Peck of Pigeons, Cantankerous Crows, Fierce Falcons, Hip Hop Parrots, Baby Hummingbirds, and One Murderously Big Living Dinosaur*, Riverside, CA: Atria Books, 2010, S. 197.

26 Carey, Benedict, «Washoe, a Chimp of Many Words, Dies at 42», in: *New York Times*, 1. November 2007. https://www.nytimes.com/2007/11/01/science/01chimp.html

27 Boyer, Crispin, «Secret Language of Dolphins», in: *National Geographic Kids*. https://kids.nationalgeographic.com/nature/article/secret-language-of-dolphins

28 Herman, L., Abichandani, S., Elhajj, A. N., et al. (1999), «Dolphins (Tursiops truncatus) Comprehend the Referential Character of the Human Pointing Gesture», in: *Journal of Comparative Psychology* 113, (4), S. 347.

29 Gregg, Justin, *Are Dolphins Really Smart? The Mammal Behind the Myth*, Oxford: Oxford University Press, 2013.

30 Jaakkola, Kelly, Fellner, Wendi, Erb, Linda et al. (2005), «Understanding of the Concept of Numerically ‹Less› by Bottlenose Dolphins (Tursiops truncatus)», in: *Journal of Comparative Psychology* 119, (3), S. 296.

31 Kilian, Annette, Yaman, Sevgi, von Fersen, Lorenzo & Güntürkün, Onur (2033), «A Bottlenose Dolphin Discriminates Visual Stimuli Differing in Numerosity», in: *Animal Learning & Behavior* 31, (2), S. 133–142.

32 Mercado, Eduardo, Killebrew, Deirdre A., Pack et al. (2000), «Generalization of ‹Same-Different› Classification Abilities in Bottlenosed Dolphins», in: *Behavioural Processes* 50, (2–3), S. 79–94.

33 Gregg, Justin, *Are Dolphins Really Smart? The Mammal Behind the Myth*, Oxford: Oxford University Press, 2013, S. 100.

34 Meliska, Charles J., Meliska, Janice A. & Peeke, Harman, V.S. (1980), «Threat Displays and Combat Aggression in Bettasplendens Following Visual Exposure to Conspecifics and One-Way Mirrors», in: *Behavioral and Neural Biology* 28, (4), S. 473–486.

35 Reiss, Diana & Marino (2001), «Mirror Self-Recognition in the Bottlenose Dolphin: A Case of Cognitive Convergence», in: *Proceedings of the National Academy of Sciences of the United States of America* 98, (10), S. 5937–5942.

36 Diana Reiss in einer E-Mail vom 20. Dezember 2021.

37 Morrison, Rachel & Reiss, Diana (2018), «Precocious Development of Self-Awareness in Dolphins», in: *PLoS One* 13, (1), e0189813.

38 Gorman, James, «Dolphins Show Self-Recognition Earlier Than Children», in: *New York Times*, 10. Januar 2018. https://www.nytimes.com/2018/01/10/science/dolphins-self-recognition.html

39 Delfour, Fabienne & Marten, Ken (2001), «Mirror Image Processing in Three Marine Mammal Species: Killer Whales (Orcinus orca), False Killer Whales (Pseudorca crassidens) and California Sea Lions (Zalophus californianus)», in: *Behavioural Processes* 53, (3), S. 181–190.

40 Wilkie, Carolyn, «The Mirror Test Peers into the Workings of Animal Minds», in: *Scientist*, 21. Februar 2019. https://www.the-scientist.com/news-opinion/the-mirror-test-peers-into-the-workings-of-animal-minds-65497

41 Herman (2012), «Body and Self in Dolphins», Consciousness and Cognition 21, (1), S. 526–545.

42 Herman, «Vocal, Social, and Self-Imitation by Bottlenosed Dolphins», in: *Imitation in Animals and Artifacts*, herausgegeben von Dautenhahn, Kerstin & Nehaniv, Chrystopher L., Cambridge, MA: MIT Press, 2000, S. 63–108.

43 Abramson, Jos. Z., Hernández-Lloreda, Victori, Call, Josep & Colmenares, Fernando (2013), «Experimental Evidence for Action Imitation in Killer Whales (Orcinus orca)», in: *Animal Cognition* 16, (1), S. 11–22.

44 Mercado, Murray, Scott O., Uyeyama, Robert K. et al. (1998), «Memory for Recent Actions in the Bottlenosed Dolphin (Tursiops truncates): Repetition of Arbitrary Behaviors Using an Abstract Rule», in: *Animal Learning & Behavior* 26, (2), S. 210–218.

45 Reiss, Diana & Marino (2001), «Mirror Self-Recognition in the Bottlenose Dolphin: A Case of Cognitive Convergence», in: *Proceedings of the National Academy of Sciences of the United States of America* 98, (10), S. 5937–5942.

46 Grimm, David (2011), «Are Dolphins Too Smart for Captivity?», in: *Science* 332, (6029), S. 526–529. https://doi.org/10.1126/science.332.6029.526

47 Bishop, Katherine, «Flotilla Drives Errant Whale into Salt Water», in: *New York Times*, 4. November 1985. https://www.nytimes.com/1985/11/04/us/flotilla-drives-errant-whale-into-salt-water.html

48 Ramos Eric A. & Reiss, Diana (2014), «Foraging-related calls produced by bottlenose dolphins» Konferenzvortrag, 51. Annual Conference of the Animal Behaviour Society, Princeton NJ, 9.–14. August 2014.

8.

DAS MEER HAT OHREN

1 Pukui, Mary Kawena, herausgegeben von ‹Olelo No›eau: *Hawaiian Proverbs & Poetical Sayings*, Bernice P. Bishop Museum special publication Nr. 71, Honolulu: Bishop Museum Press, 1983.

2 Brautigan, Richard, *All Watched Over by Machines of Loving Grace*, San Francisco: Communication Company, 1967.

3 Hitt, Christine «The Sacred History of Maunakea», in: *Honolulu*, 5. August 2019. https://www.honolulumagazine.com/the-sacred-history-of-maunakea/

4 Wilcox, Christie, «‹Lonely George› the Snail Has Died, Marking the Extinction of His Species», in: *National Geographic*, 9. Januar 2019. https://www.nationalgeographic.co.uk/animals/2019/01/lonely-george-snail-has-died-marking-extinction-his-species

5 Hires, Brian, «U.S. Fish and Wildlife Service Proposes Delisting 23 Species from Endangered Species Act Due to Extinction» Presseerklärung auf der Webseite des U.S. Fish and Wildlife Service, 29. September 2021. https://www.fws.gov/news/ShowNews.cfm?ref=u.s.-fishand-wildlife-service-proposes-delisting-23-species-from-&_ID=37017

6 Paxton, Kristina L., Sebastán-González, Esther, Hite, Justin M. et al.(2019), «Loss of Cultural Song Diversity and the Convergence of Songs in a Declining Hawaiian Forest Bird Community», in: *Royal Society Open Science* 6, (8), 190719.

7 Kügler, Anke, Lammers, Marc O., Zang, Eden J. et al. (2020), «Fluctuations in Hawaii's Humpback Whale Megaptera novaeangliae Population Inferred from Male Song Chorusing off Maui», in: *Endangered Species Research* 43, S. 421–434. https://doi.org/10.3354/esr01080

8 Kintisch, Eli (2015), «‹The Blob› Invades Pacific, Flummoxing Climate Experts», in: *Science* 348, (6230), 3. April 2015, S. 17–18. https://www.science.org/doi/10.1126/science.348.6230.17

9.
TIERISCHE ALGORITHMEN

1 Turing, A.M. (1950), «Computing Machinery and Intelligence», in: *Mind* (New Series) 59, (236), S. 433–460.

2 Edison, Thomas A. (1877), «The Talking Phonograph», in: *Scientific American* 37, (25), S. 384–385.

3 Allen, Arthur A. & Kellogg, Peter Paul (1929), «Song Sparrow», Audioaufnahme, Macaulay Library, The Cornell Lab of Ornithology, 28. Mai 1929, digitalisiert am 2. Dezember 2001. https://macaulaylibrary.org/asset/16737

4 Steinauer-Scudder, Chelsea, «The Lord God Bird: Apocalyptic Prophecy & the Vanishing of Avifauna», in: *Emergence Magazine*, 2. Juli 2020. https://emergencemagazine.org/essay/the-lord-god-bird/

5 Webseite der International Bioacoustics Society (IBAC). https://www.ibac.info

6 Beispiele für IBAC-Präsentationen finden sich hier: «Programme IBAC 2019», IBAC. https://2019.ibac.info/programme

7 Riebel, Katharina, Odom, Karan J., Langmore, Naomi E. & Hall, Michelle (2019), «New Insights from Female Bird Song: Towards an Integrated Approach to Studying Male and Female Communication Roles», in: *Biology Letters* 15, (4), 20190059, http://doi.org/10.1098/rsbl.2019.0059

8 Bates, «Why Do Female Birds Sing?», in: Animal Minds (blog), *Psychology Today*, 26. August 2019. https://www.psychologytoday.com/gb/blog/animal-minds/201908/why-do-female-birds-sing

9 Bauck, Whitney, «Mythos and Mycology», in: *Atmos*, 14. Juni 2021. https://atmos.earth/fungi-mushrooms-merlin-sheldrake-interview/

10 Webb, Wesley H., Roper, M.M., Pawley, Matthew D.M., Fukuzawa, Yukio, Harmer, A.M.T. & Brunton, D.H. (2021), «Sexually distinct song cultures across a songbird metapopulation», in: *Frontiers in Ecology and Evolution*, 9. https://www.frontiersin.org/article/10.3389/fevo.2021.755633

11 Fukuzawa, Webb, Pawley et al. (2020), «Koe: Web-Based Software to Classify Acoustic Units and Analyse Sequence Structure in Animal Vocalizations», in: *Methods in Ecology and Evolution* 11, (3), S. 431–441.

12 Katona, Steven K. & Whitehead (1981), «Identifying Humpback Whales Using Their Natural Markings», in: *Polar Record* 20, (128), S. 439–444.

13 Ted Cheeseman in einer E-Mail an den Autor vom 28. November 2021.

14 Cheeseman, Ted et al. (2021), «Advanced Image Recognition: A Fully Automated, High-Accuracy Photo-Identification Matching System for Humpback Whales», in: *Mammalian Biology*, 2021. http://doi.org/10.1007/s42991-021-00180-9

15 «Prime Suspect», Humpback Whale CRC-12564, Happywhale. https://happywhale.com/individual/1437

16 Chabout, Jonathan, Sarkar, Abhra, Dunson, David B. & Jarvis, Erich D. (2015), «Male Mice Song Syntax Depends on Social Contexts and Influences Female Preferences», in: *Frontiers in*

Behavioral Neuroscience 9, 1. April 2015, S. 76. http://doi.org/10.3389/fnbeh.2015.00076

17 Dolensek, Nate, Gehrlach, Daniel A., Klein, Alexandra S. & Gogolla, Nadine (2020), «Facial Expressions of Emotion States and Their Neuronal Correlates in Mice», in: *Science* 368, (6486), 3. April 2020, S. 89–94. https://doi.org/10.1126/science.aaz9468

18 Green, Graeme, «How a Hi-Tech Search for Genghis Khan Is Helping Polar Bears», in: *Guardian*, 27. April 2021. https://www.theguardian.com/environment/2021/apr/27/polar-bears-genghis-khan-ai-radar-innovation-helping-protect-cubs-aoe

19 Davis, Nicola, «Bat Chat: Machine Learning Algorithms Provide Translations for Bat Squeaks», in: *Guardian*, 22. Dezember 2016. https://www.theguardian.com/science/2016/dec/22/bat-chat-machine-learning-algorithms-provide-translations-for-bat-squeaks

20 Fleming, Amy, «One, Two, Tree: How AI Helped Find Millions of Trees in the Sahara», in: *Guardian*, 15. Januar 2021. https://www.theguardian.com/environment/2021/jan/15/how-ai-helped-find-millions-of-trees-in-the-sahara-aoe

21 Australian Associated Press, «New Zealand Scientists Invent Volcano Warning System», in: *Guardian*, 19. Juli 2020. https://www.theguardian.com/world/2020/jul/20/new-zealand-scientists-invent-volcano-warning-System

22 Wild Me. https://www.wildme.org/#/

23 FathomNet ist der Öffentlichkeit zugänglich unter «FathomNet» vom Monterey Bay Aquarium Research Institute. https://www.mbari.org/fathomnet/

24 Callaghan, Max, Schleussner, Carl-Friedrich, Nath, Shruti et al. (2021), «Machine-Learning-Based Evidence and Attribution Mapping of 100,000 Climate Impact Studies», in: *Nature Climate Change* 11, 966–972. https://doi.org/10.1038/s41558-021-01168-6

25 Senior, Andrew W., Evans, Richard, Jumper, John et al. (2020), «Improved Protein Structure Prediction Using Potentials from Deep Learning», in: *Nature* 577, (7792), S. 706–710.

26 Simonite, Tom, «How Google Plans to Solve Artificial Intelligence», in: *MIT Technology Review*, 31. März, 2016. https://www.technologyreview.com/2016/03/31/161234/how-google-plans-to-solve-artificial-intelligence/

27 Callaway (2020), «‹It Will Change Everything›: DeepMind's AI

Makes Gigantic Leap in Solving Protein Structures», in: *Nature* 588, (7837), S. 203–204.
28 Callaway (2020), «‹It Will Change Everything›: DeepMind's AI Makes Gigantic Leap in Solving Protein Structures», in: *Nature* 588, (7837), S. 203–204.
29 Callaway (2020), «‹It Will Change Everything›: DeepMind's AI Makes Gigantic Leap in Solving Protein Structures», in: *Nature* 588, (7837), S. 203–204.
30 Persönliches Gespräch mit Ian Hogarth am 4. Mai 2020.
31 Fearey, J., Elwen, S.H., James, B.S. & Gridley, T. (2019), «Identification of Potential Signature Whistles from Free-Ranging Common Dolphins (Delphinus delphis) in South Africa», in: *Animal Cognition* 22, (5), S. 777–789.
32 Oswald, Julie N. «Bottlenose Dolphin Whistle Repertoires: Size and Stability over Time», Vortrag bei IBAC, University of St Andrews, UK, 5. September 2019.
33 Julie Oswald in einer E-Mail am 23. November 2021.
34 Dudzinski, K., & Ribic, C. (2017), «Pectoral fin contact as a mechanism for social bonding among dolphins», in: *Animal Behavior and Cognition*, 4 (1), S. 30–48.
35 Persönliches Gespräch mit Ted Cheeseman am 29. Juli 2020.

10.
MASCHINEN DER LIEBENDEN GNADE

1 Wilson, Edward O., *Der Wert der Vielfalt,* München: Piper, 1997.
2 Lane, Nick (2015), «The Unseen World», in: Reflections on Leeuwenhoek (1677). ‹Concerning Little Animals› », in: *Philosophical Transactions of the Royal Society B: Biological Sciences* 370 (1666), 20140344.
3 Drake, Nadia, «When Hubble Stared at Nothing for 100 Hours», in: *National Geographic*, 24. April 2015. https://www.nationalgeographic.com/science/article/when-hubble-stared-at-nothing-for-100-hours
4 «Discoveries: Hubble's Deep Fields», in: National Aeronautics and Space Administration, aktualisiert am 29. Oktober 2021. https://www.nasa.gov/content/discoveies-hubbles-deep-fields
5 «Hubble explores the origins of modern galaxies», in: *ESA*

Hubble Media Newsletter, Pressemitteilung, 15. August 2013. https://esahubble.org/news/heic1315/

6 Cohen, Danielle, «He Created Your Phone's Most Addictive Feature. Now He Wants to Build a Rosetta Stone for Animal Language», in: *GQ*, 6. Juli 2021. https://www.gq-magazine.co.uk/culture/article/aza-raskin-interview

7 Aza Raskin in einer E-Mail am 3. Januar 2022.

8 Ryan, John P., Cline, Danelle E., Joseph, John E. et al. (2019), «Humpback Whale Song Occurrence Reflects Ecosystem Variability in Feeding and Migratory Habitat of the Northeast Pacific» *PLoS One* 14, (9), e0222456. https://doi.org/10.1371/journal.pone.0222456

9 Mikolov, Tomas, Chen, Kai, Corrado, Greg & Dean, Jreffrey (2013), «Efficient Estimation of Word Representations in Vector Space», in: *arXiv* preprint, arXiv:1301.3781

10 Firth, John R., «A Synopsis of Linguistic Theory, 1930–1955», in: *Studies in Linguistic Analysis*, Oxford: Blackwell, 1957.

11 «Earth Species Project: Research Direction», in: *GitHub*, aktualisiert am 10. Juni 2020. https://github.com/earthspecies/project/blob/master/roadmaps/ai.md

12 Artetxe, Mikel, Labaka, Gorka, Agirre, Eneko & Cho, Kyunghyun (2017), «Unsupervised Neural Machine Translation», in: *arXiv*:1710.1141. http://arxiv.org/abs/1710.11041

13 Chung, Yu-An, Weng, Wei-Hun, Tong, Schrasing & Glass, James (2018), «Unsupervised Cross-Modal Alignment of Speech and Text Embedding Spaces», in: *arXiv*: 1805.07467. http://arxiv.org/abs/1805.07467

14 Selvitelle, Britt (2020), «Earth Species Project: Research Direction», in: *Github*, 10. Juni 2020. https://github.com/earthspecies/project/blob/main/roadmaps/ai.md

15 Ursprünglich wurde dieses Zitat Bill Joy in Brent Schlender, «Whose Internet Is It, Anyway?», in: *Fortune*, 12. Dezember 1995, S. 120, zugeschrieben. «The Smartest People in the World Don't All Work for Us. Most of Them Work for Someone Else», hier zitiert in Quote Investigator, 28. Januar 2018. https://quoteinvestigator.com/2018/01/28/smartest/

16 Arons, Barry (1992), «A Review of the Cocktail Party Effect», in: *Journal of the American Voice I/O Society* 12, (7), S. 35–50.

17 Bermant, Peter C. (2021), «BioCPPNet: Automatic Bioacoustic Source Separation with Deep Neural Networks», in: *Scientific Reports* 11, 23502. https://doi.org/10.1038/s41598-021-02790-2

18 Thornton, Stuart, «Incredible Journey», in: *National Geographic*, 29. Oktober 2010. https://www.nationalgeographic.org/article/incredible-journey/

19 Wiley, David, Ware, Colin, Bocconcelli, Alessandro et al. (2011), «Underwater Components of Humpback Whale Bubble-Net Feeding Behaviour», in: *Behaviour* 148, (5/6), S. 575–602.

20 Wiley, David, Ware, Colin, Bocconcelli, Alessandro et al. (2011), «Underwater Components of Humpback Whale Bubble-Net Feeding Behaviour», in: *Behaviour* 148, (5/6), S. 575–602. http://www.jstor.org/stable/23034261

21 Ari Friedlaender in einer E-Mail am 22. November 2021.

22 Kohlsdorf, Daniel, Gilliland, Scott, Presti, Peter et al., «An Underwater Wearable Computer for Two Way Human-Dolphin Communication Experimentation», in: *Proceedings of the 2013 International Symposium on Wearable Computers*, New York: Association for Computing Machinery, 2013, S. 147–148. https://doi.org/10.1145/2493988.2494346

23 «Our Mission», Interspecies Internet, aktualisiert am 21. April 2021. https://www.interspecies.io/about

24 Videointerview mit dem Autor am 11. April 2022.

25 Lewis, Danny, «Scientists Just Found a Sea Turtle That Glows», in: *Smithsonian Magazine*, 1. Oktober 2015. https://www.smithsonianmag.com/smart-news/scientists-discover-glowing-sea-turtle-180956789/

26 Galloway, Kevin C., Becker, Kaitlyn P., Phillips, Brennan et al. (2016), «Soft Robotic Grippers for Biological Sampling on Deep Reefs», in: *Soft Robotics* 3, (1), 17. März 2016, S. 23–33. https://doi.org/10.1089/soro.2015.0019

27 Project CETI. https://www.projectceti.org

28 David Gruber in einer E-Mail am 27. Dezember 2021.

29 David Gruber in einer E-Mail am 27. Dezember 2021.

30 Gero, Jonathan Gordon & Whitehead (2015), «Individualized Social Preferences and Long-Term Social Fidelity Between Social Units of Sperm Whales», in: *Animal Behaviour* 102, S. 15–23. https:/doi.org/10.1016/j.anbehav.2015.01.008

31 «Project Ceti», The Audacious Project Impact 2020. https://impact.audaciousproject.org/projects/project-ceti

32 Katzschmann, Robert K., DelPreto, Joseph, MacCurdy, Robert & Russ, Daniela (2018), «Exploration of Underwater Life with an Acoustically Controlled Soft Robotic Fish», in: *Science Robotics* 3, (16) (28. März 2018), eaar3449. https://doi.org/10.1126/scirobotics.aar3449

33 Andreas, Jacob, Beguš, Gašper, Bronstein, Michael M. et al. (2021), «Cetacean Translation Initiative: A Roadmap to Deciphering the Communication of Sperm Whales», in: *arXiv* preprint, arXiv:2104.08614.

34 Andreas, Jacob, Beguš, Gašper, Bronstein, Michael M. et al. (2021), «Cetacean Translation Initiative: A Roadmap to Deciphering the Communication of Sperm Whales», in: *arXiv* preprint, arXiv:2104.08614.

35 Andreas, Jacob, Beguš, Gašper, Bronstein, Michael M. et al. (2021), «Cetacean Translation Initiative: A Roadmap to Deciphering the Communication of Sperm Whales», in: *arXiv* preprint, arXiv:2104.08614.

36 Andreas, Jacob, Beguš, Gašper, Bronstein, Michael M. et al. (2021), «Cetacean Translation Initiative: A Roadmap to Deciphering the Communication of Sperm Whales», in: *arXiv* preprint, arXiv:2104.08614.

37 Project CETI. https://www.projectceti.org

38 Gero, Whitehead & Rendell (2016), «Individual, Unit and Vocal Clan Level Identity Cues in Sperm Whale Codas», in: *Royal Society Open Science* 3, (1), 150372.

39 Bronstein, Bermant, Wood, Robert J. et al. (2019), «Deep Machine Learning Techniques for the Detection and Classification of Sperm Whale Bioacoustics», in: *Scientific Reports* 9, 12588. https:/doi.org/10.1038/s41598-019-48909-4

40 Andreas, Jacob, Beguš, Gašper, Bronstein, Michael M. et al. (2021), «Cetacean Translation Initiative: A Roadmap to Deciphering the Communication of Sperm Whales», in: *arXiv* preprint, arXiv:2104.08614.

41 David Gruber in einer E-Mail am 27. Dezember 2021.

42 David Gruber in einer E-Mail am 28. April 2022.

43 Persönliches Gespräch mit Aza Raskin, am 17. Dezember 2021.

44 Andreas, Jacob, Beguš, Gašper, Bronstein, Michael M. et al. (2021),

«Cetacean Translation Initiative: A Roadmap to Deciphering the Communication of Sperm Whales», in: *arXiv* preprint, arXiv:2104.08614

45 Telefonat mit Roger Payne am 24. Dezember 2021.

46 «Ever since I was a child»: Jane Goodall in einer E-Mail an Aza Raskin vom 23. August 2020. Mit freundlicher Genehmigung der Autorin.

47 Pschera, Alexander, *Animal Internet: Nature and the Digital Revolution*, übersetzt von Elisabeth Lauffer, New York: New Vessel Press, 2016, S. 11.

48 Ted Cheeseman in einer E-Mail vom 30. Juni 2021.

11.
ANTHROPOLEUGNUNG

1 Macdonald, Helen, *Vesper Flights*, New York: Vintage/Penguin Random House, 2021, S. 255.

2 Higham, Tom, Douka, Katerina, Wood Rachel et al. (2014), «The Timing and Spatiotemporal Patterning of Neanderthal Disappearance», in: *Nature* 512, (7514), S. 306–309.

3 Britton, Kate, Grimes, Vaughan, Niven, Laura et al.(2011), «Strontium Isotope Evidence for Migration in Late Pleistocene Rangifer: Implications for Neanderthal Hunting Strategies at the Middle Palaeolithic Site of Jonzac, France», in: *Journal of Human Evolution* 61, (2), S. 176–185.

4 Moncel, Marie-Helene, Fernandes, Paul, Willmes, Malte et al. (2019), «Rocks, Teeth, and Tools: New Insights into Early Neanderthal Mobility Strategies in South-Eastern France from Lithic Reconstructions and Strontium IsotopeAnalysis», PLoS One 14, (4), e0214925.

5 Albert, Rosa M., Berna, Francesco & Goldberg, Paul (2012), «Insights on Neanderthal Fire Use at Kebara Cave (Israel) Through High Resolution Study of Prehistoric Combustion Features: Evidence from Phytoliths and Thin Sections», in: *Quaternary International* 247, S. 278–293.

6 Appenzeller, Tim (2013), «Neanderthal Culture: Old Masters», in: *Nature* 497, (7449), S. 302.

7 Trinkaus, Erik & Villotte, Sebastien (2017), «External Auditory

Exostoses and Hearing Loss in the Shanidar 1 Neandertal», in: *PLoS One* 12, (10), e0186684.

8 Fu, Qiaomei, Hajdinjak, Mateja, Moldovan, Oana Teodora et al. (2015), «An Early Modern Human from Romania with a Recent Neanderthal Ancestor», in: *Nature* 524, (7564), S. 216–219.

9 Descartes, René, «To More, 5.ii.1649», in: *Selected Correspondence of Descartes*, übersetzt von Jonathan Bennett, Some Texts from Early Modern Philosophy, 2017. https://www.earlymoderntexts.com/assets/pdfs/descartes16194.pdf (S. 216)

10 Descartes, René, Philosophische Schriften in einem Band, «Discours de la methode», Teil 4, Abschnitt 3, Hamburg: Felix Meiner 1996, S. 55.

11 Descartes, René, «To Cavendish 23.xi.1646», in: *Selected Correspondence of Descartes*, S. 189.

12 Allen, Colin & Trestman, Michael, «Animal Consciousness», in: *Stanford Encyclopedia of Philosophy Archive*, Ausgabe Winter 2020, herausgegeben von Edward N. Zalta, Center for the Study of Language and Information, Stanford University. https://plato.stanford.edu/archives/win2020/entries/consciousness-animal/

13 Agutter, Paul S. & Wheatley, Denys N., *Thinking About Life: The History and Philosophy of Biology and Other Sciences*, Dordrecht, Niederlande: Springer, 2008, S. 43.

14 Rapp, Christof (Hrsg.), *Aristoteles, Werke in deutscher Übersetzung*. Bd. 16: Zoologische Schriften I. Historia animalium, Berlin: Akademie, 2013ff.

15 Abū ḥanīfah Aḥmad ibn Dāwūd Dīnawarī, *Kitab al-nabat – The Book of Plants*, herausgegeben von Bernhard Lewin, Wiesbaden: Franz Steiner, 1974.

16 Albertus Magnus, Digitale Ausgabe im Münchener Digitalisierungszentrum, Digitale Bibliothek. https://www.digitalesammlungen.de/de/view/bsb11171813?page=,1

17 Estreicher, Tad (1914), «The First Description of a Kangaroo», in: *Nature* 93, (2316), S. 60.

18 Challenger, Melanie, *How to Be Animal: A New History of What It Means to Be Human*, Edinburgh: Canongate, 2021.

19 «Apology for Raimond Sebond», Kap. 12 in: *The Essays of Montaigne, Complete*, übersetzt von Charles Cotton (1887).

20 Thorndike, Edward L., «The Evolution of the Human Intellect», Kap. 7 in: *Animal Intelligence*, New York: Macmillan, 1911.

21 Tinbergen, Nikolaas, «Ethology and Stress Diseases», Nobel Prize in Physiology or Medicine lecture, 12. Dezember 1973, The Nobel Prize. https://www.nobelprize.org/uploads/2018/06/tinbergen-lecture.pdf

22 Tarpy, David R., «The Honey Bee Dance Language», NC State Extension, 23. Februar 2016. https://content.ces.ncsu.edu/honey-bee-dance-language

23 Kerlin, Kat, «Personality Matters, Even for Squirrels», in: *News and Information,* University of Califonia, Davis, 10. September 2021. https://www.ucdavis.edu/curiosity/news/personality-matters-even-squirrels-0

24 Hunt, Gavin R. (1996), «Manufacture and Use of Hook-Tools by New Caledonian Crows», in: *Nature* 379, (6562), S. 249–251. Shumaker, Robert W., Walkup, Kristina R. & Beck, Benjamin B., *Animal Tool Behavior: The Use and Manufacture of Tools by Animals*, Baltimore: Johns Hopkins University Press, 2011. Bentley-Condit, Vicki & Smith, E. O. (2010), «Animal Tool Use: Current Definitions and an Updated Comprehensive Catalog», in: *Behaviour* 147, (2), S. 185–221.

25 De Roy, Tui, Espinoza, Eduardo R. & Trillmich, Fritz (2021), «Co-operation and Opportunism in Galapagos Sea Lion Hunting for Shoaling Fish», in: *Ecology and Evolution* 11, (14), S. 9206–9216. Melis, Alicia P., Hare, Brian & Tomasello, Michael (2006), «Engineering Cooperation in Chimpanzees: Tolerance Constraints on Cooperation», in: *Animal Behaviour* 72, (2), S. 275–286.

26 Clayton, Nicola S., Bussey, Timothy J. & Dickinson, Anthony (2003), «Can Animals Recall the Past and Plan for the Future?», in: *Nature Reviews Neuroscience* 4, (8), S. 685–691. Roberts, William A. (2007), «Mental Time Travel: Animals Anticipate the Future», in: *Current Biology* 17, (11), S. R418–R420.

27 Walker, Margaret L. & Herndon, James G. (2008), «Menopause in Nonhuman Primates?», in: *Biology of Reproduction* 79, (3), S. 398–406. Johnstone, Rufus A. & Cant, Michael A. (2010), «The Evolution of Menopause in Cetaceans and Humans: The Role of Demography», in: *Proceedings of the Royal Society B: Biological Sciences* 277, (1701), S. 3765–3771. https://doi.org/10.1098/rspb.2010.0988

28 Vonk, Jennifer (2013), «Matching Based on Biological Categories in Orangutans (Pongo abelii) and a Gorilla (Gorilla gorilla gorilla)», in: *PeerJ* 1, e158. Pepperberg, Irene M. (2013), «Abstract Concepts: Data from a Grey Parrot», in: *Behavioural Processes* 93, S. 82–90. https://doi.org/10.1016/j.beproc.2012.09.016. Herman, Pack, Adam A. & Wood, Amy M. (1994), «Bottlenose Dolphins Can Generalize Rules and Develop Abstract Concepts», in: *Marine Mammal Science* 10, (1), S. 70–80. https://doi.org/10.1111/j.1748-7692.1994.tb00390.x

29 Pilley, John W. & Reid, Alliston K. (2011), «Border Collie Comprehends Object Names as Verbal Referents», in: *Behavioural Processes* 86, (2), S. 184–195. https://doi.org/10.1016/j.beproc.2010.11.007. Pepperberg, Irene M. (2002), «Cognitive and Communicative Abilities of Grey Parrots», in: *Current Directions in Psychological Science* 11, (3), S. 83–87. Gardner, R. Allen & Gardner, Beatrice T. (1969), «Teaching Sign Language to a Chimpanzee», in: *Science* 165, (3894) (15. August 1969), S. 664–672. Patterson, Francine G. (1978), «The Gestures of a Gorilla: Language Acquisition in Another Pongid», in: *Brain and Language* 5, (1), S. 72–97.

30 Kawai, Nobuyuki & Matsuzawa, Tetsuro (2000), «Numerical Memory Span in a Chimpanzee», in: *Nature* 403, (6765), S. 39–40.

31 Pepperberg, Irene M. (2006), «Grey Parrot Numerical Competence: A Review», in: *Animal Cognition* 9, (4), S. 377–391. Inoue, Sara & Matsuzawa (2007), «Working Memory of Numerals in Chimpanzees», in: *Current Biology* 17, (23), S. R1004–R1005.

32 Newport, Cait, Wallis, Guy, Reshitnyk, Yarema & Siebeck, Ulrike E. (2016), «Discrimination of Human Faces by Archerfish (Toxotes chatareus)», in: *Scientific Reports* 6, (1), S. 1–7. Knolle, Franziska, Goncalves, Rita P. & Morton, A. Jennifer (2017), «Sheep Recognize Familiar and Unfamiliar Human Faces from Two-Dimensional Images», in: *Royal Society Open Science* 4, (11), 171228. Racca, Anaïs, Amadei, Ligout, Eleonora Séverine et al. (2010), «Discrimination of Human and Dog Faces and Inversion Responses in Domestic Dogs (Canis familiaris)», in: *Animal Cognition* 13, (3), S. 525–533.

33 Massen, Jorg J.M. & Koski, Sonja E. (2014), «Chimps of a Feather Sit Together: Chimpanzee Friendships Are Based on Homophily in Personality», in: *Evolution and Human Behavior* 35, (1), S. 1–8. Dunbar, Robin (2014), «Do Animals Have Friends, Too?», in: *New Scientist*, 21. Mai 2014. https://www.newscientist.com/article/

mg22229700-400-friendship-do-animals-have-friends-too/. Weiss, Michael N., Franks, Daniel Wayne, Giles, Deborah A. et al. (2021), «Age and Sex Influence Social Interactions, but Not Associations, Within a Killer Whale Pod», in: *Proceedings of the Royal Society B: Biological Sciences* 288, (19539), S. 1–28.

34 Manson, Joseph H., Perry, Susan & Parish, Amy R. (1997), «Non-conceptive Sexual Behavior in Bonobos and Capuchins», in: *International Journal of Primatology* 18, (5), S. 767–786.

35 Lecorps, Benjamin, Weary, Daniel M. & von Keyserlingk, Marina A. G. (2021), «Captivity-Induced Depression in Animals», in: *Trends in Cognitive Sciences* 25, (7), S. 539–541. Figueroa, Jaime, Solá-Oriol, David, Manteca, Xavier et al. (2015), «Anhedonia in Pigs? Effects of Social Stress and Restraint Stress on Sucrose Preference», in: *Physiology & Behavior* 151, S. 509–515.

36 Pribac, Teja Brooks (2013), «Animal Grief», in: *Animal Studies Journal* 2, (2), S. 67–90. Safina, Carl, «The Depths of Animal Grief», in: *Nova*, PBS, 8. Juli 2015. https://www.pbs.org/wgbh/nova/article/animal-grief/

37 Zuberbühler (2020), «Syntax and Compositionality in Animal Communication», in: *Philosophical Transactions of the Royal Society B: Biological Sciences* 375, (1789), 20190062. Suzuki, Toshitaka N., Wheatcroft, David & Griesser, Michael (2020), «The Syntax-Semantics Interface in Animal Vocal Communication», in: *Philosophical Transactions of the Royal Society B: Biological Sciences* 375, (1789), 20180405. Berwick, Robert C., Okanoya, Kazuo, Beckers, Gabriel J. L. & Bolhuis, Johan J. (2011), «Songs to Syntax: The Linguistics of Birdsong», in: *Trends in Cognitive Sciences* 15, (3), S. 113–121. https://doi.org/10.1016/j.tics.2011.01.002, PMID: 21296608.

38 Bekoff, Marc (2000), «Animal Emotions: Exploring Passionate Natures: Current Interdisciplinary Research Provides Compelling Evidence That Many Animals Experience Such Emotions as Joy, Fear, Love, Despair, and Grief – We Are Not Alone», in: *BioScience* 50, (10), S. 861–870. Pepperberg, Irene M. (1981), «Functional Vocalizations by an African Grey Parrot (Psittacus erithacus)», in: *Zeitschrift für Tierpsychologie* 55, (2), S. 139–160.

39 Bastos, Amalia P. M., Neilands, Patrick D., Hassall, Rebecca S. et al. (2021), «Dogs Mentally Represent Jealousy-Inducing Social Interactions», in: *Psychological Science* 32, (5), S. 646–654.

40 Pepperberg, Irene M. (2010), «Vocal Learning in Grey Parrots: A Brief Review of Perception, Production, and Cross-Species Comparisons», in: *Brain and Language* 115, (1), S. 81–91. Abramson, Hernández-Lloreda, García Lino et al. (2018), «Imitation of Novel Conspecific and Human Speech Sounds in the Killer Whale (Orcinus orca)», in: *Proceedings of the Royal Society B: Biological Sciences* 285, (1871), 20172171. https://doi.org/10.1098/rspb.2017.2171 erratum in *Proceedings of the Royal Society B: Biological Sciences* 285, (1873) (2018): 20180297. https://doi.org/10.1098/rspb.2018.0287. Stoeger, Angela S. et al. (2012), «An Asian Elephant Imitates Human Speech», in: *Current Biology* 22, (22), S. P2144–P2148. https://doi.org/10.1016/j.cub.2012.09.022

41 Davila-Ross, Marina, Owren, Michael J. & Zimmermann, Elke (2009), «Reconstructing the Evolution of Laughter in Great Apes and Humans», in: *Current Biology* 19, (13), S. 1106–1111. Davila-Ross, Marina, Jesus, Goncalo, Osborne, Jade & Bard, Kim A. (2015), «Chimpanzees (Pan troglodytes) Produce the Same Types of ‹Laugh Faces› When They Emit Laughter and When They Are Silent», in: *PLoS One* 10, (6), e0127337.

42 Nelson, Kevin, *The Spiritual Doorway in the Brain: A Neurologist's Search for the God Experience,* New York: Dutton/Penguin, 2011. Barbara J. King, «Seeing Spirituality in Chimpanzees», in: *Atlantic*, 29. März 2016. https://www.theatlantic.com/science/archive/2016/03/chimpanzee-spirituality/475731/

43 Danbury, T.C., Weeks, C.A., Waterman-Pearson, A.E. et al. (2000), «Self-Selection of the Analgesic Drug Carprofen by Lame Broiler Chickens», in: *Veterinary Record* 146, (11), S. 307–311. Carstens, Earl & Moberg, Gary P. (2000), «Recognizing Pain and Distress in Laboratory Animals», in: *ILAR Journal* 41, (2), S. 62–71. Langley, Liz (2016), «The Surprisingly Humanlike Ways Animals Feel Pain», in: *National Geographic,* 3. Dezember 2016. https://www.nationalgeographic.com/animals/article/animals-science-medical-pain

44 Cabanac, Michel (1999), «Emotion and Phylogeny», in: *Journal of Consciousness Studies* 6, (6–7), S. 176–190. Balcombe, Jonathan (2009), «Animal Pleasure and Its Moral Significance», in: *Applied Animal Behaviour Science* 118, (3–4), S. 208–216.

45 Kulahci, Ipek G., Rubenstein, Daniel I. & Ghazanfar (2015), «Le-

murs Groom-at-a-Distance Through Vocal Networks», in: *Animal Behaviour* 110, S. 179–186. Fox, Kieran C. R., Muthukrishna, Michael & Shultz, Susanne (2017), «The Social and Cultural Roots of Whale and Dolphin Brains», in: *Nature Ecology & Evolution* 1, (11), S. 1699–1705.

46 Hickock, Kimberley, «Rare Footage Shows Beautiful Orcas Toying with Helpless Sea Turtles», in: *Live Science*, 20. September 2018. https://www.livescience.com/63622-orca-spins-sea-turtle.html

47 Fox, Kieran C. R., Muthukrishna, Michael & Shultz, Susanne (2017), «The Social and Cultural Roots of Whale and Dolphin Brains», in: *Nature Ecology & Evolution* 1, (11), S. 1699–1705. Burghardt, Gordon M., *The Genesis of Animal Play: Testing the Limits*, Cambridge, MA: MIT Press, 2006.

48 De Waal, *The Age of Empathy: Nature's Lessons for a Kinder Society*, London: Souvenir Press, 2010. Monsó, Susana, Benz-Schwarzburg, Judith & Bremhorst, Annika (2018), «Animal Morality: What It Means and Why It Matters», in: *Journal of Ethics* 22, (3), S. 283–310. https://doi.org/10.1007/s10892-018-9275-3

49 Brosnan, Sarah F. & de Waal (2014), «Evolution of Responses to (Un)fairness», in: *Science* 346, (6207) (18. September 2014). https://doi.org/10.1126/science.1251776. Wascher, Claudia (2017), «Animals Know When They Are Being Treated Unfairly (and They Don't Like It)», in: *The Conversation*, Phys.org, 22. Februar 2017. https://phys.org/news/2017-02-animals-unfairly-dont.html

50 Krams, Indrikis, Krama, Tatjana, Igaune, Kristine & Raivo Mänd, «Experimental Evidence of Reciprocal Altruism in the Pied Flycatcher», in: *Behavioral Ecology and Sociobiology* 62, (4), S. 599–605. De Waal (2008), «Putting the Altruism Back into Altruism: The Evolution of Empathy», in: *Annual Review of Psychology* 59, S. 279–300.

51 Rogers, Lesley J. & Kaplan, Gisela (2006), «Elephants That Paint, Birds Th at Make Music: Do Animals Have an Aesthetic Sense?», in: *Cerebrum* 2006: Emerging Ideas in Brain Science, S. 1–14. Goldman, Jason G., «Creativity: The Weird and Wonderful Art of Animals», BBC, 23. Juli 2014. https://www.bbc.com/future/article/20140723-are-we-the-onlycreative-species

52 Jabr, Ferris, «The Beasts That Keep the Beat», in: *Quanta Magazine*, 22. März 2016. https://www.quantamagazine.org/the-beasts-that-keep-the-beat-20160322/

53 Ligon, Russell A., Diaz, Christopher D., Morano, Janelle L. et al. (2018), «Evolution of Correlated Complexity in the Radically Different Courtship Signals of Birds-of-Paradise», in: *PLoS Biology* 16, (11), e2006962. Osterloff, Emily, «Best Foot Forward: Eight Animals That Dance to Impress», Natural History Museum (London), 12. März 2020. https://www.nhm.ac.uk/discover/animals-that-dance-to-impress.html

54 Panksepp, Jaak & Burgdorf, Jeffrey (2000), «50-kHz Chirping (Laughter?) in Response to Conditioned and Unconditioned Tickle-Induced Reward in Rats: Effects of Social Housing and Genetic Variables», in: *Behavioural Brain Research* 115, (1), S. 25–38.

55 Marshall, James A. R., Brown, Gavin & Radford, Andrew N. (2017), «Individual Confidence-Weighting and Group Decision-Makin», in: *Trends in Ecology & Evolution* 32, (9), S. 636–645. Roy, Davis & Eleanor Ainge, «Study Finds Parrots Weigh Up Probabilities to Make Decisions», in: *Guardian*, 3. März 2020. https://www.theguardian.com/science/2020/mar/03/study-findsparrots-weigh-up-probabilities-to-make-decisions

56 Pérez-Manrique, Ana & Gomila, Antoni (2022), «Emotional Contagion in Nonhuman Animals: A Review», in: *Wiley Interdisciplinary Reviews: Cognitive Science* 13, (1), e1560. Hernandez-Lallement, Julen, Gómez-Sotres, Paula & Carrillo, Maria, «Towards a Unified Theory of Emotional Contagion in Rodents – A Meta-analysis», in: *Neuroscience & Biobehavioral Reviews*, 2020.

57 Roulin, A., Des Monstiers, B., Ifrid E. et al. (2016), «Reciprocal Preening and Food Sharing in Colour-Polymorphic Nestling Barn Owls», in: *Journal of Evolutionary Biology* 29, (2), S. 380–394. Pitman, Volker B., Deecke, Christine M. Gabriele et al. (2017), «Humpback Whales Interfering When Mammal-Eating Killer Whales Attack Other Species: Mobbing Behavior and Interspecific Altruism?», in: *Marine Mammal Science* 33, (1) S. 7–58.

58 Hunter, Philip (2021), «Birds of a Feather Speak Together: Understanding the Different Dialects of Animals Can Help to Decipher Their Communication», in: *EMBO Reports* 22, (9), e53682. Antunes, Tyler, Schulz, Gero et al. (2011), «Individually Distinctive Acoustic Features in Sperm Whale Codas», in: *Animal Behaviour* 81, (4), S. 723–730. https://doi.org/10.1016/j.anbehav.2010.12.019

59 Galef, Bennett G. (1992), «The Question of Animal Culture», in: *Human Nature* 3, (2), S. 157–178. Whiten, Andrew, Goodall, Jane, McGrew, William C. et al. (1999), «Cultures in Chimpanzees», in: *Nature* 399, (6737), S. 682–685. Krützen, Michael, Willems, Erik P. & van Schaik, Carel P. (2011), «Culture and Geographic Variation in Orangutan Behavior», in: *Current Biology* 21, (21), S. 1808–1812. Whitehead, Hal & Rendell, Luke, *The Cultural Lives of Whales and Dolphins*, Chicago: University of Chicago Press, 2015.

60 Kano, Fumihiro, Krupenye, Christopher, Hirata, Satoshi et al. (2019), «Great Apes Use Self-Experience to Anticipate an Agent's Action in a False-Belief Test», in: *Proceedings of the National Academy of Sciences of the United States of America* 116, (42), S. 20904–20909.

61 Juarez, Jorge, Guzman-Flores, Carlos, Ervin, Frank R. & Palmour, Roberta M. (1993), «Voluntary Alcohol Consumption in Vervet Monkeys: Individual, Sex, and Age Differences», in: *Pharmacology, Biochemistry, and Behavior* 46, (4), S. 985–988. Wilcox, Christie, «Do Stoned Dolphins Give ‹Puff Puff Pass› A Whole New Meaning?», in: *Discover*, 30. Dezember 2013. https://www.discovermagazine.com/planet-earth/do-stoned-dolphins-give-puff-puff-pass-a-whole-new-meaning#.VIHlOWTF_OZ

62 Hare, Call, and Tomasello (2006), «Chimpanzees Deceive a Human Competitor by Hiding», in: *Cognition* 101, (3), S. 495–514. Fujita, Kazuo, Kuroshima, Hika & Asai, Saori (2003), «How Do Tufted Capuchin Monkeys (Cebus apella) Understand Causality Involved in Tool Use?», in: *Journal of Experimental Psychology: Animal Behavior Processes* 29, (3), S. 233.

63 De Waal, «Are We in Anthropodenial?», in: *Discover*, Juli 1997.

64 McComb, Karen, Baker, Lucy & Moss, Cynthia J. (2006), «African Elephants Show High Levels of Interest in the Skulls and Ivory of Their Own Species», in: *Biology Letters* 2, (1), S. 26–28.

65 Phorn, Bopha, «Researchers Found Orca Whale Still Holding On to Her Dead Calf 9 Days Later», *ABC News*, 1. August 2018. https://abcnews.go.com/US/researchers-found-orca-whale-holding-dead-calfdays/story?id=56965753.

66 Allen, Colin & Trestman, Michael, «Animal Consciousness», in: *Stanford Encyclopedia of Philosophy Archive*, Ausgabe Winter 2020, herausgegeben von Edward N. Zalta, Center for the Study of Language and Information, Stanford University. https://plato.stanford.edu/archives/win2020/entries/consciousness-animal/

67 Hickock, Kimberley, «Rare Footage Shows Beautiful Orcas Toying with Helpless Sea Turtles», in: *Live Science*, 20. September 2018. https://www.livescience.com/63622-orca-spins-sea-turtle.html

68 Würsig, Bernd, «Bow-Riding», in: *Encyclopedia of Marine Mammals*, 2. Aufl. Herausgegeben von William F. Perrin, Bernd Würsig & J.G.M. Thewissen, London: Academic Press, 2009.

69 Fimrite, Peter, «‹Porpicide›: Bottlenose Dolphins Killing Porpoises», in: *SFGate*, 17. September 2011. https://www.sfgate.com/news/article/Porpicide-Bottlenose-dolphins-killing-porpoises-2309298.php.

70 Sullivan, Justine, «Disabled Killer Whale Survives with Help from Its Pod», in: *Oceana*, 21. Mai 2013. https://usa.oceana.org/blog/disabled-killer-whale-survives-help-its-pod/

71 Gabay, Aimee (2021), «Why Are Orcas ‹Attacking› Fishing Boats off the Coast of Gibraltar?», in: *New Scientist*, 15. September 2021. https://www.newscientist.com/article/mg25133521-100-why-are-orcas-attacking-fshing-boats-off-the-coast-of-gibraltar/

72 Reardon, Sara (2012), «Do Dolphins Speak Whale in Their Sleep?», in: *Science*, 20. Januar 2012. https://www.science.org/content/article/do-dolphins-speak-whale-their-sleep

73 Milman, Oliver, «Anthropomorphism: How Much Humans and Animals Share Is Still Contested», in: *Guardian*, 15. Januar 2016. https://www.theguardian.com/science/2016/jan/15/anthropomorphism-danger-humans-animals-science

74 Persönliches Gespräch mit Roger Payne in New York City am 7. April 2019.

75 «The Future Has Arrived – It's Just Not Evenly Distributed Yet», Quote Investigator. https://quoteinvestigator.com/2012/01/24/future-has-arrived/

76 Bekoff, Marc, «Scientists Conclude Nonhuman Animals Are Conscious Beings», in: *Psychology Today*, 10. August 2012. https://www.psychologytoday.com/gb/blog/animal-emotions/201208/scientists-conclude-nonhuman-animals-are-conscious-beings

77 «The Cambridge Declaration on Consciousness», Francis Crick Memorial Conference am 7. Juli 2012. http://fcmconference.org/img/CambridgeDeclarationOnConsciousness.pdf

78 Le Neindre, Pierre, Bernard, Emilie, Boissy, Alain et al. (2017), «Animal Consciousness», in: *EFSA Supporting Publications* 14, 1196E.

79 Waterson, Jim, «How a Misleading Story About Animal Sentience Became the Most Viral Politics Article of 2017 and Left Downing Street Scrambling», in: *BuzzFeed News*, 25. November 2017. https://www.buzzfeed.com/jimwaterson/independent-animal-sentience

80 Necati, Yas, «The Tories Have Voted That Animals Can't Feel Pain as Part of the EU Bill, Marking the Beginning of our Antiscience Brexit», in: *Independent*, 20. November 2017. https://www.independent.co.uk/voices/brexit-government-vote-animal-sentience-can-t-feel-pain-eu-withdrawal-bill-anti-science-tory-mps-a8065161.html

81 Animal Welfare (Sentience) Bill [HL], Government Bill, eingebracht ins Oberhaus, Legistlaturperiode 2021–22, Webseite des britischen Parlaments. https://bills.parliament.uk/bills/2867

82 Good Morning Britain (@GMB), «Animals officially have feelings. Is it time to stop eating them?», Twitter, 13. Mai 2021. https://twitter.com/GMB/status/1392744824705536002?s=20&t=YOjJxUydjkTXFYXIn2bu4A

83 Antrag Nr. 2018–268, in der Sache Nonhuman Rights Project, Inc., auf Antrag von Tommy, Kläger, v. Patrick C. Lavery, & c. et al., Beklagte, und in der Sache von Nonhuman Rights Project, Inc., für Kiko, Kläger, v. Carmen Presti et al., Beklagter, State of New York Court of Appeals, entschieden am 8. Mai 2018. https://www.nycourts.gov/ctapps/Decisions/2018/May18/M2018-268opn18-Decision.pdf

84 Persönliches Gespräch mit Steven Wise am 28. April 2019.

85 Greta Thunberg (@GretaThunberg), «Our relationship with nature is broken. But relationships can change. When we protect nature – we are nature protecting itself», Twitter, 22. Mai 2021. https://twitter.com/GretaThunberg/status/1396058911325790208?s=20&t=Zm6rbSY1ZMfypUCmpNO9DA

86 Savoca, Matthew S. et al. (2021), «Baleen Whale Prey Consumption Based on High-Resolution Foraging Measurements», in: *Nature* 599, S. 85–90. https://www.nature.com/articles/s41586-021-03991-5

87 Chami, Ralph, Cosimano, Thomas, Fullenkamp, Connel & Oztosun, Sena (2019), «Nature's Solution to Climate Change», in: *Finance & Development* 56, (4) (Dezember 2019). https://www.imf.org/external/pubs/ft/fandd/2019/12/pdf/natures-solution-to-climate-change-chami.pdf

88 Carrington, Damian, «Humans Just 0.01 % of All Life but Have Destroyed 83 % of Wild Mammals-Study», in: *Guardian*, 21. Mai 2018.

89 Robert Burns (1786), «To a Louse», in: *Complete Works*, Burns Country. http://www.robertburns.org/works/97.shtml

12.

MIT WALEN TANZEN

1 Aus: T.S. Eliot, *Gesammelte Gedichte.* Englisch und Deutsch. Frankfurt: Suhrkamp, 1988, Deutsch von Nora Wydenbruck.

2 Ransome, Nicola, Bejder, Lars, Jenner, Micheline et al. (2021), «Observations of Parturition in Humpback Whales (Megaptera novaeangliae) and Occurrence of Escorting and Competitive Behavior Around Birthing Females», in: *Marine Mammal Science*, ePUB, 7. September 2021. https://doi.org/10.1111/mms.12864

3 Segre, Paolo, Potvin, J., Cade, D.E. et al. (2020), «Energetic and Physical Limitations on the Breaching Performance of Large Whales», in: *Elife* 9 (2020): e51760.217

4 «Average Gas & Electricity Usage in the UK-2020», in: *Smarter Business*. https://smarterbusiness.co.uk/blogs/average-gas-electricity-usage-uk/

5 Macfarlane, Robert, *Mountains of the Mind: A History of a Fascination,* London: Granta Books, 2009, S. 75.

6 Macfarlane, Robert, *Mountains of the Mind: A History of a Fascination,* London: Granta Books, 2009, S. 75.

7 Agrawal, Shubham, «How Does a Printer Work? – Part I», in: *Medium*, 18. März 2020. https://medium.com/@sa159871/how-does-a-printer-work-de0404e3b388

8 «Base Pair», National Human Genome Research Institute. https://www.genome.gov/genetics-glossary/Base-Pair

9 Ayala, Francisco J. (2015), «Cloning Humans? Biological, Ethical, and Social Considerations», in: *Proceedings of the National Academy of Sciences of the United States of America* 112, (29), S. 8879–8886.

10 Fridovich-Keil, Judith L., «Human Genome Project», in: *Encyclopaedia Britannica*, 27. Februar 2020. https://www.britannica.com/event/Human-Genome-Project

11 «DNA Sequencing Fact Sheet», National Human Genome Research Institute. https://www.genome.gov/about-genomics/fact-sheets/DNA-Sequencing-Fact-Sheet

12 The Chimpanzee Sequencing and Analysis Consortium (Mikkelsen, Tarjei, Hillier, LaDeana, Eichler, Evan et al.) (2005), «Initial Sequence of the Chimpanzee Genome and Comparison with the Human Genome», in: *Nature* 437, (7055), S. 69–87.

13 Earth Species in einer E-Mail vom 16. Oktober 2020.

14 Brennan, Stephen (Hrsg.), *Mark Twain on Common Sense: Timeless Advice and Words of Wisdom from America's Most-Revered Humorist*, New York: Skyhorse Publishing, 2014, S. 6.

15 «Pet Care Market Size, Share and COVID-19 Impact Analysis, by Product Type (Pet Food Products, Veterinary Care, and Others), Pet Type (Dog, Cat, and Others), Distribution Channel (Online and Offline), and Regional Forecast, 2021–2028», in: *Fortune Business Insights*, Februar 2021. https://www.fortunebusinessinsights.com/pet-care-market-104749. («Der weltweite Markt für Heimtierprodukte belief sich im Jahr 2020 auf 207,90 Milliarden US-$.»)

16 «Financial Value of the Global Arms Trade», Stockholm International Peace Research Institute. https://www.sipri.org/databases/fnancial-value-global-arms-trade. («So wurde beispielsweise der finanzielle Wert des weltweiten Waffenhandels für 2019 auf mindestens 118 Milliarden US-$ geschätzt.»)

REGISTER

Fett gedruckte Zahlen verweisen auf Abbildungen.

Die Rowohlt Verlage haben sich zu einer nachhaltigen Buchproduktion verpflichtet. Gemeinsam mit unseren Partnern und Lieferanten setzen wir uns für eine klimaneutrale Buchproduktion ein, die den Erwerb von Klimazertifikaten zur Kompensation des CO_2-Ausstoßes einschließt.
www.klimaneutralerverlag.de

FSC
www.fsc.org
MIX
Papier | Fördert gute Waldnutzung
FSC® C083411